网络安全的
40个智慧洞见
（2022）

北京网络安全大会组委会　编

人民邮电出版社
北京

图书在版编目（ＣＩＰ）数据

网络安全的40个智慧洞见. 2022 / 北京网络安全大
会组委会编. -- 北京 ： 人民邮电出版社，2023.8
ISBN 978-7-115-61819-1

Ⅰ．①网… Ⅱ．①北… Ⅲ．①计算机网络－网络安全
Ⅳ．①TP393.08

中国国家版本馆CIP数据核字(2023)第092917号

内 容 提 要

　　本书立足网络安全理论与实战的前沿，分别从网络安全的行业建设、数据安全、零信任、云安全、安全运营、人才培养、安全前瞻等角度为读者解析 2022 年全球网络安全的发展状态和趋势，通过网络安全产学研方面专家的独特视角，为读者带来中国网络空间安全高水平的趋势展望。

　　本书可供网络与信息安全相关科研机构人员以及高等院校研究人员、网络安全领域企业管理人员与技术研发人员参考，对网络运营管理人员、技术人员也有所帮助。本书还可作为对网络空间安全感兴趣的人士的自学参考资料。

◆ 编　　　　　北京网络安全大会组委会
　　责任编辑　傅道坤
　　责任印制　王　郁　马振武

◆ 人民邮电出版社出版发行　　北京市丰台区成寿寺路 11 号
　　邮编　100164　　电子邮件　315@ptpress.com.cn
　　网址　https://www.ptpress.com.cn
　　三河市祥达印刷包装有限公司印刷

◆ 开本：720×960　1/16
　　印张：18.5　　　　　　　　2023 年 8 月第 1 版
　　字数：311 千字　　　　　　2023 年 8 月河北第 1 次印刷

定价：100.00 元
读者服务热线：(010)81055410　印装质量热线：(010)81055316
反盗版热线：(010)81055315
广告经营许可证：京东市监广登字 20170147 号

北京网络安全大会简介

北京网络安全大会（BCS）（以下简称为"大会"）是立足北京、辐射全球的世界级交流平台。大会由中国电子信息产业集团有限公司、中国互联网协会、中国网络空间安全协会、中国密码学会、全国工商联大数据运维（网络安全）委员会、中国通信学会、中国友谊促进会、奇安信科技集团股份有限公司共同主办。

北京作为科技之都、创新之都，正在加快打造网络安全产业集群，建设国内领先、世界一流的网络安全高端、高新、高价值产业集聚中心，成为具有全球影响力的科技创新中心主引擎。大会充分发挥北京资源优势，注重打通战略、产业、技术界限，对接供需两侧，打造政、产、企、智、学、用多方参与的交流合作平台。大会代表了中国网络空间安全的高水平和前沿的声音，每年提出的观点都成为产业发展的风向标，是北京重要的战略窗口与科技名片。

前　言

　　北京 2022 年冬奥会和冬残奥会圆满成功，赢得了广泛的国际赞誉。奇安信作为奥运史上首家网络安全官方赞助商，创造了奥运史上网络安全"零事故"的世界纪录。

　　在奥运赛场上，大家被运动健儿们的精彩表现所打动。这不仅是因为他们赢得了奥运奖牌、打破了奥运纪录，也是因为运动员成绩背后体现出的"运动精神"——一丝不苟、尽善尽美、孜孜以求、无穷无尽，运动员们愿意付诸行动去超越自我、超越过去、成就未来。

　　赛场背后，我们同样受到这种运动精神的激励和感召。在奇安信看来，完美也许并不存在，但对完美的追求重新定义了网络安全的价值。

　　网络安全"零事故"是一个结果，更是一个开始。北京 2022 年冬奥会（又称第 24 届冬季奥林匹克运动会）这场网络安全实战充分证明，"零事故"是可以实现的目标。网络安全企业应该摆脱传统的被动性建设，主动向更高的目标前进。

网络安全可以走出一条"零事故"之路

　　在北京 2022 年冬奥会之前，业界普遍认为网络安全不存在"绝对安全"的状态。我们常说，没有攻不破的网络，没有打不透的墙，网络安全是攻防相长的，漏洞是补不完的。我在 2017 年就提出网络安全的 4 个假设：假设系统一定有未被发现的漏洞、假设一定有已发现但仍未被修补的漏洞、假设系统已被渗透以及假设内部人员不可靠。这几年社会的数字化进程在全面加快，每个设备、每行代码都有可能成为网络攻击的突破点，时代似乎正在把我们的愿景和"绝对安全"的目标推得越来越远。

　　奇安信之所以成为奥运史上首个网络安全官方赞助商，并由此成为北京 2022 年冬奥会独家网络安全服务商，就是因为我们承诺北京 2022 年冬奥会的网络安全"零事故"，并赢得了组委会的信任。

　　从 2019 年 12 月 26 日开始的 800 多天时间里，我们摸着石头过河，不断创新，最终创下了北京 2022 年冬奥会的网络安全"零事故"纪录。这是因为我们以"数据驱动安全"的理念为指导、以"内生安全"的工程方法建设系统，以及通过"经营安全"的深度运营实现了对网络安全的动态掌控。

第一，是对"数据驱动安全"理念的全面贯彻。基于北京 2022 年冬奥会的"科技冬奥"的定位，我们使用了大量先进的数字技术，针对场景复杂、数据复杂、人员复杂的情况，通过自动化、智能化的数据分析方法，快速发现网络攻击事件并溯源攻击者，做到了网络安全"零事故"。

第二，是"内生安全体系"在世界级重大活动中的全面落地。"内生安全体系"根植于北京 2022 年冬奥会的信息系统上，对于可能被攻击的所有网络资产，系统性实现了无死角的防护和监测，通过监测数据的计算，再反过来驱动安全防护能力的提升。

第三，是通过"经营安全"的深度运营实现了对网络安全状态的全面掌控。攻防对抗的特点决定攻击技术和防护技术的关系就像矛和盾，所以网络安全体系建设无法一劳永逸。当建设好网络安全体系以后，我们需要像经营自身业务一样，继续悉心经营北京 2022 年冬奥会的网络安全，持续增强认知能力、信任能力和安全能力，从而实现了网络安全"零事故"的目标。

北京 2022 年冬奥会的这场大型实战充分证明，只要将网络安全"零事故"作为目标，就能满足我们对"绝对安全"的无限追求。过去，不论是甲方还是乙方，只要谈起网络安全，就不敢以网络安全"零事故"为目标。很多企业在进行网络安全防护系统建设时，主要是针对过去出现过的安全事故采用相应的防护技术和产品。这样的防护系统存在极大的安全隐患，因为过去没有发生的安全事故，并不代表未来不会发生。只有以网络安全"零事故"为目标，努力穷尽所有可能的风险，并一一进行防护，才有可能实现网络安全的万无一失。

"零事故"应该成为各行各业网络安全建设的新目标。这不仅仅是时代对我们的要求，更是网络安全产业向更高水平发展的必经之路。

"零事故"应该成为行业新目标，向各行各业推广

"零事故"不是零攻破。网络包括终端、服务器、数据库、系统软件和应用软件，支撑的是日常办公、对内业务和对外业务。当个别的终端、服务器或者其他的网络资产被破坏时，只要我们能快速采取措施，比如隔离被破坏的网络资产、停机

等，最后没有影响到日常办公、对内业务和对外业务，那么该网络还是确保了网络安全"零事故"。

总结来看，网络安全"零事故"具体有以下三条标准。

第一条标准，业务不中断。数字时代，业务变得开放而互联，一旦中断，就可能是重大网络安全事故。黑客只要找到业务系统的一个弱点，可能就会打击整个业务系统，轻则导致营业收入、口碑受损；重则触犯法律，直接威胁社会生产和国家安全。2022年以来，国际货运巨头、轮胎制造巨头、汽车租赁巨头相继遭受网络攻击，导致业务大范围停滞，带来严重的负面影响。网络安全"零事故"要求企业和机构具备保障业务正常运转的能力。

第二条标准，数据不出事。数据作为核心生产要素，出现在各个生产环节中，把社会紧密联系在一起，为经济发展提供源源不断的"数字燃料"。

如果拧不紧数据"安全阀"，就将造成难以承受的后果。数字时代，数据涉及个人隐私、企业秘密和国家安全。数据被丢失、篡改、抹除、勒索或者滥用，不仅会滋生网络诈骗、破坏企业经营，可能还会威胁国家安全。最近几年，数据泄露造成的损失变得越来越大。IBM Security发布的《2021年数据泄露成本报告》指出，2021年每起数据泄露事件带来的平均损失高达424万美元（约等于2 917万元人民币），同比增长10%，达到了7年来的最大增幅。

数据安全已经进入了强监管的新阶段，确保数据不出事，是确保网络安全"零事故"的重要指标。中国高度重视数据安全，先后发布了《数据安全法》《个人信息保护法》《数据出境安全评估办法（征求意见稿）》《网络数据安全管理条例》（征求意见稿）；2022年6月，又发布了《关于开展数据安全管理认证工作的公告》，进一步将数据安全从法律法规层面，推向了监管落地层面。确保数据安全"零事故"已经迫在眉睫。

第三条标准，合规不踩线。没有规矩，不成方圆。一直以来，很多企业都对合规存在误解，认为合规是网络安全工作的目标。事实上，合规是网络安全的基本要求和底线。企业不遵守安全规范，就像没有打牢地基，注定无法长久。

安全有道，合规先行，合规是各类数字化业务安全开展的前提。近年来，《网络安全法》《网络安全等级保护条例》《关键信息基础设施安全保护条例》相继颁布实施，为我国企业提升网络安全防护能力提供了基本遵循。过去，企业只要按照要求部署产品，就是做到了合规。这就导致很多企业仅仅把合规当成"应试"和"交差"，觉得只要通过检查和测试就万事大吉了，没有把后续的实际效果考虑在内。

随着网络安全建设要求不断深化，合规标准不断升级，企业将面临更强监管。2022 年 6 月 24 日，网络安全审查办公室宣布，对知网启动网络安全审查。知网掌握着大量我国重点行业领域的重要数据，虽然目前没有被曝出有数据丢失，业务也运行正常，但为了防范国家数据安全风险，网络安全审查办公室还是启动了这次合规审查。这几年，我国连续开展应用侵害用户权益专项整治，累计通报、下架违法违规应用近 3 000 款。

合规已经进入用结果来评判的新阶段，这跟"零事故"不谋而合。企业要确保合规不踩线，必须用更严格的标准要求自己。除了部署先进的产品，还要不断发现新问题、解决新问题，提高各个系统平台的安全防护能力，这样才有可能真正实现网络安全"零事故"。

实现"零事故"目标，须满足三大要求

奇安信响应北京奥组委部署要求，总结和分享北京 2022 年冬奥网络安全"零事故"经验，举办了上百场"零事故"交流会。对应"零事故"的三个标准，总结了三大要求。

第一，"零事故"要求联合作战。目前，在网络安全公司和客户之间，存在分歧：安全公司认为，公司单一的安全产品都是合格的，能拦截 100% 的已知网络攻击，但是防不住未知的或者新的攻击；客户认为，我找了专业的安全公司，也花了钱，应该能拦截 100% 的网络攻击，拦不住新的攻击，我不仅浪费了资金，而且也使得业务时刻处于危险之中。

安全公司应该和客户达成共识：网络安全是一个技术体系，单一的产品无法实现网络安全。在一个完整的网络安全体系里，有很多执行不同任务的安全产品，它们联合作战，在功能上互相弥补，才能实现网络安全的目标。

联合作战首先要构建纵深防御体系。纵深防御的意思是，在信息系统上构建多层的、异构的网络安全防线，当一道防线被突破，还有下一道防线来阻止威胁。比如被防火墙漏掉的攻击，可能被终端安全软件检出并拦截；被终端安全软件漏掉的攻击，可能被分析天眼威胁的工程师发现；被天眼漏掉的攻击，可能被椒图服务器安全产品发现并拦截。当然，在外网边界上被漏掉的攻击，可能被内网边界安全设备检出。同时，当任何一个安全产品发现攻击时，都会实时进行内部溯源，给漏报的设备增强防护。这种防护策略能把安全产品有机地调动起来，通过安全产品的相

互支持和配合，将安全威胁抵挡在外。

联合作战需要建立全面监控的能力。目前，企业和机构普遍缺乏多维度风险感知能力，无法掌握网络安全的全貌，从而导致风险感知不及时，甚至安全事件已经发生企业却还不知情。所以，我们在北京2022年冬奥会上，基于大禹平台，建立了三级的态势感知体系，真正实现了全面监控。大禹平台拥有海量异构的数据采集、分析和处理能力，能将安全产品所需的共性核心能力平台化、标准化，把这些产品有效连接起来，让第一级的态势感知对全面的流量数据进行分析，发现异常行为，产生告警；当告警汇集到第二级的态势感知后，安全运营人员根据这些流量告警信息进行研判分析，作出响应处置，形成安全事件；当安全事件到达第三级的态势感知后，结合第二级掌握的更全局的数据，作出决策、下达指令，协同多方进行处置，实现无缝衔接。

联合作战还需要高效协同。在整个纵深防线的任意一个作战单元发现攻击行为之后，能够通过迅速联动其他安全产品，并结合威胁情报，实现对攻击行为的快速封堵。例如当防火墙发现内部有主机访问外网的恶意IP地址后，可以立刻联动天擎、天眼，在终端侧和流量侧进行补充调查，定位被攻陷的主机和恶意软件，这不是一个独立的安全产品能做到的。

第二，"零事故"要求精准防护。近几年，我国在数据安全方向相继实施的法律法规给数据安全提出了更高的要求。数据贯穿于信息化业务系统的各个层面、各个环节，任何一个环节出错都可能导致数据被窃取、被破坏或者被滥用。

精准防护要"防内鬼"。防"内鬼"的核心是管特权。特权账号是通往企业数据大门的"钥匙"，在业务流程中对重要数据进行访问或操作的账号都是特权账号。我们首先要把特权账号管起来，对特权账号的开设、使用、注销进行全生命周期的统一管理，再根据网络操作的行为数据来分析账号风险，及时发现"僵尸"特权账号，消除特权账号的安全隐患；其次，治理"一号多用"现象，一个账号多人使用会导致访问行为不规律、不可控，给数据安全管理制造了障碍、埋下了隐患，这样的账号一经发现，需要被立刻降权；最后，用密码保险箱解决"账号弱口令"问题，在实际工作中，弱口令普遍存在，并且用户可能长时间不修改密码，黑客可以通过猜测或其他方法轻易破解密码，不过，通过密码保险箱可以实现"一次一密"，从而防范密码泄露和身份仿冒风险。同时，通过堡垒机，对所有账号实现数据访问的安全管控；通过数据库审计，实现"以数追人、以人追数"，确保一切数据操作行为可追踪、可溯源。

精准防护要防外部攻击。防外部攻击的重点是给API上锁。API是数字系统的神经元，具有联络和整合输入信息并输出信息的作用。一个中型数字化企业中的API数量可能多达数万个。通过API盗窃数据已成为网络攻击的重点，企业考虑到效率，往往图快、图省事、不设防，所以对外部攻击防不胜防。为此，奇安信推出了API安全卫士，该产品可以识别网络中的API资产信息，监测并预警API传输中的敏感数据，及时发现API的异常行为。

精准防护还需要实现全局管控。全局管控的核心是"零信任"策略，默认任何人、任何设备都不可信，在用户的每一次网络访问活动中，都要重新检查凭证，以实现"权限最小化"，从而降低系统被攻击的风险。一方面，为确保主体身份可信，在认证主体角色的基础上，需要叠加IP、设备、安全环境要求、时间和位置等属性，对主体身份进行动态授权管理；另一方面，为确保行为操作合规，无论是基于属性授权，还是基于角色授权，都需要通过主客体的身份管理系统和风险管理系统，持续进行信任评估，确保合适的人在合适的时间以合适的方式访问合适的数据。一旦发现异常行为，就立刻冻结可疑用户的权限，从而有效降低数据安全风险。

第三，"零事故"要求深度运营。深度运营的目的是通过不断发现问题、改进问题，既确保企业合规不踩线，又不断提升网络安全的"免疫力"，更好地解决日益复杂的网络安全难题。通过深度运营，企业能让安全体系和安全能力真正"活"起来。

深度运营意味着合规运行。我国已经建立起一套相对完善的网络安全法律合规框架，如果不能满足合规要求，企业往往会面临难以承受的后果。目前，国家查处违法行为主要依靠用户举报和合规检查，企业的合规运行不能仅依靠"三员"（运维人员、技术人员和管理人员），要充分运用技术手段，建立能审查、能告警、能自证清白的体系。比如在跨境数据合规问题上，企业可以通过技术手段，清楚地掌握什么类型的数据流到了什么地方，从而确定跨境数据是否合规。所以，我们研发了数据跨境卫士，可以部署在企业互联网的出入口，所有对外流出的数据都会在流量中有所体现，然后提取流量里包含的个人信息、重要数据、商业数据等，并对这些信息进行具体分析，形成一个可视化的界面，全面展现数据跨境情况，做到"一眼可知、一眼可查、一眼可见"，帮助企业实现安全合规。

深度运营还意味着实战运行。网络安全水平高不高，最终还是要看效果、看实战。高水平的实战运行，要求我们全面掌握系统和设备的实时状态，打通资产、配置、漏洞、补丁四大基础安全流程。在遭受威胁和攻击时，及时进行预警和响应，完成安全事件的闭环处置,保持稳定的安全运行状态。在实战运行中,漏掉一丝细节,可能就会导致攻击者得手之后"逃之夭夭"。只有全面摸清"家底",确保安全防护策略行之有效,才能确保网络安全"零事故"。

深度运营要建章立制。安全运营很烦琐,包含大量基础工作,无法只依赖单个专家的能力。俗话说:"工欲善其事,必先利其器",一套标准化的操作流程能最大程度提升安全运营人员的工作效率。在北京 2022 年冬奥会的保障中,奇安信制定了 125 个标准化文件类,细化分解到SOP级,全面落实到具体岗位的工作事项中,每个流程节点都细化为可执行的操作规程。比如,当发现异常告警时,运营人员可以按照标准操作手册,在告警详情页面中创建工单,报告告警详情,确定优先级,并通知相关负责人。每个企业机构都应该成立网络安全管理部门,按照网络安全法律法规的要求,细化网络安全实施制度,守好网络安全红线。比如建立常态化监测预警和快速响应机制,制定应急预案;定期开展分层的实战攻防演习,分层的意思就是假定外网边界层被打穿,或者内网边界层被打穿,通过攻防演习来检验网络安全体系的有效性,提升网络安全能力。

现在,我们总结保障奥运赛场网络安全的经验,体现出"零事故"安全纪录所能沉淀的专业价值。我们发现,对网络安全的极致追求,不但和奥林匹克精神是高度一致的。

老子说:"反者道之动,弱者道之用。"这是说世上万事万物都在不断运动和变化中,而且相生相克。科技改变了世界,传统经济变成了数字经济,但因此也不断产生漏洞和弱点,从而产生不断的安全需要。有了科技,世界得以发展和流动;而安全,保障了世界在发展中的秩序和稳定。最终以"零事故"为代表的网络安全新标准、新追求,得以成为可落地、可实现的目标。

我相信,"零事故"之路,将促使我们在网络安全领域加快创新、不断超越,推动网络安全防御能力实现新飞跃,迎来更加稳定而繁荣的数字世界。

齐向东

奇安信科技集团股份有限公司董事长

资源与支持

本书由异步社区出品，社区（https://www.epubit.com）为您提供相关资源和后续服务。

提交勘误

作者和编辑尽最大努力来确保书中内容的准确性，但难免会存在疏漏。欢迎您将发现的问题反馈给我们，帮助我们提升图书的质量。

当您发现错误时，请登录异步社区，按书名搜索，进入本书页面，单击"发表勘误"，输入勘误信息，单击"提交勘误"按钮即可。本书的作者和编辑会对您提交的勘误进行审核，确认并接受后，您将获赠异步社区的 100 积分。积分可用于在异步社区兑换优惠券、样书或奖品。

图书勘误		发表勘误
页码： 1	页内位置（行数）： 1	勘误印次： 1
图书类型： ⦿ 纸书 ○ 电子书		

添加勘误图片（最多可上传4张图片）

+

提交勘误

扫码关注本书

扫描下方二维码，您将会在异步社区微信服务号中看到本书信息及相关的服务提示。

与我们联系

我们的联系邮箱是contact@epubit.com.cn。

如果您对本书有任何疑问或建议，请您发邮件给我们，并请在邮件标题中注明本书书名，以便我们更高效地做出反馈。

如果您有兴趣出版图书、录制教学视频，或者参与图书技术审校等工作，可以发邮件给本书的责任编辑（fudaokun@ptpress.com.cn）。

如果您来自学校、培训机构或企业，想批量购买本书或异步社区出版的其他图书，也可以发邮件给我们。

如果您在网上发现有针对异步社区出品图书的各种形式的盗版行为，包括对图书全部或部分内容的非授权传播，请您将怀疑有侵权行为的链接通过邮件发给我们。您的这一举动是对作者权益的保护，也是我们持续为您提供有价值的内容的动力之源。

关于异步社区和异步图书

"异步社区"是人民邮电出版社旗下IT专业图书社区，致力于出版精品IT图书和相关学习产品，为作译者提供优质出版服务。异步社区创办于2015年8月，提供大量精品IT图书和电子书，以及高品质技术文章和视频课程。更多详情请访问异步社区官网https://www.epubit.com。

"异步图书"是由异步社区编辑团队策划出版的精品IT专业图书的品牌，依托于人民邮电出版社的计算机图书出版积累和专业编辑团队，相关图书在封面上印有异步图书的LOGO。异步图书的出版领域包括软件开发、大数据、AI、测试、前端、网络技术等。

异步社区

微信服务号

目　录

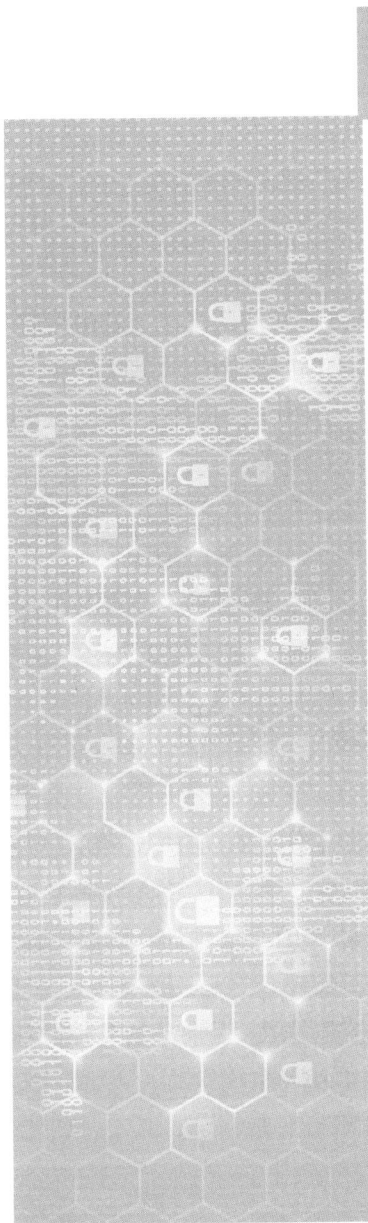

01

第1章

行业建设

"零事故" 的中国方案

吴云坤　奇安信科技集团股份有限公司总裁

在 2021 北京网络安全大会（BCS2021）上，我谈到了网络安全产业的 4 种转变：一是由于数据和应用融合产生的安全空白，带来了安全范畴上的转变；二是由于安全与信息化需要三同步，带来了管理模式上的转变；三是由于安全从产品变成复杂系统，带来了安全范式上的转变；四是由于安全融入信息化和业务运营，带来了安全运行模式上的转变。

过去一年，奇安信连同广大政企客户以及产业界一起，通过不断创新，取得了很多实实在在的成果，其中很多成果都是应对四种转变所做的实践。尤其是奇安信作为北京 2022 年冬奥会和冬残奥会的网络安全官方赞助商，圆满完成了网络安全保障任务，兑现了网络安全"零事故"的承诺。

一、巨大压力：冬奥防护面临五大挑战

首先，我们来梳理一下北京 2022 年冬奥会所面临的网络安全威胁和挑战。

奥运会是全球瞩目的焦点，也是黑客组织关注的重点，无论是以经济利益为目的的黑客组织，还是国家级黑客，都将奥运会作为网络攻击的主要目标，这也使得数字化时代的奥运会面临着巨大的安全挑战。

从 2012 年开始，历届奥运会都发生了网络安全事件。在 2018 年平昌冬奥会中，国家级黑客攻击造成了严重的安全事故，导致互联网和CATV系统中断、奥运会网站瘫痪数小时、主场馆闸机短暂关闭，以及由于无法打印出门票，导致部分观众无法入场，开幕式出现了种种混乱。

北京 2022 年冬奥会面临的威胁主体众多，且最需要应对的不是一般的黑客攻击，而是有组织的、国家级的攻击。在北京 2022 年冬奥会的准备期间，多个APT组织异常活跃，针对多个涉奥机构频繁进行探索和试探。

除了这些外在的网络安全威胁，北京 2022 年冬奥会保障还面临着很多内在的

安全挑战，这是因为奥运会的业务环境高度复杂、技术系统复杂多样、供应商众多、业务系统类型跨度大且不能中断、业务建设与运行快速交替，以及业务全生命周期会在短时间内流转。

北京 2022 年冬奥会的业务系统不是一个支撑系统，而是一个生产系统。该业务系统服务于八大类用户，很多业务是绝对不能中断的，比如媒体直播要求国内和国外的信号是实时的；赛事计分系统必须确保万无一失，在整场赛事过程中对计分系统的连续性与平稳运行要求非常高。有 60 多种业务系统支撑这八大类客户，包括网络、云数据中心、赛事计分系统、信息发布系统、媒体专线、无线对讲网络、人员住宿、抵离、医疗等。

这些业务系统横跨IT、CT、OT等多个领域且存在交叉，由多家国内外供应商提供业务系统的建设和运行，有源讯科技、欧米茄这些服务了国际奥林匹克委员会几十年的国外服务商，也有阿里巴巴、联通、联想、奇安信等国内服务商，这么多国内外服务商在一起合作，需要在整个工作过程和工作习惯上达成一致，要有对应的策略和流程支撑，才能协同一致完成任务。

通常的信息化项目从构建到运行要 3~5 年，项目管理的建设与运行有明显的交接。但是北京2022 年冬奥会各类业务系统的生命周期会"浓缩"至 2~3 年，而且是边建设边投产运行，然后再建设再投产运行，没有明显的交接期。

复杂的业务环境、应用的多样性，以及数据在不同业务系统中的流动，扩大了安全范畴，带来了安全防护上的大量空白，北京 2022 年冬奥会的安全防护面临着诸多的压力。

一是安全责任的主体、需求和平台的不同所带来的挑战。北京冬奥组委是北京2022 年冬奥会网络安全的责任主体，要统筹众多参与方，包括几十家国内外的云上供应商、云下供应商和更广泛的供应链，要求安全能够真正做到全覆盖而且统筹管理。中央网信办是国家统筹指挥北京 2022 年冬奥会网络安全保障的责任主体，要从监管方面进行指导帮扶、指挥和调度。

二是场馆和场站众多、资产复杂所带来的挑战。12 个竞赛场馆、26 个非竞赛场馆、200 多个场站，还有公有云、供应链，要把资产盘清楚已经是一件非常复杂的事情，还要通过加固来保障"阵地"足够坚固，这也是一个巨大的挑战。

三是来自国外供应商和服务团队的挑战。这些团队对中国的技术、中国的产品、中国的服务缺乏了解和信任，这需要不断地沟通、对接、说服，帮他们建立信任。

四是闭环所带来的挑战。北京 2022 年冬奥会期间，真正能够进入闭环内的人员非常少,如何确保闭环内的人员做好一线运行工作,也是很大的挑战。

五是来自全球网络安全威胁的挑战。单靠北京冬奥组委技术部自身的力量,不足以应对来自全球网络安全威胁的风险和压力,如何汇集更多的安全资源,是北京2022 年冬奥会网络安全保障工作的又一巨大挑战。

最终,我们实现了北京 2022 年冬奥会网络安全的"零事故",兑现了网络安全"零事故"的承诺,确保了北京 2022 年冬奥会"业务不中断、数据不丢失、合规不碰线"。

在 800 多天时间里,我们经历了设计期、建设期、非关键运行期、关键运行期和清退期,抵御住了超过 3.8 亿次的攻击,跟踪、研判、处置了 105 起涉及冬奥会关键网络安全事件,累计发现和修复了超过 5 700 个漏洞,每天处理了超过 37 亿条日志。这些数字的背后是数千人的踏实工作和艰辛努力。

↘ 二、"零事故"经验:核心是中国方案

总结北京 2022 年冬奥会网络安全"零事故"的经验,其核心是基于创新中国模式、落地中国架构、研发中国产品、部署中国服务所形成的中国方案。

第一个是创新中国模式,应对冬奥安全范畴扩大带来的安全能力和覆盖度的挑战。

北京 2022 年冬奥会面对的是包含国家级攻击组织在内的复杂且多样的威胁主体,仅靠北京 2022 年冬奥会的防御体系和能力,不足以保障北京 2022 年冬奥会万无一失,必须统筹协调网空对抗力量等多种能力和资源,通过机制和组织创新,最大范围、最快速、最高效地调用资源,通过防御体系和网空对抗体系,落地形成一个"三级态势指挥体系"。

第一级是冬奥网络安全保障指挥中心,包含了网络中心、数据中心,以及 30多个场馆、200 多个场站的一线防御力量,这是最关键的"低位"能力,涉及网络、主机、终端、应用系统的防护,所有这些防护系统所采集的告警和日志都会汇集到第一级的冬奥网络安全监控指挥中心,完成安全事件的快速发现、告警、及时响应和处置,形成安全事件闭环,然后对此安全事件进行上报。

第二级是冬奥网络安全态势感知平台,所有上报的数据会再汇集到冬奥网络安全态势感知平台。这个平台衔接了两侧,一侧是北京冬奥组委技术部所构成的冬奥网络安全指挥中心;另一侧是国家监管指挥工作平台。第二级的冬奥网络安全态势感知平

台除了会汇集一线所有核心业务系统的安全数据，还会汇集官网票务、邮件、CDN、供应商的全部网络安全事件和数据，这是一个态势感知和分析研判的协同工作平台。

第三级是中央网信办的指挥协调平台，这个平台协同多方的力量（包括公安部、工信部、三大运营商、安全中心，以及多个技术支撑单位的资源）共同参与保障，再根据专家研判的结果和攻击来源的画像，形成并通过平台下发指挥调度指令，协同多方进行处置，实现三级态势指挥体系的无缝衔接和联动。

这种新模式和技术平台的应用，可以最大范围、最快速、最高效地调用国家和社会的资源，从而对北京 2022 年冬奥会进行保障。

在整个北京 2022 年冬奥会的网络安全保障过程中，我们还协同了更多的社会资源，包括利用"冬奥网络安全卫士"称号号召众多"白帽子"一起来进行北京 2022 年冬奥会的保障。国务院国有资产监督管理委员会还协调集中了 29 家央企的 300 多名技术专家，与奇安信的安全服务团队一起构建了"奇安信冬奥网络安全应急响应 95015 公共服务平台"。

冬奥中国模式是一种新的组织模式，最大范围、最快速、最高效地调集了大量国家资源和社会资源，从而进行体系化作战，这是一种"集中力量办大事"的组织模式。

第二个是落地中国架构，应对北京 2022 年冬奥会安全与信息化同步规划、建设、运行的管理模式下带来的挑战。

为保护八大类客户的 60 多种业务系统，管理其庞杂的供应链、众多的国内外供应商，奇安信在奥运史上首次全局、系统地采用内生安全框架开展网络安全规划建设和运行，这也是在奥运史上首次由一家安全企业来负责奥运会网络安全全局规划建设工作。

规划建设工作采用了系统工程方法统筹整体，涵盖了管理、技术和运行。从盘点网络安全能力开始，对安全能力进行有机组合，而不是简单的产品堆砌。

在规划建设过程中，网络安全与信息化进行深度融合，而不是简单的外挂。在 2020 年 1 月建设初期，我们就定了一个规则，所有信息系统在进入北京 2022 年冬奥会的环境前，必须经过安全设计和安全能力检查。没有安全设计的系统不允许进入北京 2022 年冬奥会的信息化环境中，"安全先行"的思想在整个建设过程当中无处不在。北京 2022 年冬奥会网络安全体系规划了十大工程，涵盖了一体化终端建设、系统安全、云安全、应用与数据安全、特权访问和态势感知等，这些工程建设都会与信息化环境进行整体的融合。

北京 2022 年冬奥会还形成了"平战融合"的实战化运行组织体系。在一般情况下，安全运行人员和安全建设人员是两批人，然而，北京 2022 年冬奥会首创了"一个机构两块牌子"的机制，北京 2022 年冬奥会的安全运行人员和安全建设人员是同一批人，这种无缝衔接使得安全体系的知识传递非常顺畅，工作人员的思想转换也很顺畅，可以快速地进行真正的实战化运行。

落地中国架构是一种新的建设模式，这是一种面向信息化环境和业务系统的全局性、系统性、体系化的规划建设模式，每一个工程和任务设置要综合考虑管理、技术、运行等各方面的要素，避免割裂。各工程和任务之间相互关联、能力互补，形成有机的整体，将多元、动态、零散的安全能力汇集到统一标准的安全能力体系中，同步融入数字化业务的各个方面，保障信息化系统及基础设施的本质安全。

第三个是研发中国产品。应对北京 2022 年冬奥会的安全从工具产品变成复杂系统的安全范式下带来的挑战。

北京 2022 年冬奥会部署了九大类：55 个品类的 800 多个硬件产品，还有大量的软件产品，这些并不是简单的产品部署，而是一个庞大的安全应用系统。在这个系统中，安全设备、软件、平台分为了"低位、中位、高位"。在"低位"上，要各自守好关键的产品安全控制点，还要把数据汇集到NGSOC这样的"中位"平台，进行安全监控与运营支撑，一线人员在"中位"平台上进行日常运行和安全事件处置工作。在"高位"上，由态势感知平台、研判系统和情报体系进行整体的联动。

大禹平台在产品联动中发挥了非常大的作用，既打通了不同设备和软件之间的壁垒，又打通了北京冬奥组委技术部与中央网信办之间的指挥调度通道。大禹平台是一个完全开放的平台，NGSOC、态势感知、"白泽"研判系统都基于这个中台构建，可以对功能进行快速的调整。态势感知平台从 2021 年 11 月开始搭建，只用了两个多月，就已经搭建完毕，如果在传统研发模式下，态势感知平台的搭建需要半年到一年的时间。

在整个系统中，安全产品自身的安全性非常重要。为此我们设立了三道防线机制：第一道防线动用了公司内外一流的测试、攻防团队，通过众测机制、漏洞悬赏等 12 种方式寻找产品安全缺陷；第二道防线，奇安信建立了和北京 2022 年冬奥会 1 ∶ 1 的系统环境，所有设备在入网或是升级之前，只有在 1 ∶ 1 的系统环境中通过测试，才能部署到实际环境中；第三道防线，在现场的入网与升级部署中，现场人员会再进行一次完整性验证。这三道防线确保了安全产品的安全与可靠，这样的方法已经成为高标准的北京 2022 年冬奥会的成果，可以用于公司产品自身常态化的安全性保障中。

北京 2022 年冬奥会研发中国产品是一种新研发模式，将多种安全能力和安全功能组件化、模块化，然后用平台化方式输出到产品中，从而形成一个应用系统，这是北京 2022 年冬奥会网络安全"零事故"的关键，也是提升网络安全产品能力和研发效率的有效途径。

第四个是部署中国服务，应对安全运行融入信息化和业务运营的模式转变下带来的挑战。

其实北京 2022 年冬奥会的安全运行服务与其他短期的重要时期安全保障服务不太一样，我们面对的是一个面向赛事的、不分平时和战时的、全天候、全方位、全周期的实战化安全运行服务，涉及三个关键点。

第一个关键点是"平战结合"，即不分平时和战时，因为在网络空间中，攻击是随时发生的，而业务系统不能中断。北京 2022 年冬奥会的整个业务系统从建设那一天开始，就在运行与维护间不断切换，构建出了一个全面覆盖、深度融合的安全服务体系。

第二个关键点是"肌肉记忆"，所有的安全服务工作都一定要有章可循，要有流程与规程。我们在运行上设置了四级流程，第一级有 5 个方针；第二级有 30 多个策略；第三级有 40 多个流程；第四级有 60 多个SOP。所有一线工作，比如改一个配置、修补并加固一个漏洞、处理一个安全事件，都有对应的流程与规程指导，所有动作都有章可循，在不断训练的情况下，当85%～90%的安全事件发生时，一线值守人员立刻知道该怎么办，形成"肌肉记忆"。

第三个关键点是"形成预案"，对于可能发生的重大事件类型（如大规模DDoS攻击、勒索蠕虫攻击、APT攻击）形成相应预案，并且进行反复演练，实现了面向赛事的、分钟级的应急响应，保证在 10 分钟之内解决这些重大安全问题。

北京 2022 年冬奥会组织了 15 次以上的攻防演练，其中包括国际奥委会进行的各类测试，他们会在不通知任何人员的情况下，突然拔掉网线或者让IAM系统瘫痪，考验安全技术人员的反应能力。对于奇安信的应急响应速度和业务恢复速度，国际奥委会官员给予了高度评价，我们相信这些演练经验对重点单位的安全运营实战化是非常有价值的。

部署中国服务是一种新运行模式。北京 2022 年冬奥会的安全服务是一种全天候、全周期的、平战结合的全新实战化运行模式，该模式面向业务，立足威胁的应对和事件的处置，全面覆盖、深度融合安全运行服务、IT和业务运营。

北京 2022 年冬奥会的安全防御还多往前迈了一步，通过重要时期安全保障服务研判连通了北京 2022 年冬奥会的防御体系和国家指挥、监管与网空对抗体系。在北京冬奥组委整体的防御体系中，先找到一些可疑的行为，然后用全球互联网（又称大网）上的海量数据来看攻击者是谁？攻击者在大网上还做过什么？当转移到攻击源视角以后，就要找出背后的攻击组织、攻击手法和攻击资源，最终明确其攻击意图，并在研判之后将攻击源交给网空对抗力量作出处置。

在北京 2022 年冬奥会重要时期安全保障服务（简称重保）期间，从 2022 年 1 月每天出现四五千个攻击IP，到 3 月每天只出现四五十个攻击IP，产生实际攻击的告警数量也大幅度下降。北京 2022 年冬奥会重保并不是把所有攻击来源绝对都清掉，而是让攻击在我们的掌控之中，使得攻击数量持续下降，大幅缓解防守侧的压力。这样的研判方法也是第一次运用在北京 2022 年冬奥会中。

从全局视角来看，在北京 2022 年冬奥会重保中，通过内生安全体系，北京冬奥组委、奇安信和国家监管力量构建了一个非常完善的防御体系，连接了北京 2022 年冬奥会网络安全防御体系与国家网空监管和对抗体系。

在北京 2022 年冬奥会重保中，我们找到了网络空间安全防御和国家监管力量之间的一种协同，拉通了"安全防御"与"网空对抗"的双体系，让多方力量能够在重保过程中协同处置，形成了特有的"中国模式"。

↘ 三、推广中国方案：当前需做好 6 项工作

这些从北京 2022 年冬奥会中形成并成功得到验证的中国方案，可以有效运用在更广泛的关键信息基础设施保护，以及各类大型机构的网络安全防御当中，同时也可以为网络安全产业的创新发展提供思路和方法。

针对即将到来的国家级实网攻防演习，总结一下，当务之急需要做好以下 6 项工作。

一是保护资产安全，首先构建动态资产清单，解决资配漏补问题，进行安全资产纳管，同时建立软件供应链安全管理机制。

二是收拢互联网出口，构建网络安全纵深防御体系，收拢互联网出口，拉出纵深、缩小暴露面，精细化分区保护，分支机构通过SASE架构进行边界接入防护。

三是做好实战化威胁检测与响应，在全流量高级威胁检测的基础上，综合主机防护、终端防护，通过SOAR进行安全编排。

四是强化基础数据安全，通过云数据中心的基础安全防护、关键系统特权管

理＋堡垒机、关键业务系统的API安全防护、全过程数据审计、数据安全态势感知等手段，确保并强化基础数据安全。

五是增强应用与数据安全，通过核心应用系统权限管理、API权限管理，对重要数据流转进行精细化管控，实现动态细粒度访问控制。

六是完善一体化实战安全运营，做好资配漏补的系统安全，基于大数据中台的安全运营与态势感知平台支撑，制定并落实安全运营策略、流程、SOP，实现三层网络安全运营指挥的协同架构，通过实战演练，检验安全运行体系有效性，建设重保研判系统，从攻击者视角开展分析研判、溯源等积极防御工作。

↘ 四、结语

无论是北京 2022 年冬奥会的网络安全"零事故"，还是关键信息基础设施安全保护，背后都是网络安全产业的持续创新和发展，在这里我向网络安全行业的所有同仁呼吁，网络安全保障必须拥抱变化，从组织模式、管理模式、研发模式、运行模式 4 个方面转变思想，落实行动，共建数字化安全新生态。

践行网络安全"零事故"之路

卞静　中山大学计算机学院

刘光　中国电信股份有限公司广东分公司

《中华人民共和国网络安全法》第七十六条明确了"网络安全"的定义,即"网络安全,是指通过采取必要措施,防范对网络的攻击、侵入、干扰、破坏和非法使用以及意外事故,使网络处于稳定可靠运行的状态,以及保障网络数据的完整性、保密性、可用性的能力。"网络、网络技术和网络应用与人类息息相关,网络安全则是保障和促进信息社会健康发展的基础,是数字化发展的安全底座,对大数据、人工智能、云计算、5G、物联网、区块链等新一代信息技术的开发、使用和维护具有重要作用。随着我国数字经济建设步伐的不断推进,数字政府、数字经济、数字生态和数字社会快速实施和发展,给网络安全带来了新的挑战,为基础设施安全管理、网络通信安全管理、数据全生命周期的安全管理和数据隐私安全管理等带来了新的课题。

网络安全是一项系统性工程,面对数字化转型和系统上云带来的网络安全风险高度的不确定性,网络安全工作需要紧密围绕三化原则(体系化、实战化和常态化)来开展。要达成网络安全"零事故"的终极目标,网络安全防御能力也要随着技术发展不断演进,包括云安全、身份安全、应用安全、网络安全、端点安全、数据安全以及威胁情报能力的升级与发展。在安全防御思维方面,也要从基础架构安全防御向纵深防御发展转变,并进一步结合威胁情报,推进主动防御和智能化防御。当前,"供应链攻击、勒索攻击、漏洞攻击、APT攻击、内部威胁与数据泄露、国家级对抗"已经成为我国网信安全面临的六大风险,各类重大网络安全事件频发,因此对企业的网络安全运营水平、企业的抗网络风险能力提出了更高的要求。当前我国各类组织与企业的安全运营多数处在基础阶段,有的甚至一片空白,要增强企业的抗风险能力,就需要以"零事故"为终极目标,建设数字化网络安全防御体系。

接下来,结合大型电信运营商的安全实践经验,从安全管理、安全技术和安全运营三个维度,探讨如何践行网信安全"零事故"之路。

↘ 一、安全管理"零容忍"

任何组织与企业实现网信安全"零事故"的首要条件是组织保障。网络安全需要强调的是"七分管理三分技术"。不符合安全新形势要求的管理组织都是"无根之木",管理是建设与运行安全体系的基本前提,任何组织的安全策略、组织架构、组织架构管控、安全资源投入都与组织的管理紧密相关。要保障一个组织的网信安全系统的有效运作,就需要做到以下三点。

1. 建立健全的网信安全管理制度体系

一个组织必须基于《中华人民共和国网络安全法》《中华人民共和国数据安全法》《中华人民共和国个人信息保护法》《中华人民共和国密码法》和《关键信息基础设施安全保护条例》等法律法规,建立与自身相适应的管理制度、运营制度和考核制度。一个组织的管理办法体系需要包含网络安全、信息安全、数据安全和用户个人信息保护四大板块,做到有法可依、有规可循,同时辅以相应的考核问责办法来保障网信安全制度的落地执行,健全考核问责制度才能提升网络信息安全管理的实效,网络和信息安全管理办法如图1所示。

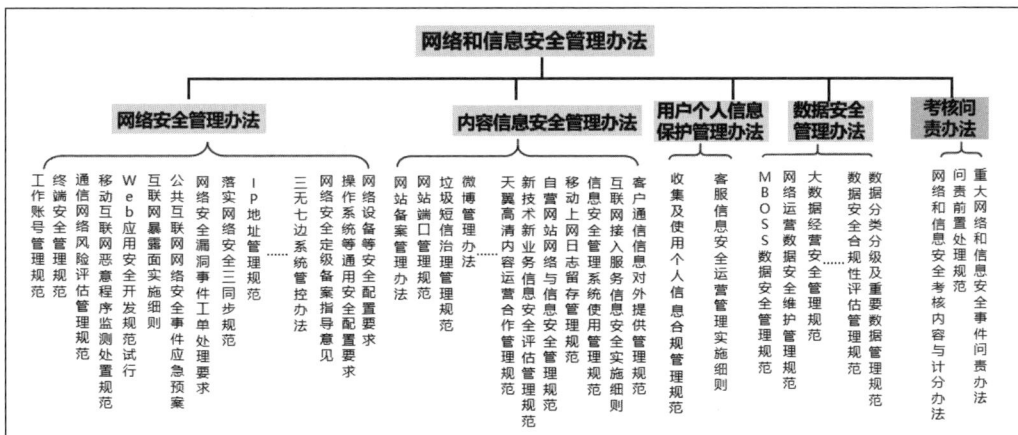

图 1　网络和信息安全管理办法

2. 建立健全的网信安全组织保障体系

一个组织在建立了完整的网信安全管理制度体系后,还要建立一套"横向到边、纵向到底"的网信安全组织保障体系,保障相关网信安全制度的有效执行,网信安全组织保障体系如图2所示。

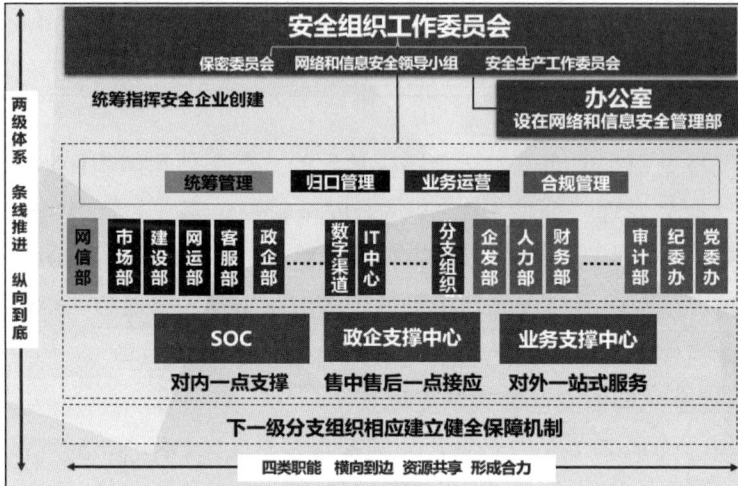

图 2   网信安全组织保障体系

3. 培育实战能力强的网信安全人才队伍

网信安全系统化建设最终还是需要有人来执行，要做到网信安全"零事故"，离不开实战能力强的网信安全人才队伍。一个组织需要开展多层次、梯队化的人才队伍建设；需要在组织内部开展全员普及性教育，提升人员的安全意识；需要培养大量的初级、中级网信安全人才，让他们负责常态化的基础安全防护，做到守土有责；还要培养一支实战能力强的高级安全人才队伍，让他们应对高对抗性的网络安全攻击。总之，总体思路是培养一支具有高度实战能力、平战结合和防控一体的网信安全人才队伍。网信安全人才队伍建设保障体系如图 3 所示。

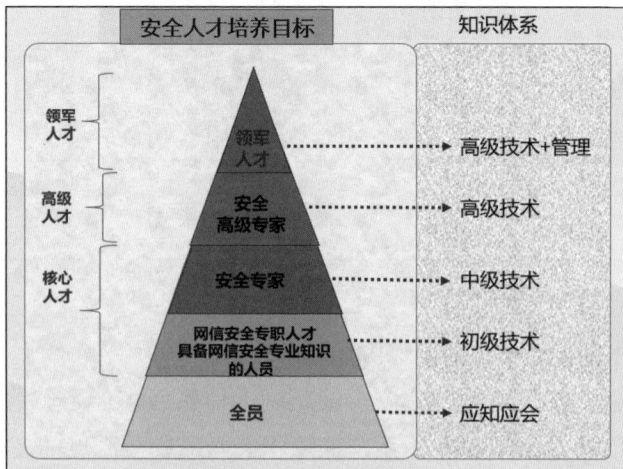

图 3   网信安全人才队伍建设保障体系

↘ 二、安全技术"零信任"

在网信安全防御技术体系建设方面，需要保证足够的资源，在等保、防御能力、账户安全、设备安全、数据安全、治理和培训、脆弱性管理、供应链管理、应急响应和恢复等方面建立一套综合网信安全防御技术体系，网信安全防御技术体系架构如图 4 所示。网络安全主要涉及保护、检测、响应和恢复等环节，显然，单一的安全技术无法满足这些环节的需求。因此，对于单一安全技术的防护效果，应该抱有"零信任"的态度，构建多种安全技术内生融合协同的能力体系，才能达到安全企业"零事故"的目标。

新一代的安全能力体系应与业务深度融合，通过安全与信息化技术聚合、数据聚合、人才聚合，构建一体化的协同运行能力，实现内生安全的纵深防御和主动防御，保障企业业务不受损、数据不泄露和安全合规。

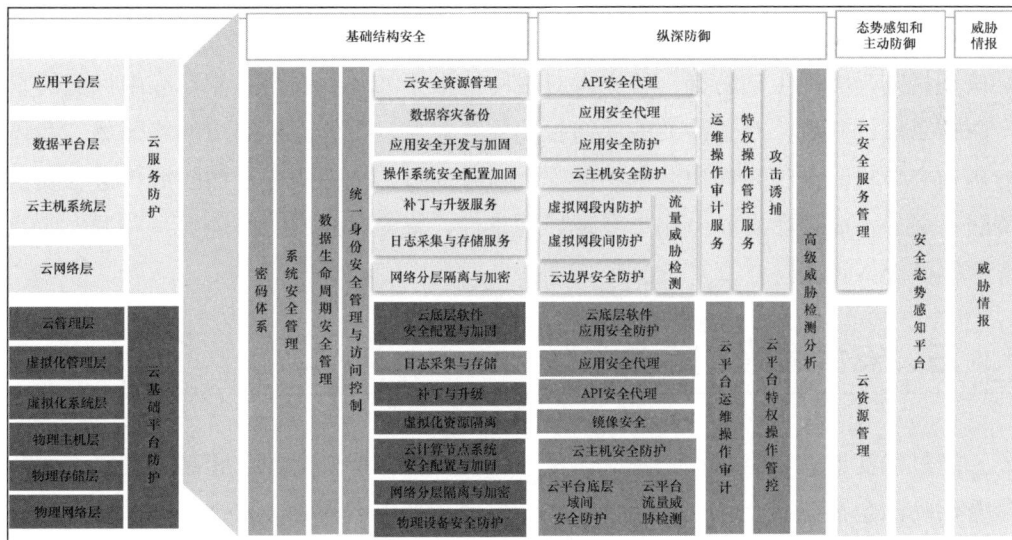

图 4 网信安全防御技术体系架构

网信安全技术防御体系除了传统防御技术手段，要达到"零事故"目标，还需要在新一代安全能力体系核心技术方面重点完善以下三个方面。

1. 新一代的身份安全技术

云计算、物联网等技术的应用，导致身份安全从面向人的身份安全管理演进为对设备、程序等数字身份的安全管理。构建基于数字化身份属性的管理与访问控制体系，全面纳管数字化身份，通过网络安全的不同执行点，将身份安全与零信任能力调用到数字化环境的各个关键点，才能达到对于应用与数据的细粒度访问安全，实现智能化的身份分析和治理，为网络安全与业务运营奠定基础，保障业务的运营。

2. 重构网络安全纵深防御

传统的纵深防御是基于网络空间部署的，混合云、物联网、容器、开源软件等应用会产生更多维度的安全风险，急需重构网络纵深防御能力。在传统的网络架构基础上，增加时间维度的安全纵深防御能力，将安全能力深度融入业务的全生命周期（包括出生、成长和消退）中。另外，由于防护对象由集中化部署趋向于碎片化部署，防护技术也应具备中心化、不可篡改、去信任化等特点，例如可以采用区块链技术构建全新的、覆盖全时空的网络纵深防御体系，保障业务的运营。

3. 主动防御技术

以网络安全态势感知系统为安全中枢，融合威胁检测、威胁情报、SOAR和分层信任机制，实现主动防御。首先，对威胁情报不涉及的安全对象，应用标配的安全防护手段；其次，对于涉及威胁情报的安全对象，主体直接启用网络隔离，客体启用白名单机制，仅允许白名单中的安全对象通过，待完成安全加固后再进行安全降级；最后，如果在实时监测中发现异常事件，就实时启用网络隔离，并派出应急专家团队介入调查。

三、安全运营"零事件"

通过制度嵌入、组织保障及队伍建设，企业确保把安全理念和制度贯穿于生产经营活动的全链条、全流程、全场景和全生命周期中。同时，结合自主掌控身份安全、纵深防御、主动防御等能力，建立高效智能的一体化安全运营体系，网信安全防御运营体系架构如图 5 所示。从被动响应转向主动防御，从单点防御转向全网联防联动，保障企业运营的安全、可靠和高效。

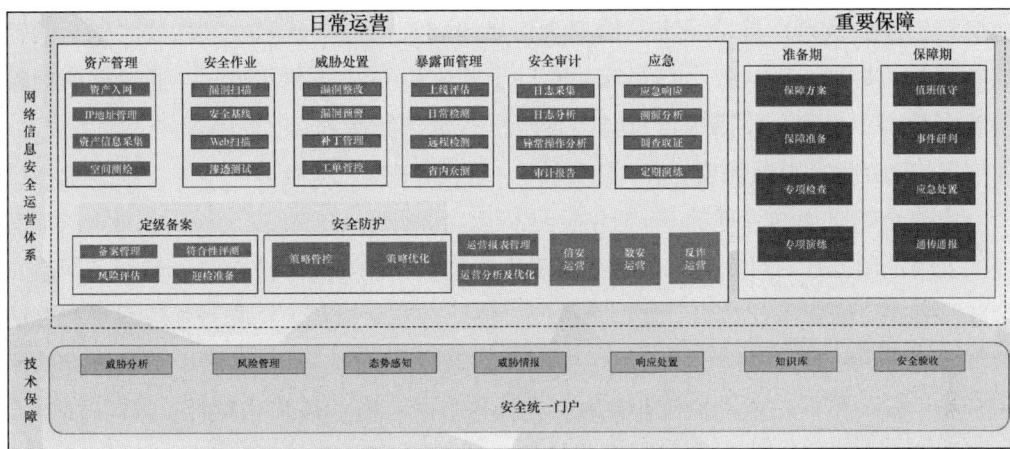

图 5　网信安全防御运营体系架构

要达到"零事件"的运营目标，除了常规动作，还需要着重做到以下三点。

1. 安全信息集约管理

网络安全信息的集约管理，是企业高效开展安全运营的重要基础。安全信息主要涉及网络设备、安全设备、服务器、物联网设备、办公外围设备等硬件设备，企业应用、支撑系统、操作系统、应用程序等软件应用，包括开发组件、框架等软件供应链信息，以及漏洞、配置合规、符合性评测等安全脆弱性信息。面对企业繁杂的安全信息，确保信息准确性是实现集约管理的难点。对于软硬件资产，可以通过采集代理程序、专业网管接口、DevOps研发平台接口、云资源池管理平台接口，实现安全信息的动态采集，确保资产安全信息的实时更新。而安全脆弱性信息主要通过各类安全检测工具获取。通过对安全信息的梳理、关联和聚合，形成企业统一的安全信息库，为安全纳管、隐患挖掘、漏洞预警与定位、安全风险评估、事件溯源等安全运营工作打下坚实的基础。

企业统一的安全信息库与人力资源系统、统一认证平台的结合，将有效实现企业内部全部账号的实名制管理，规范账号权限的开通流程，做到一人一账号，支撑账号安全审计，有效杜绝离岗人员账号未及时清理等违规现象。同时，作为资产安全纳管的核心，安全信息库发挥着重要的作用。通过与 4A 平台、日志审计平台、安全态势感知平台等安全运营系统建立资产接口，实时同步资产安全信息，建立资产"一点录入，全网通行"的机制，杜绝企业内未知资产的存在。4A平台维护通道的开通、云资源池网络的开通等都必须验证安全信息库中的资产信息，既确保了安全信息库中覆盖资产的全面性，又避免了各平台资产信息的不规范问题，提升了安全纳管工作的效率,打造了良好的安全信息闭环管控生态,形成了高效的安全纳管控制链条。另外,企业安全信息库也有助于建立资产网络准入机制,通过自动化触发限制路由、封堵IP等措施,及时阻止未报备资产的接入。

2. 安全能力智能调度

在安全信息集约管理的基础上,企业可以全面开展常态化安全检测作业,消除潜在的安全风险隐患,对安全风险做到防患于未然。日常安全维护作业一般涵盖网络安全漏洞扫描、配置基线核查、弱口令检测、供应链安全检测、互联网暴露面资产存活检测等任务,跨越互联网、办公网、生产内网等多个网络,涉及各种类型的安全检测工具和设备。整个安全维护作业普遍存在操作复杂、专业性强和耗时长的问题。

为此,需要通过预先梳理安全工具的部署环境、软硬件性能、适用范围等信息,结合安全工具的实时任务负载情况,建立智能调度机制,提升企业运营的场景化智能调度能力和全网安全调用能力,在日常安全作业任务实施启动时,实现检测工具智能推荐、检测网络环境智能匹配、能力调度一键执行的功能,实现安全作业全流程可视、可管、可控,提高自动实施率,减轻人力和资源的负担。

3. AI助力安全事件处置

在企业安全运营中,需要 7 × 24 小时全天候关注网络安全态势,针对突发的安全事件进行快速响应,防止安全事件的影响蔓延。一般来说,网络安全事件可以划分为恶意代码感染、入侵攻击、业务服务拒绝攻击、内部违规行为、社会工程学攻击等。基于零信任的理念,需要对资产安全风险持续进行动态评估,及时监测发现网络和资产中的异常现象,避免安全风险的进一步扩散。

为实现分钟级甚至秒级的应急处置,需要全面推行安全运营场景下自动编排的应用,引入AI技术,助力安全事件的处置。企业需要构建通用型的应急措施,实现一键封堵、一键溯源、一键关停等常规化的应急处置能力,也需要对不同事件场景定义针对性地编排剧本,固化场景化的安全响应流程。通过自定义配置流程节点,自动下发智能化脚本,可视化安全运维流程。基于开放的网络安全能力,灵活编排并应对不同的突发安全事件,实现应急响应自动化、智能化。

网络安全关系到国家安全和主权、经济社会稳定运行、人民利益保障等重要问题。筑牢国家网络安全屏障,推进网络强国建设,是一项重要和紧迫的工作,需要从思想上和行动上高度重视。本文以大型电信运营商的安全实践视角,分别从安全管理、安全技术和安全运营三个维度,探讨了如何践行网信安全"零事故"之路。面向未来,守好网络安全防线、夯实网络安全管理、筑牢网络强国基石的工作依然任重而道远。

投资视角判断 2022 网络安全形势：亟须建立良性发展的生态体系

王鹏飞　奇安（北京）投资管理有限公司总经理

2021 年以来国家出台多项涉及网络安全的法律法规，社会对网络安全的认识又上升到了一个新的高度，2021 年网络安全投融资活动也创下了新的纪录。作为一个专注于网络安全方向的产业投资机构，奇安投资对 2022 年网络安全产业的发展有何期待？本文将结合宏观环境与奇安投资的实践认知，总结网络安全产业发展的整体环境和未来的发展空间，希望联合业界共同推动建立良性发展的网络安全生态体系。

一、网络安全产业发展的整体环境

随着社会经济高度信息化、数字化、智能化，网络安全的作用变得更加突出，除了提升了人们对传统边界防护、木马病毒的认知，数据安全、个人信息保护、反业务欺诈、反网络犯罪等一系列网络安全新概念、新名词也被大众所熟悉。网络安全产业界也在发生深刻变化，从最初的通信安全、信息安全发展为网络安全、数据安全，这几年又升级为网络空间安全，2021 北京网络安全大会的主题更是提出"经营安全"。因此，网络安全已从过去信息化的附属要求，演变为经营发展的核心诉求。

二、网络安全市场规模

网络安全市场规模是所有网络安全企业和投资机构非常关注的一个话题，目前国内有两个比较专业的数据来源，一个是中华人民共和国国家互联网信息办公室主管的中国网络空间安全协会（简称网安协会），另一个是工业和信息化部主管的中国信息通信研究院（简称信通院），这两个机构每年都会发布很多网络安全相关的报告和白皮书，都比较权威。

根据网安协会发布的《2020 年中国网络安全产业统计报告》预测，2021 年中国网络安全市场规模是 740.79 亿元，环比增长约为 20.0%。根据信通院 2020 年发布的《中国网络安全产业白皮书》预测，2021 年中国网络安全市场规模为 2002.5 亿元，环比增长约为 15.8%。

网安协会和信通院的数据差异巨大，但我们认为核心原因在于统计口径的不同，网安协会侧重供给侧（狭义的网络安全产品、技术和服务），信通院侧重需求侧（广义的网络安全、信息安全、数据安全以及信息安全系统），但不论是网安协会还是信通院，都预测到中国网络安全的市场规模会持续而快速地增长。因此，需要更加关注网络安全未来的发展空间以及行业内部产品和技术的创新与网络安全生态的改善。

三、网络安全未来的发展空间

不管是国内还是国外，网络安全都是政府和各行各业必须应对的问题，以网络安全产业最成熟的美国为例，每年美国网络安全市场规模的增速仍高达 10%左右。随着技术架构升级、数字化改造以及监管要求加强，网络安全也已经成为国内经营发展的内生需求，相信中国网络安全产业会有更多机会。

网络安全作为数字经济的基石，其市场规模是一个动态的问题，我们一定要以发展的眼光来看网络安全的市场规模。市场普遍认为网络安全本质上是信息化数字经济的保险，数字经济的规模乘以风险发生后经济损失的概率，应该就是网络安全市场的理论规模，目前来看网络安全的实际市场规模是远远小于其理论规模。

另外，网络安全对数字经济来说，不仅仅是起到了保险的作用，网络安全更是数字经济的发展基石。在数字经济中，网络安全的作用至少等同于网络空间的公共安全，其发展空间无疑是非常巨大的。

此外，中国网络安全也应关注"向外走"的市场机会。以奇安信 2021 年 7000 万海外订单为例，中国网络安全公司的业务机会不仅在于"内卷"，还在于打开视野，在"一带一路"国家中获取更多业务增量。

四、发展阶段：从低水平到快速发展

我们现在所说的网络安全（network security），其含义是非常广的，准确的表述应该是网络空间安全（cyberspace security）。以密码技术为例，作为网络安全核心技术之一，密码技术的历史非常悠久，在数据安全时代，密码技术又迎来了更广阔的发展。狭义的网络安全也是与互联网是同步发展的，从最初的信息安全发展到现在的网络安全、数据安全，网络安全产品也从最初的"老三样"发展到目前的几百款产品。

中国网络安全虽然有着超过 20 年的发展历程，但以前网络安全发展处于低水平阶段，客户也不重视，因此网络安全行业发展缺乏关键驱动力。虽然近几年有了非常大的改观和进步，但《中华人民共和国网络安全法》实际上是从 2017 年 6 月 1 日才开始施行的，大部分配套的法律法规在 2021 年下半年才陆续出台。这与中国的经济发展水平和数字化程度远远不匹配，因此我们认为中国的网络安全虽然已度过初级发展阶段，算是刚刚进入快速发展期。

五、2021 年国内网络安全投融资市场

网络安全已成为大家关注的热点方向，从市场披露的数据来看，2021 年网络安全一级市场有 160 多起融资，融资额合计 150 亿元人民币以上，比 2020 年的融资额增长 150%。作为专注于网络安全领域的投资机构，奇安投资近几年的快速发展也极大受益于行业的整体发展。

2020～2021 年网络安全融资有 4 个现象非常值得关注，一是单笔融资额屡创纪录，二是国有资本大举进入，三是融资节奏明显加快，四是估值水平快速提升。

资本的广泛关注是对一个行业发展前景的肯定，从 2021 年项目融资的情况来看，大家对网络安全行业的发展前景实际上是有高度共识的，但对具体项目的看法却不完全一致，正如刚才所说网络安全度过了初级发展阶段、刚进入快速发展期，在网络安全整体前景广阔的同时，单点机会也很多。

从投资实践来看，有三个问题需要业界一起研究探讨，一是如何帮助被投公司的业务成长，二是如何帮助被投公司以及创始团队跟上业务发展的需要，三是如何建设好一个良性的网络安全生态。

六、网络安全产业目前存在的问题

在移动互联网时代，互联网巨头都推出了自己的网络安全全家桶，用户的手机和计算机上常用的软件和应用几乎都安装了不同企业的版本，既占内存又浪费资源。在产业互联网时代，客户作为需求者，是网络安全市场最终的裁判方，在 To C

模式下，全家桶式的安全产品给客户带来了很多挑战。根据我们与客户的交流，客户更希望专业的人做专业的事，不同的安全厂商之间能够兼容衔接、优势互补，共同为客户的安全负责，为客户带来更强的安全感。

简而言之，网络安全企业之间的产品定位重合度高、差异化不明显，给客户选择安全公司的产品造成了很大困扰。客户在选择一家主要的安全供应商之后，再选择其他安全供应商的能力更强、思路更新的产品时，产品间的兼容性差，甚至引入新的风险点。

因此，亟须建立良性的网络安全生态体系。

七、什么是良性的网络安全生态体系

我们认为良性的网络安全生态体系至少应包括 4 个方面的内容，即监管公平、竞争有序、分工明确和进退通畅。

监管公平，就是在制定行业政策时充分考虑中小型网络安全企业，在标准制定、创新试点、产品服务采购时，不对中小型网络安全企业产生实质性歧视。

竞争有序，是指政府和国企在项目采购时不设置显著不利于中小型网络安全企业的竞标条件，同时在项目采购中不让大型网络安全企业垄断业务机会。

分工明确，就是创新型中小型网络安全企业利用自身优势错位发展，专注于打造创新型的网络安全技术和产品方案，避免与大型网络安全企业进行价格战等恶性竞争，给中小型企业留下发展空间。

进退通畅，一是大型网络安全企业的团队骨干成员、客户安全部门的负责人离职创业，可以与原单位继续友好合作，也可以到一定阶段新公司被原单位和其他大型网络安全公司收购；二是大型网络安全公司可基于自身业务布局的需要，通过并购、整合网络安全初创团队，补足、完善缺失的关键技术和关键产品；三是不同网络安全企业之间可基于共同的愿景、目标进行整合和重组，通过优势互补增强核心竞争力，从而为客户提供更全面的网络安全解决方案。

八、如何看待企业增收不增利的问题

网络安全技术更新快、产品迭代快，网络安全的攻防属性要求网络安全公司必须具备强大的技术队伍和巨大的研发投入，因此网络安全企业普遍毛利率高、净利润率低，甚至大部分网络安全企业是亏损的。从全球市场来看，为了获取巨大的市场机遇，网络安全企业普遍将大多经营收入投向产品技术研发和市场营销，因此盈利的网络安全企业并不多，大多数网络安全企业的净利润持续为负。

从国内上市网络安全公司公告的 2021 年度业绩来看，奇安信、安恒信息的营业收入同比增长 35% 以上，奇安信的扣非净利润同比增长 35.37%～53.91%，安恒信息的扣非净利润同比下降 161.28%～165.42%，并转为亏损。虽然深信服、启明星辰、绿盟科技盈利，但是盈利增速大幅下降，其中深信服的扣非净利润更是同比下降 75.05%～85.09%。这与我们看到的网络安全行业的趋势一致，行业进入快速增长期，原来的竞争格局被打破。面对新的发展形势，网络安全企业为了布局新产品、新技术，必然加大各方面投入，进而净利润水平大幅下降。相信再过 3～5 年，随着行业进一步发展，竞争形势逐渐趋于稳定，各家主要网络安全上市公司的盈利能力将大幅提升。

在一级市场中，奇安投资投资的大部分网络安全公司都处于亏损状态，这是处于行业发展早期阶段企业的典型特征。因此，在进行网络安全投资时，奇安投资更加关注于项目业务后续的成长能力，而非当前阶段的盈利水平。

↘ 九、发展趋势：提供价值能力是唯一使命

中国网络安全市场有着自己独特的特点和需求，市场逐渐细分、产业趋于成熟、从 0 到 1 的合规建设期基本结束，客户正在从关注单一合规到注重价值和效率。未来的网络安全产业是一个融合的产业，是信息化和安全的跨界融合，提供价值能力是网络安全公司的唯一使命。

随着客户对网络安全的理解越来越深，对网络安全的投入越来越大，客户会更加掌握安全投入的主动权（客户掌握最终话语权，网络安全公司则需要提供客户真正需要的产品和服务）。

随着信息化系统多云化、异构化、多场景化和泛物联网化，安全管理和运营日益复杂，客户在安全投入上会发生一些变化，一方面是拒绝重复建设，另一方面是注重安全效率的同时也重视提升企业自身的安全运营能力。

↘ 十、网络安全企业成长规律

网络安全本质上是攻防对抗，但攻防是极其不对称的。对攻击方来说，1% 的成

功攻击等于攻击 100% 成功；对防守方来说，即使做到了 99% 的成功防守，有 1% 被突破也等于防守 100% 失败，因此防守的难度远远大于攻击的难度。

另外，网络安全技术性强、门槛高、产品方向多、客户分散，单个产品市场的容量有限，因此行业竞争比较激烈。创业公司往往会从单点产品、单个市场开始，做精做专后逐步拓展更多市场，再不断扩展产品线，这与网络安全客户偏好整体解决方案的方向是高度一致的。正所谓需求驱动供给，有上进心的网络安全团队一定会通过内涵和外延方式扩大产品线。所有网络安全公司的理想都是成为平台型、综合型厂商，让其多产品线在多个行业和市场中取得优势的品牌形象。

从网络安全的本质来看，产品技术会持续高度分散，不如其他硬科技行业的技术集中度高，只有少数几个企业能分享行业"果实"，因此网络安全的发展机会也一定是分散的。对创业期企业来说，创始团队都是基于某一技术或产品基因开始创业，先做出一款功能单一的单点产品，然后将技术转化为产品、将单点产品完善成为功能性产品，这是企业生存的第一道考验。对成长期企业来说，企业某项产品和能力进入行业前列，市场占有率和知名度较高，标签属性很强，可以在优势产品之外找到第二增长曲线，也可以基于优势产品纵向延伸技术、横向扩展产品线，形成客户广泛接受的体系化解决方案，这是企业规模成长的第二道考验。

↘ 十一、网络安全领域的投资机会

随着 5G 逐渐落地以及《中华人民共和国数据安全法》《中华人民共和国密码法》《中华人民共和国个人信息保护法》等一系列法律法规的落地和实施，2022 年我们比较看好云安全、数据安全、物联网安全和商用密码等几个方向的投资机会。

从创业团队角度，吸引投资人的有三点：一是出自大方向的创新性产品技术，二是来自网络安全大厂的大产品线的核心负责人，三是来自大型客户单位的安全运营负责人。

从具体业务方向看，更吸引投资人的细分领域有新一代的威胁流量检测技术、平台化的网络安全运营、体系化的数据安全治理、新型网络环境（跨云/跨平台/多场景/泛物联）的安全接入/管理和运营解决方案、人工智能与区块链等在安全方向的应用、具备数据运营能力的工业互联网安全、打通身份/应用/数据/操作系统的零信任解决方案、网络安全风险管理、网络安全隐私与合规以及新一代的商用密码技术。

↘ 十二、网络安全领域投资策略

2014 年以来，在国家的大力支持下，中国的网络安全事业得到快速发展，现在北京、上海、杭州、深圳、成都等城市已经形成了多个网络安全产业聚集地，产业规模达数千亿，上市公司也有 20 多家，此外还有 20 多家收入过亿的拟上市公司。

虽然中国的网络安全产业已度过初级发展阶段，但也才刚刚进入快速发展期，所以我们认为中国网络安全企业的发展空间很大，只要技术实力强、产品体系全、经营水平高，收入增长和价值提升的确定性就比较大，因此奇安投资重点投资了永信至诚、威努特、天空卫士、江南信安、上海弘积、溪塔科技等一批处于成长期的网络安全企业。

此外，基于网络安全的攻防本质，网络安全新问题新方法层出不穷，因此安全技术和产品理念快速迭代，新网络安全创业公司不断涌现，其中有一些公司很快成为行业发展的热点，比如我们投资的悬镜安全（DevSecOps）、观成科技（加密流量检测）、零零信安（网络安全全面风险管理）、马赫谷（全流量分析）和凯馨科技（数据隐私合规）等。

奇安投资作为专业化、市场化的产业投资机构，并没有刻意区分投资阶段，我们觉得网络安全各个阶段都有许多优秀的可投资标的，只要发展前景好我们都会关注。

↘ 十三、怎么判断一个网络安全企业的发展前景

对于一个企业的发展前景，我们主要从以下 5 个维度进行判断。

从行业维度来看，针对细分市场需求驱动因素、产品技术、竞争格局、发展趋势等进行深入剖析，找出业务发展的关键成功要素。

从业务维度来看，在具备深度行业认知的基础上，找出具体项目产品的技术创新性、差异点，业务方向与客户需求的匹配性，以及是否具备短期内脱颖而出、长期持续增长的高可能性和确定性。

从成长维度来看，基于客户需求、产品定位、市场周期、竞争情况、业务增长战略和商机等多维度，判断短期业绩目标的确定性以及长期增长目标的可行性。

从投资维度来看，重视业绩与估值的匹配性，当前估值可以适当偏离短期业绩，但长期估值一定依赖于长期业绩，好产品、好团队、好公司并不等于好项目。

从价值维度来看，从产品、技术、需求、政策、产品布局、业务组合、资源整合等多维度，找到项目业务和投资价值变化的左侧拐点。

十四、对网络安全公司发展的 6 点建议

奇安投资的核心团队投资过超过 50 家网络安全公司，从初创期一直到Pre-IPO阶段，从少量参股到并购重组，都有覆盖。基于对行业的观察以及投资实践，我们对网络安全公司发展提出了以下 6 点建议：

（1）聚焦、专注和专业，争做本业务方向的领军企业和创新标杆；

（2）在经营模式上，渠道很重要，但直面客户、与客户建立深度连接更重要，例如一定要服务好关键市场、关键客户；

（3）一定要持续成长，不要刻意追求爆发性增长，企业发展永远比拼的是耐力，因为对客户而言，他们非常看重品牌、技术和信誉；

（4）与 5 年前相比，中国网络安全公司的全球化机遇之门已经打开，与其在国内市场发展，不如放眼全球市场，全面发展；

（5）加强公司组织机构建设，企业的发展能有多久、能走多远，主要看组织的使命、愿景、战略目标是否足够清晰；

（6）企业存活永远是公司发展的前提条件，持续融资和现金流管理同样重要。

数字安全九大论断

李少鹏　数世咨询创始人

2022 年 8 月，数世咨询发布了《中国数字安全产业统计与分析报告（2022）》，在报告中，数世咨询基于数字安全技术与产业的历史和现状，提出了九大论断，包括数字安全技术与产业的领域特性、发展趋势等。下面是九大论断的具体内容，供业界人士参考与指正。

一、数字安全处于初级阶段

数世咨询认为，数字安全至今还属于发展的初级阶段，作出这一论断主要有以下 6 点原因。

1. 产业规模非常小

据工业和信息化部统计，2021 年我国软件和信息技术服务业的收入规模达 9.5 万亿元，电子信息制造业的收入规模则突破 14 万亿元。而根据数世咨询的统计，数字安全产业的收入规模只占前者的 0.964%，后者的 0.654%。

2. 产业处于亚健康状态

根据对 29 家沪深上市数字安全企业净利润的统计，一半以上的企业净利润为负增长，净利润总和为 5.39 亿元。与 2020 年相比，负增长率高达 83.21%。最为典型的例子就是至今为止国内尚无一家规模大、创新力强且经营状况良好的"三合一"数字安全企业出现。

3. 关键核心技术基础薄弱

没有网络，就没有网络安全。数字安全的基础是信息技术，而信息技术中的关键核心技术基础较为薄弱，如芯片、操作系统、数据库，以及运行在其上的信息系统和通用软件。

4. 跟随现象严重

国内企业跟随国外流行的概念研发和采购产品，缺乏自我创新能力，不愿尝试新事物，主要专注于购买安全设备而不是掌握安全能力，对安全的重视程度大多还停留在被动合规阶段。

5. 没有清晰的科学分类

从大专院校到职业培训，从就业岗位到资质许可，从学术研究到技术产品，国内还没有一整套逻辑清晰、切实可用的科学分类。如果没有科学的分类，就难以实行产业规划、人才培养和链接供需，还可能会在重复建设、浪费资源的同时，得不到好的效果。

6. 产业发展现状模糊

由于各研究机构缺乏对统计口径、统计范围等统计标准的定义或描述，因此数字安全产业的规模、各细分领域的发展状况、技术产品的质量评定，以及用户的使用效果，至今还是个谜。

综合以上 6 点原因，数世咨询认为，数字安全产业还处于初级阶段。

二、合规永远是基础推动力

从生产力来看，安全保障在绝大多数场景下会降低生产效率，且安全投入成本属于成本中心。从重要性来看，数字安全不仅关系到个人或某机构主体自身，还关系到社会和公共安全、国家和政治安全。因此，合规将永远是数字安全的基础推动力。但随着万物互联、数字世界的到来，数字安全将无处不在，成为所有个体活动和社会活动的基本需求。

三、数字安全企业的国有化

自 2019 年启迪科服入股绿盟科技，包括天融信、美亚柏科、奇安信和启明星辰等国内数字安全产业的头部厂商，先后引入国有资本。此外，很多具备上市条件的企业也被国有资本入股，如威努特、亚信安全、安天、观安信息、知道创宇、中电安科、天地和兴、安华金和、永信至诚、明朝万达、闪捷信息、梆梆安全、派拉软件、瑞数信息、中睿天下等。数世咨询认为，未来绝大多数大型数字安全企业都将或多或少具备国资身份。数字安全企业的国有化的核心原因在于数字安全事关社会和公共安全、国家和政治安全，数字安全企业责任重大，技术研究和商业经营一旦发生偏差，很可能严重损害国家和人民的利益。

四、安全集成业务长期存在

考虑到数字安全之于国家、社会、公共、政治的利害关系,数字安全属于关系国计民生的基础行业。基于这些关键因素,数世咨询认为,数字安全很有可能在未来被列为"特种行业"。这种行业的特殊性,意味着大量的三产公司、带有企业经营性质的事业单位,以及长期为国企服务,并取得信任关系的集成商等中间商,在数字安全的供需双方之间扮演着非常重要的角色,具备咨询规划、企业信誉、经济保证等内在价值,因此安全集成业务将会长期存在。但是民营领域的集成业务,尤其是以分销、代理等中间商模式的集成业务收入已呈明显的持续下降趋势。

五、并购为资本退出主方向

结合国内上市的大环境和审核标准,从目前获得融资但并未上市的 200 多家企业来看,这些企业成功登录沪深证券交易所的概率很小。因此在未来几年,并购将成为主流的资本退出方式。并购主导方可大致分为三种企业,一是已上市的数字安全企业,二是即将上市的数字安全企业,三是大型科技企业。补短板、并收入、打造新的安全概念、寻求第二增长曲线是并购主导方的通用诉求。一般优质并购标具备以下三个特征,一是具备"专精特新"的定位,二是经营状况良好,三是估值位于合理的区间。

六、安全能力原子化的趋势

原子化是为了适应未来数字业务场景和需求的多样性以及安全能力的有效性,将安全能力以原子化的形式提供,让每一个安全能力原子只完成一个最小化且有意义的安全控制或者操作。根据不同场景、用户群体或特殊要求,持续、动态地将安全能力编排组合,匹配业务逻辑和管理流程,从而使企业真正具备符合业务需求的安全能力。

云原生是现阶段实现安全能力原子化的基础环境。云计算的进化方式就是服务能力的不断原子化,从虚拟机到容器、从微服务到无服务器,计算和应用基础单元都在变得更加简单。通过云原生可以在充分利用云计算算力的同时,满足行业用户在数字化转型过程中对安全能力要敏捷、弹性、按需供给的需求，适配各种私有化、云化、多云部署的复杂环境。原子化安全（安全能力原子化）的核心理念为"最小单元、开放组合、弹性扩展"，以达到"离散式制造、集中式交付、统一化管理和智能化应用"的最终目的。

↘ 七、数据安全才是核心价值

数字安全时代来临之前，安全保护的焦点主要集中在信息基础设施和信息计算对象上。但正如数世咨询提出的"网络安全三元论"所言："信息技术是为业务需求服务的。基于产品设备或技术方案来保护信息系统，并非网络安全的最终目的，更好地服务数字化业务的需求、为数字经济的发展赋能、保卫国家安全，才是网络安全的根本目标"。简而言之，不是为了安全而安全，而是为了业务而安全。

网络时代需要以资产的视角看待数据，网络时代的数据是"皇冠上的宝石"，是静态的，需要被重重保护。但数字时代的数据是"生产要素"，是充分流动的，需要结合业务进行保护。因此，我们应该提倡数据治理的安全，而不是数据安全的治理。

网络安全厂商，未来都将成为以"数据安全"为核心目的数字安全厂商，于是产生了"网络安全＋数据安全＝数字安全"这一公式。安全，只有为业务实现价值，才能进入更为广阔的天地，才有可能走向"星辰大海"。

↘ 八、市场竞争格局百舸争流

在本报告调查的 700 家调查对象中，有 162 家企业年营收规模超过 1 亿元，最大营收规模的企业只占这 700 家企业营收规模的 6%。这个调查结果直接印证了数世咨询在 2020 年针对市场格局提出的"没有寡头，只有诸侯"的判断，将该判断进一步清晰化，即"没有战国七雄，只有诸侯百家"。

实际上，"没有寡头"的论断在国际上也早已得到证明。全球曾经最大的两家网络安全企业，赛门铁克和迈克菲，鼎盛时期的年营收规模分别为 47 亿美元和 30 亿美元，在当时全球网络安全收入中的占比分别不到 4% 和 3%。数字安全企业无法形成统治力的原因在于数字安全的三个本质属性（伴生性、服务性和对抗性），导致企业只能通过不断地延长产品线、增加服务人员（如同大型医院都是综合性的医疗机构），甚至是并购来支撑营收增长。但这种发展模式必然会导致企业在细分领域的专业水准的下降，给企业带来管理和运营上的困难。这属于自然规律，并不以人的意志为转移。数世咨询认为，未来的数字安全产业将呈现"百舸争流千帆竞"的局面，在创新、创业的大趋势下，合纵连横的竞争战略将会是数字安全产业永恒的主题。

九、数字安全将是万亿市场

虽然"数字安全处于初级阶段"，但是这也意味着未来数字安全产业有着很大的发展空间。如果数字安全产业的营收规模以 20% 的年均增长率计算，那么数字安全产业的营收规模将在 2035 年突破 1 万亿元。如果用数字经济的营收规模 10% 的年均增长率来计算，那么 13 年后就是 157 万亿，即使数字安全产业仅占 1%，那数字安全产业的营收规模也是 1.57 万亿。

科技发展有一个必然规律，即技术越高级，系统越复杂，稳定性就越差，风险就越大。航天飞机、宇宙空间站的信息系统容不得一行代码的出错。在数字世界中，破坏、犯罪和战争的成本变得极低，且实施起来尤为容易。当一条数字化的通信指令不仅可以控制空调、汽车，还可以控制心脏起搏器、让电厂停电的时候，其蕴藏的巨大风险可想而知。

在现实世界中，安全是割裂的。人身安全、财产安全、交通安全、生产安全、社会治安、国防安全等安全领域的交叉很少，有着各自的活动领域。但在数字世界中，安全不再割裂，所有的安全问题都可归结于数字安全问题。一切安全都是数字安全，一切风险都是数字风险。复杂系统的不稳定性，以及数字安全世界的高度统一性，决定了网络安全的特性将从伴生需求走向内生需求，并终将成为高科技时代人类社会生活的基本需求。

相信随着数字化的普及和对数字化技术依赖程度的提高，保护数字安全、防御数字威胁、管控数字风险将会成为国家、社会和企业的常态。数字安全产业也将从初级阶段逐渐进入稳定上升期，最终成就一个数字健康的大时代。

数字安全产业，未来大有可期！

SASE安全体系的建设和实战应用

唐路　中国电子信息产业集团有限公司产业规划部副主任

一、"数字CEC"的安全为先策略

中国电子信息产业集团有限公司（简称中国电子）是中央管理的国有重要骨干企业，是以"网络安全和信息化"为核心主业的中央企业。从以下数据（截止到2021年年底）中可以看到集团的管控难度：

（1）下属法人企业多达600余家，管理层级众多；

（2）集团企业覆盖全球31个国家和地区，员工数量达到19万人，其中不乏外籍员工；

（3）集团年销售收入2 710亿元人民币，连续十年位列世界500强，销售收入中大约有40%来自海外。

中国电子作为一家通过不断整合重组而形成的中央企业，定位于战略管控的央企总部，如何贯彻总体国家安全观？如何保障集团的整体网络安全？尤其是作为一家以网信安全为主业的国家队，如何"先为不可胜，以待敌之可胜"？这些就是在当前形势下，中国电子所面临的重大课题。

集团网络安全的建设与数字化转型项目（"数字CEC"）实现深度融合。集团党组对数字化转型提出的目标是实现"两提两控"（"提升能力、提升效率，控制成本、控制风险"），既包含提升网络安全防护能力，也包含控制网络安全风险。因此，"数字CEC"的建设思路中最重要的一点是"安全为先"，就是要发挥新型举国体制的作用，集中力量办大事，实现系统统一建设、数据统一治理、指标统一设计、安全统一规划、服务统一运营的系统。管规划的必须管建设，管建设的必须管运营，一张蓝图绘到底，集团从组织、制度和资源上需要予以全面的支持。

基础不牢，地动山摇，"数字CEC"首先着眼于基础设施建设，重点打造"一云一网"和安全体系，一云是全集团一朵云——以内生安全PKS（飞腾处理器＋麒麟操作系统＋安全体系）为底座的中国电子云，一网就是将全集团所有互联网端口全部收敛，全集团所有的企业组成内部的局域网，这样在防守上就可以"集中兵力，严守关隘"，再采用零信任等方式提供安全访问控制，最后形成一整套的安全服务运营体系。

二、SASE体系在"数字CEC"建设中的落地

2020 年，中国电子第一次参加攻防演练活动，当时集团分支机构遍布全球，大概有 400 多个互联网端口分布；每家下属企业几乎都有自己的数据中心；分散在各地的十几万员工需要依赖互联网办公。在这种情况下，我们面临的很大风险是不知道员工在哪？谁在用？用什么东西？是不是安全地使用？在进行红队评估时就可以很明显地看到，蓝队不知道红队的进入，蓝队也不知道红队进入之后的行为，哪些是正常访问，哪些是非法访问，系统处于失控状态。蓝队左支右绌，疲于奔命。在这一次演练之后，我们就下定决心必须要改变这种现状。

经过学习和调研，我们发现Gartner对SASE这个概念的定义和我们的网络安全建设管理思路不谋而合。Gartner对SASE的定义如下：

SASE通过将网络和网络安全的功能融合为统一服务的模式，使分支机构人员和移动办公用户能够高效且安全地接入安全资源池服务节点，实现访问互联网应用、公有云应用、企业内部应用等的统一安全防护和安全运营。

这个概念中有 4 个最核心的点：一是网络和网络安全的融合；二是互联网应用、公有云应用、企业内部应用的分级安全策略保护；三是高效且安全地接入安全资源池服务；四是安全运营。

（一）网络和网络安全的融合

以往各个企业的网络和网络安全建设，通常只关注某些点，但是从集团层面来看，需要防守的却是一个面，只要存在薄弱环节，就会造成整条防线的崩溃。因此，中国电子首先要做的就是收敛互联网端口，将 400 多个互联网端口缩减到两个统一互联网接入点，然后在这两个节点上布下重兵防守。

这个做法实际上跟修长城一样，最早战国时期，各个国家修自己的长城，各国长城之间没有连接，因此其缝隙能够被入侵者轻易突破。在秦朝统一全国后，下定决心要把所有的长城连起来，修一个覆盖七国边境的长城，只留有限的出入口作为

通商口岸，大大地缓解了入侵者的侵袭。建长城需要考虑到三个重要的因素：一是成本问题；二是兼容老架构的问题，已有的基础设施不可能全部拆了重来；三是建好后防守的问题。在收敛网络端口时，也存在同样的难题。

1. 解决成本问题

为了节约成本，我们在网络打通上使用了同城专线和异地SD-WAN结合的方式，如果说专线是自己独享的高速公路，SD-WAN则是运营商或第三方服务商修的高速公路，供我们共享，这样就可以大幅降低网络使用成本。

2. 解决网络架构变化问题

在最初的设计中，各企业都必须按照集团划分的网段重新规划，由于内网地址都用10、172、192开头，规划全部IP地址的工作量非常大，有些企业的网络产品、设备、策略都固定了，无法在短时间内完成网络改造。为兼容老的网络架构，我们增加了符合SASE要求的奇安信安全网关，在安全运营中心的NGSOC平台进行日志关联分析，可以非常精确地定位到问题设备。

3. 解决安全运营问题

端口收敛为网络安全的基础防御奠定了基础。就如小区建设了围墙，只留两个出入口，雇保安 24 小时值守这两个出入口，就可以使小区得到基本的安全保障。以端口收敛为基础，我们建设了集团统一的、平战一体的安全运营团队，在工作日时，5×8 小时持续运维网络和网络安全，在重保时，进行 7×24 小时的值守和防护，有力地提升了集团的网络安全防护能力。

（二）安全接入

为支撑"数字CEC"对应用的分类部署，中国电子云将集团专属资源区分为如下多个区域。

在中国电子云上统建安全资源池，对各区域应用提供云防火墙、云WAF、云天眼、虚拟化API探针、零信任控制台TAC、零信任API网关和威胁情报平台TIP等安全组件，提供统一CA认证、单点登录等服务。

在PC端，中国电子基于PKS终端产品，创造性地推出了"一端多网"的使用模式，即采用一台终端，可以同时访问多区域应用，采用不同的沙箱和隔离措施来保障数据安全。

为适应移动办公的需求，中国电子推出的蓝信应用与奇安信的零信任体系进行了无缝集成，通过零信任体系，可安全地访问内部区域应用所提供的服务，执行OA

办公、安全通信和数据查询等操作。

（三）各类应用的分类保护

公有云应用、互联网应用和企业内部应用，从自身架构上也许都一样，但是其部署位置和数据价值决定了其安全分级。对于这三类应用，应该采用不同的安全策略进行保护和管控。同时，应该对跨区域的访问实行严格的控制。对不同企业来说，以上三类应用的分类标准是不一样的，以下仅阐述中国电子内部对应用的分类及安全保护措施。

公有云应用是指部署在中国电子云公共区或者阿里云、腾讯云等其他云上的SaaS服务（如短信服务、发票验真服务等），对于这类应用，主要采用云平台提供的安全防护措施进行防护。在使用这些SaaS服务时，通常采用SWG（安全Web网关）的白名单策略访问SaaS服务提供的资源。

互联网应用是指部署在中国电子云互联网区的应用，例如蓝信、小鱼视频、电子邮件等，这类应用采用电子云安全资源池中的云WAF、云防火墙等安全组件进行防护，在主机上安装椒图服务器来安全加固系统，在云内部署云天眼探针来对主机流量进行安全监控，应用系统中尽可能采用零信任、双因子认证等方式，以此加强访问控制能力。

企业内部应用分为三类，一是集团统一建设的运营管理类应用，例如财务、人力等系统；二是集团统一建设的大数据应用，例如决策支持、数据中台等；三是各企业自己的业务生产管理类系统，例如MES系统、研发系统、项目管理系统等。这三类应用主要通过集团统建SD-WAN访问，手机端采用蓝信通过零信任方式访问，根据应用部署位置和所管理数据的安全等级的不同，也设置了不同的访问策略。

（四）安全运营

统建集团安全运营中心统一管理互联网端口的安全策略，管理所有应用的安全架构并负责安全运维，提供平战一体的集团网络安全服务。

通过安全运营中心的建设，部署资产发现、NGSOC、SOAR等产品，实现了对集团资产的统一测绘与管理、对安全事件的统一监测与分析、应急响应统一指挥与处置，实现挂图作战。尤为重要的是建立了统一的安全运营体系，并颁布了相关制度，实现了对全集团安全运营人员的统一管理，明确了运营人员的职级体系、岗位职责和任职条件，补上了安全管理中最重要也是最难管的短板。

三、SASE体系在网络攻防演练中的应用

SASE体系的建设不是一朝一夕的事情，中国电子以统一安全规划为牵引，将安全体系建设分为"十四大"工程，结合逐步成熟的PKS体系和中国电子云，以攻防演练、重保等事件为契机，边建设、边实战、边优化、边提升，形成正向反馈，不断提升网络安全能力。

以下是我们在实战攻防演练中对SASE体系的一些体会。

（一）建立互联网访问白名单

互联网端口收敛后，我们统一在集团的两个互联网端口部署了SWG（安全Web网关）设备，设置各个单位可以访问的互联网资源白名单，这是一种非常有效的防范钓鱼攻击的策略。在本次的攻防演练中，有自称是某互联网大厂的HR对我们的运维主管进行钓鱼，许诺只要这个运维主管跳槽过来工资就翻一倍，一下子就击中人性弱点。经过一系列诱导操作，运维主管在运维机上打开了对方传来的木马文件，但是由于白名单访问限制，这个木马无法外联，并且异常外联的尝试行为很快就被天眼探针发现，成功挫败了一次钓鱼攻击。

（二）SSL统一卸载

通过SSL或TLS加密技术保护数据在网络中的安全传输已经成为广泛共识，"数字CEC"的大部分应用都是通过SSL协议连接后使用的，但是加密后的数据却增加了威胁检测的难度。加密技术在保护用户数据的同时，也为黑客攻击提供了"安全"通道，导致网络监控实际处于半盲状态，无法在网络侧监控黑客对加密网站的攻击，这是网络安全所面临的重要风险。

在构建SASE收敛端口后，安全团队抓住SD-WAN统一互联网出口及核心网络区域，全量梳理加密流量路径，在互联网出口区、云下托管IDC区、商密云区域等多个通道部署了高性能流量解密编排设备，对所有SSL协议统一卸载、统一解密，通过流量编排服务链传输到天眼、API安全分析等设备里进行流量分析，或者送往WAF、IPS等设备进行安全过滤，一次解密多次使用，大大提高处理效率，降低网络延时。

（三）统建零信任远程访问平台

根据以往的经验，VPN设备通常是攻击的重点目标，每年的攻防演练都有VPN设备出现零日漏洞，从而被轻易突破边界，这样的风险很大。我们用零信任远程访问平台替代传统的VPN，增强了安全性，并且所有远程访问的流量可以通过天眼进行监控。

在攻防实战中还存在终端安全问题，我们在终端天擎软件中集成了零信任客户端的安全访问管理，可以对当前终端进行运行环境安全检测和行为检测，例如用户若干次输错了密码，就有可能被识别为猜密码的行为，从而该行为被自动阻断。

（四）统建NGSOC + SOAR

通过统建的NGSOC，我们将全集团SD-WAN网络覆盖下的超万台设备日志进行实时汇聚和分析，日常能达到每天 10 亿多条的日志量，而攻防演练时每天的日志量可以达到 15 亿条以上。这么多的日志，靠人工分析是不可能的，所以我们把奇安信在北京 2022 年冬奥会重保实战中积累的大部分分析规则放到集团安全防护中，并且针对CEC实际业务场景定制了大量的规则，这能够过滤掉大部分的正常日志。对于高危的报警信息，我们通过SOAR系统建立了一套自动化安全编排和响应体系，联动两个互联网端口的防火墙，在发现攻击风险后的三秒之内就可以对攻击IP进行封禁。

（五）平战一体的安全运营体系

由于网络安全是一门涉及网络架构、软件设计、密码体系、云计算、大数据、计算机通信、社会工程学、心理学等学科的交叉学科，专业性非常强，对知识面的要求非常广，非专业从事网络安全的企业很难做到面面俱到，因此，SASE强调专业的网络安全公司要将自身安全产品通过服务化模式交付，即通过对企业业务的深入了解，进行安全框架设计，构建企业防护场景和安全基线，制定相应的服务流程，按照 3S（SOW、SLA、SOP）要求提供服务，最后所有的流程都要在服务平台上进行展现，并不断优化安全策略、提升服务能力。中国电子旗下专业网络安全公司奇安信，正在按照以上原则，协助集团管理安全运营中心，按照"三化六防"要求，逐步落地SASE体系，以期形成"攻击可追溯、态势可感知、管理一体化、运营统一化、实践可预警、安全可闭环"的安全管理新态势。

构建反网络黑灰产联盟　维护互联网企业营商环境

丁健琮　资深法律专家

在移动互联网时代，我国互联网产业封闭化的特征日益明显。越来越多的内容或功能被封装在各个互联网企业自研的应用中，于是搜索、即时通信、支付等普遍的用户需求被不断站内化，成为应用产品的多个功能模块。这种产品形态上的变化反映在黑产领域，便是过去主要集中在搜索引擎公司、即时通信公司的黑产（如黑SEO、电信诈骗等），逐渐向整个互联网生态扩散。但是，此类应用模块由于缺乏独立的商业变现能力，其风控运营在各企业内往往不被重视，成为相对弱势的"成本中心"。如果平台不具备对搜索内容、通信内容有效的治理能力，那么网络黑灰产不仅会严重干扰正常的内容传播秩序、损害产品公信力，而且会给人民群众的生命和财产安全带来巨大威胁。

在此背景下，通过构建反网络黑灰产联盟，互联网企业在行业内打通同类型黑产的威胁情报传递机制和打击治理标准，不仅能够更加有效地应对黑灰产挑战、保障用户安全，还能够降低风控运营成本。本文将以黑SEO为例，论述互联网企业构建反网络黑灰产联盟的必要性。

一、黑SEO的概念及危害

1. 黑SEO的概念

黑SEO是为了提高搜索引擎结果页（Search Engine Results Page，SERP）排名所使用的一种作弊技巧。黑SEO多是逆向运用排序算法，通过伪造内容、伪造点击等方式对落地页的各项数据进行美化。本质上黑SEO是在欺骗排序算法，让平台企业的系统误认为经过其"美化"的落地页是个"优质页面"。

2. 黑SEO的危害

黑SEO通过自建、购买、黑客入侵等方式，将诈骗、赌博、色情等违法信息发布在众多网站上，再依靠不正当的手段确保这些载有违法信息的网站能够被普通用户搜索到，甚至出现在搜索结果靠前的显著位置。这些违法信息通常都含有网址链接、电话号码、社交账号、二维码等内容。一旦普通用户进入违法网站中或添加联系方式，就已经掉入犯罪分子预先铺设好的陷阱。黑SEO为各种网络犯罪提供内容推广方式，已经成为易发、多发的网络犯罪的重要帮凶。

二、黑SEO的常见手法

从全行业的情况来看，一个落地页在搜索结果中的排名主要受以下四大因素的影响：

（1）落地页代码的规范性；

（2）落地页的打开速度和安全性，以及落地页是否备案等；

（3）落地页内容与搜索关键词的匹配度和原创度；

（4）外部资源，也就是全网范围内对一个落地页的引用和评价。

黑SEO无法决定前两大因素，于是他们将目标瞄准了后两大因素，黑SEO的手法也由此分成了两大类。

1. 与关键词和内容相关的黑SEO手段

与关键词和内容相关的黑SEO手段可分为如下4种。

第一种黑SEO手段是关键词堆砌，这是最常见的黑SEO手段，就是利用搜索对网页正文和标题中关键词的高度关注，来对关键词进行不合理的或者说过度的重复。类似的做法还包括在HTML元标识中大量堆砌关键词或者使用多个关键词元标识来提高网站与搜索关键词之间的相关性。

第二种黑SEO手段是隐藏文本，即在网页的HTML文件中放上含有关键词的文字，但是用户看不到这些文字，这些文字只能被搜索引擎的爬虫看到。具体来讲，可以有5种形式，即放超小字号的文字、放与背景同颜色的文字、放在评论标签当中的文字、放在表格input标签里的文字、把文字放在不可见的图层等。

第三种黑SEO手段是门页（也称桥页、跳转页或入口页）识别。门页通常是用软件自动生成的、包含大量关键词的网页，然后从这些网页自动跳转到主页，其目的是希望这些以不同关键词为内容的门页能在搜索引擎中得到更好的排名。当用户点击搜索结果时，会自动转到主页，或者在门页上放上一个通往主页的链接而不自动转到主页。在大部分情况下，这些门页都是由软件生成的，所以生成的文字往往杂乱无章、没有什么逻辑。

第四种黑SEO手段是用户识别。这种手段是对门页识别手段的进一步升级。有的网页使用程序或脚本来检测访问用户是爬虫还是普通用户。如果访问用户是爬虫，服务器就返回经过优化的网页内容；如果访问用户是普通用户，服务器返回的则是另外一个版本，多数是违法信息。这种作弊手段很难被普通用户察觉。

2. 增加外部资源

黑SEO增加网站外部资源的方式主要是增加外部链接，外部链接有如下三种来源。

第一种是利用批量发帖、顶帖工具在各大论坛的评论区发布网址。我们在很多产品的评论区下都能看到黑SEO留下的外链。

第二种是购买链接。由于黑SEO需求量巨大，由此衍生出了友链买卖的生意，甚至出现了专门从事友链买卖的中介。

第三种是垃圾链接。垃圾链接指的是通过各种非正当手段获得大量外部导入的链接。部分黑SEO会通过一些非法手段，获取一些高权重网站的FTP，然后把自己网站的链接挂到这些高权重的网站上。友链从质量维度可以分为高质量和低质量，如果友链质量低，就增加友链数量。这种思路发展到极致便出现了站群这种手段。黑产利用网站生成工具和内容爬取工具在短时间内建立大量的网站，这些垃圾网站内部通过互换链接让单一网站的搜索结果排名迅速上升，随着站群规模的扩大，最终可以实现搜索结果的霸屏效果，也就是对于某个关键词，你能搜索到的网站全部来自某个站群。这种手段虽然非常容易被搜索引擎发现并处罚，但借助批量建站工具，黑产的成本非常低，所以对搜索引擎的常规处罚起不到震慑作用。

3. 刷用户搜索量和点击量

近年来，随着用户使用度在搜索结果排序算法中的比重不断提高，黑产开始利用机器或者人工制造虚假的网站访问量，以此来达到迅速提高网站排名的效果。

↘ 三、打击黑SEO的难点

1．未侵入系统，计算机技术犯罪难以认定

如上所述，黑SEO的常见手段主要是在其"客户"的网页中添加各种关键词、内容、链接、刷浏览量和点击量等，不涉及侵入互联网公司的自有系统，很难认定其破坏系统或非法获取数据等技术罪名。

2．链条打击模式存在不确定性

由于直接对黑SEO进行打击存在现实困难，在实践中，司法机关主要是借助帮助信息网络犯罪活动罪等罪名，先打击下游违法犯罪，再向上回溯黑SEO团伙，从而实现打击治理。但这种链条打击模式在实践中存在以下三种风险。

（1）对下游犯罪的打击存在成功率低的风险。近年来网络诈骗、网络赌博、传播淫秽色情物品等犯罪行为明显呈现国际化、跨境化的趋势，导致抓获团伙核心成员的可能性降低。

（2）下游犯罪团伙对上游黑SEO的指认存在风险。黑SEO团伙与下游犯罪团伙往往缺乏隶属关系，彼此仅通过网络进行勾连，即使能够抓获下游犯罪团伙，也可能存在指认上的困难。

（3）上游SEO存在达不到立案标准的风险。黑SEO团伙与下游犯罪团伙往往存在一对多、多对多的关系，在成功打击下游犯罪后，上游黑SEO团伙能否达到立案标准，也是一个未知数。

3．行业管理缺乏统一认识

随着《中华人民共和国网络安全法》《中华人民共和国广告法》等法律法规的实施，互联网企业均已严格落实法定的责任义务，依法对竞价排名广告和信息流广告进行资质、内容等维度的审核，并在显著位置明确标识广告内容，坚决维护网络内容秩序。

但是，SEO作为内容发布者或广告发布者的角色定位，却始终未在行业内形成共识，这直接导致对SEO监管和规范的缺失。SEO（特别是黑SEO）作为事实上的内容或广告发布者，对其发布的内容不履行任何审查义务，借助各大平台发布未经核实的灰色甚至黑色内容，给平台企业的内容治理带来了极大的压力。

↘ 四、构建反黑产联盟开展常态化治理

事实上，对黑SEO的打击治理难点正是打击所有跨企业网络黑灰产的难点。因此，构建跨企业的反黑灰产联盟正是降低黑灰产打击难度、提升跨平台治理能力的治本之策。

1. 形成行业共识，推动行政监管升级

以黑SEO为例，反黑灰产联盟可以在行业内统一认识，并形成对此类黑灰产的行业监管意见，推动行政监管介入。例如SEO作为内容发布的真正主体，将其纳入常态化监管应当是加强网络内容生态建设的重要组成部分。监管机关可以从三个方面逐步将其纳入行政和司法监管体系中：强化ICP许可要求，将经营性ICP许可作为SEO行业准入的基本门槛；明确何种SEO应被视为广告发布行为，用《中华人民共和国广告法》的规定对SEO主体进行约束；建立标准明确的互联网广告行业准入制度，对于未获得准入许可、擅自开展SEO活动的企业进行行政处罚，严重者采取刑事手段并予以打击。

2. 强化威胁情报传递

如上所述，很多黑灰产存在利用A平台的产品在B平台作弊的情况。以反黑灰产联盟为依托，跨企业形成黑灰产威胁情报传递和沉淀机制，将从根本上扭转企业在反黑灰产中各自为战而形成的被动态势。

3. 以反黑灰产联盟为平台，对黑灰产进行根源性治理

近年来，以帮助行为正犯化为代表的积极刑法观已在我国得到良好的实践，很多过去难以打击治理的黑灰产行为被纳入规制。

这种立法实践对应的便是黑灰产的产业链化，违法行为被不断地拆分成无数个看似不违法的配套环节。以黑SEO为例，在不打击下游犯罪的情况下，司法机关很难对其直接进行打击。但是，黑SEO的很多预备行为（如账号批量注册、盗号、网站跳转等）却可能构成犯罪。因此，以反黑灰产联盟为依托，对黑灰产上游可能构成犯罪的行为开展根源性打击，不仅可以实现依法对黑灰产进行治理，而且还有可能改变黑产难以被彻底根除的现状。

工业智能化下网络安全的高级进化

杨兴城　烽台科技（北京）有限公司数字化咨询师

我国工业正在经历数字智能化的崛起，我们曾经头顶光环（IPv6）站在世界之巅，网络空间霸权也使我们脚踏尘沙，"雪人计划"让我们终于迎来机会，工业重构必然是燎原烈火。随着新赛道的开启，以及信息化、数字化、融合化、智能化的发展，工业智能化未来可期。虽然供给侧结构性改革能解决快速实施的问题，但是网络安全发展越来越复杂化，IoT融合安全道阻且长，网络安全必须向更高级进化。虚拟化、数字孪生是提升实力的必由之路，各个行业需借助数字孪生技术推进行业的创新发展。

工业网络的核心是控制系统，工业网络安全建设的最终目的也是保护工业安全，但当我们不了解其机理、状态和问题驻留情况时，就好像在自己家里放了一个放射物质，我们却全然不知。虽然我国对DCS系统的研究发展与国外几乎没有技术代差，但是仍存在一定差距。在硬件方面，核心芯片受制于人，工业软件发展缓慢，工业控制技术影响先进工艺流程的开发和发展，因此很难进入某些高端行业领域或特殊工艺的业务场景。由于我国在早期大量引入国外DCS系统，也造成国内市场的自主品牌在很长一段时间举步维艰，一旦市场或国际形势发生变化，很容易造成断供、断货，工业行业亟待开启新的征程。

顺大势，谋未来。数字化新时代的大门已经敞开，新的机遇与挑战纷至沓来。如何顺应工业互联大趋势、运筹帷幄，最终抢占时代先机？作为国民经济的重要信息安全支撑产业，网络安全（尤其是工控安全行业）也在积极寻求突破，拓"智"能发展，"维"新路径，助力行业产业链以及宏观经济的可持续发展。本文讲述依据数字孪生技术开发DCS数字孪生体，构建DCS的众测验证平台，在DCS物理世界中，通过数字孪生技术复制n份数字孪生体，为DCS系统提供设计验证、故障模拟、数据联动、智能预警、智能控制等功能应用控制和操作环境。

↘ 一、数字孪生背景

通俗来讲，数字孪生（Digital Twin，DT）是针对物理世界中的物体，通过数字化的手段构建一个在数字世界中一模一样的实体，借此实现对物理实体的了解、分析和优化。从技术角度而言，数字孪生集成了建模与仿真、虚拟现实、物联网、云边协同以及人工智能等技术，通过实测、仿真和数据分析来实时感知、诊断、预测物理实体对象的状态，通过指令来调控物理实体对象的行为，通过相关数字模型间的相互学习来进化自身，合理而有效地调度资源或对相关设备进行维护。

2002 年 10 月，在美国制造工程协会管理论坛上，当时的产品生命周期管理（Product Lifecycle Management，PLM）咨询顾问Michael Grieves博士提出了数字孪生最早的概念模型。但是，当时"数字孪生"一词还未被正式提出，Grieves博士将这一设想称之为"PLM的概念设想（Conceptual Ideal for PLM）"。

2009 年，美国空军实验室提出"机身数字孪生（Airframe Digital Twin）"概念，将数字孪生概念应用于航空航天制造领域。2010 年，美国国家航空航天局在《建模、仿真、信息技术和处理》和《材料、结构、机械系统和制造》两份技术路线图中直接使用了"数字孪生"这一名称，并将其定义为"集成了多物理量、多尺度、多概率的系统或飞行器仿真过程"。2011 年，Grieves博士在其所著的《智能制造之虚拟完美模型：驱动创新与精益产品》中正式定义了数字孪生概念，并一直沿用至今。

2012 年美国空军研究室将数字孪生应用到战斗机的维护中，而这与航空航天行业最早建设基于模型的系统工程（MBSE）息息相关，能够支撑多类模型敏捷流转和无缝集成。近些年，数字孪生应用已从航空航天领域向工业各领域全面拓展，西门子、GE等工业巨头纷纷打造数字孪生解决方案，赋能制造业数字化转型。数字孪生蓬勃发展的背后与新一代信息技术的兴起、工业互联网在多个行业的普及应用有着莫大联系。

↘ 二、各国的数字孪生发展情况

（一）美国

美国从战略规划、应用实践、产业创新等方面全方位布局数字孪生发展。一是

"政产研"合力推动数字孪生上升为国家战略；二是依托航空航天基础优势，探索形成了成熟的应用路径；三是供给侧企业加快技术创新，利用新一代信息技术优化数字孪生应用效果。在"IoT＋仿真"方面，ANSYS公司和PTC公司合作构建水泵的数字孪生体，实现实时数据驱动下的仿真诊断，相较于传统离线仿真，大大提升了诊断的及时性和准确性。在"AI＋仿真"方面，MathWorks将数据分析工具MATLAB和仿真产品Simulink打通，将Matlab人工智能训练数据集输入Simulink中进行仿真及验证分析，极大地优化了仿真结果。

因此，美国数字孪生的综合优势体现在三个方面：一是构建了基于模型的系统工程方法论，通过统一语义和语法标准、给定系统集成路径，为数字孪生应用提供理论指导；二是拥有强大的仿真产业，ANSYS、MathWorks、Altair等企业为数字孪生应用提供基础建模工具；三是拥有丰富的应用数据和模型，空客公司、洛克希德马丁公司、特斯拉公司等企业在产品研制过程中积累了大量机理模型，持续优化数字孪生的精度。

（二）德国

德国立足标准体系基础，加快打造数字孪生竞争优势。德国立足标准制定基础优势，面向数字孪生打造了数据互联、信息互通、模型互操作的标准体系（即管理壳理论），实现各类数字化资产（数据、信息、模型）之间的无缝集成融合，提升物理实体在虚拟空间映射的精准度。在数据互联和信息互通方面，德国在OPC UA协议中内嵌信息模型，实现通信数据格式的一致性。在模型互操作方面，德国依托戴姆勒的Modolica标准开展多学科联合仿真，目前已经是全球仿真模型互操作的最主流标准。同时，2020年9月，德国的三家企业VDMA、ZVEI、Bitkom联合20家欧洲龙头企业（ABB、西门子、施耐德、SAP等）成立了工业数字孪生协会，其目标是通过统一各个企业数字化工具标准，提升数字孪生体的并行开发效率。

此外，相较于美国更多开展"装备级"数字孪生，德国具有单点优势，西门子是全球极少数能够提供"工厂级"数字孪生的工业服务商。近10年来，工业自动化巨头西门子花费100多亿美元收购了几乎全类别的工业软件，涵盖了产品生命周期管理（Teamcenter）、计算机辅助设计（NX）、电子设计自动化（Mentor）、事件仿真（Simcenter）、制造运营管理系统（Opcenter）等，并持续将各类工业软件集成到MindSphere工业互联网平台上。在此基础上，西门子能够基于平台构建全工厂数字孪生，不仅能够实现虚实映射，还能基于工业自动化优势完成闭环控制。

（三）中国

中国数字孪生市场活跃，多主体参与市场，但创新能力有待提升。中国各类主体积极参与数字孪生实践，在理论研究、政策制定、产业实践等方面开展探索，但整体上的应用深度和广度还需进一步拓展，仍待挖掘更多的工业应用场景。

在理论研究方面，中国关于数字孪生思想的研究由来已久，1978年钱学森提出系统工程理论，由此开创国内学术界研究系统工程的先河。2004年，继美国提出数字孪生概念，中国科学院自动化研究所的王飞跃研究员聚焦解决复杂系统方法论，首次提出平行系统的概念，将系统工程与新一代信息技术结合。

在政策制定方面，2021年我国各部委和地方政府开始纷纷出台数字孪生相关政策文件。国家发展和改革委员会的"上云用数赋智"、中国科协的"未来十大先进技术"、工业和信息化部的"智能船舶标准"均将数字孪生列为未来发展的关键技术，上海和海南在其城市规划中也提出要打造数字孪生城市。

在产业实践方面，我国多类主体均开展数字孪生探索，如恒力石化、中广核技等企业积极构建三维数字化工厂，湃睿科技、摩尔软件等企业利用AR、VR技术提升数字孪生的人机交互效果，工业自动化企业华龙迅达构建虚实联动的烟草设备数字孪生。尽管我国多类主体探索数字孪生的热情高涨，但大多数产业实践停留在简单的可视化和数据分析，与国外基于复杂机理建模的分析应用还存在一定差距。

三、与数字孪生相关的政策措施

2020年，"新型基础设施建设"首次写入2020年政府工作报告，"数字孪生"被不少人大代表和政协委员所提及。2020年4月，国家发展和改革委员会印发《关于推进"上云用数赋智"行动培育新经济发展实施方案》，方案中提出要解决企业数字化转型中所面临的数字基础设施、通用软件和应用场景等难题，利用数字孪生等数字化转型共性技术、关键技术的研发应用，引导各方参与提出数字孪生的解决方案。数字孪生技术的受关注程度和云计算、人工智能、5G一样，已经上升到国家高度。

四、DCS数字孪生体的需求分析

集散控制系统DCS是一个集结构、电气、控制、热力、信息等多学科于一体的分布式控制系统，该系统用来实现不同工况下工艺的生产、过程控制、专设保护设施驱动、系统状态控制指令等功能。在工艺设备的运行过程中，来自现场的传感器会向DCS传输大量现场物理量信息，通过逻辑运算得出相应逻辑指令，同时机柜自身也会产生非常多的状态信息和测试信息，这些信息长期没有得到很好的关联。在DCS产品数字化过程中，传统的设计理念和方法容易产生"信息孤岛"和"信息重复"的问题，DCS产生的动态信息流无法被实时调度以及协同处理。

通过借鉴数字孪生技术的优势，重点研究集散控制系统DCS在不同行业中对数字孪生技术的应用及开发，利用虚拟的DCS孪生环境，可以完成DCS设计验证、故障模拟、数据联动、智能预警、智能控制等功能应用控制和操作。基于实体DCS系统构建DCS数字孪生体的过程可分为如下三步。

（1）搭建物理实体DCS系统环境，DCS系统（包括控制器、采集模块、通信模块和相关控制应用软件等）可以选用不同的品牌。

（2）构建DCS孪生体，可以仿真建模实物DCS，构建DCS系统数字孪生体，DCS孪生体需具备以下功能：

- DCS数字孪生体操作和管理模块；
- DCS数字孪生体仿真和服务模块；
- DCS数字孪生体资源接入和交互模块；
- DCS数字孪生体资源组件。

（3）建立DCS数字孪生体测试床，借助应用展示接口为用户提供实体交互能力、感知能力，通过DCS数字孪生体构建出的测试床将通过数字孪生技术复制出一个数字孪生体。

五、DCS数字孪生体的设计方案

（一）DCS数字孪生体总体架构设计

DCS数字孪生系统通过与物理世界不间断地交互和反馈闭环信息、融合数据，能够模拟对象在物理世界中的行为、检测物理世界的变化、反映物理世界的运行状况、评估物理世界的状态、诊断发生的问题、预测未来趋势，甚至优化和改变物理世界。在数字孪生体中引入安全监测、测试验证等工具，可以支持DCS安全检测功能，通过数字孪生系统完成设计验证、故障模拟、数据联动、智能预警、智能控制等功能应用控制和操作。

　　结合项目DCS数字孪生体的需求基础架构和能力特点，DCS数字孪生体系架构可以参考面向制造业的数字孪生体系架构标准ISO/DIS 23247，该标准虽然是面向制造业的数字孪生体系架构，但考虑到ISO标准的专业性和权威性，相关架构能够从很大程度上反映DCS数字孪生体的关键要素和核心内涵。DCS数字孪生体的框架如图1所示。

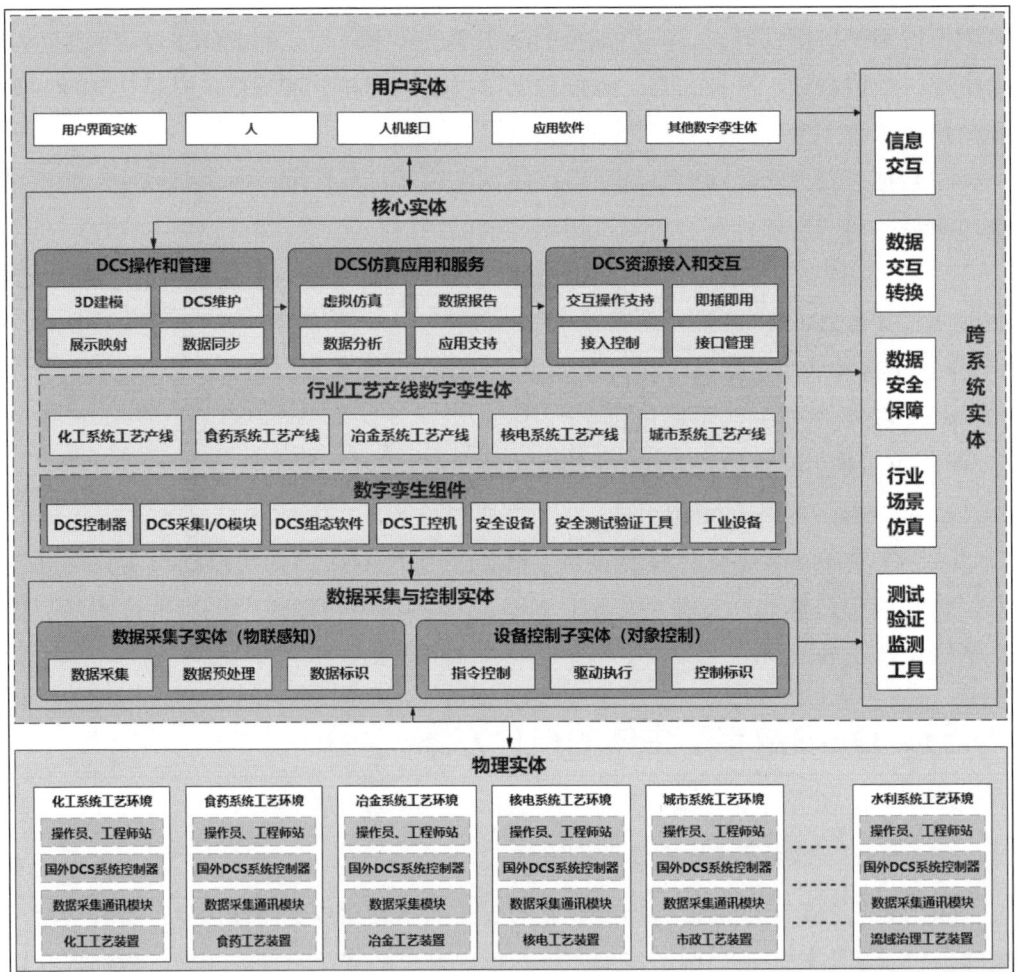

图1　DCS数字孪生体的框架

　　DCS数字孪生系统包含以下三层。

　　一是数据采集与控制实体，主要包括数据采集子实体（物联感知）与设备控制子实体（对象控制）。数据采集子实体通过监测和传感设备面向物理对象收集信息，实现物理对象与数字孪生体之间的信息同步，具备数据采集、数据预处理以及数据标识等核心功能。设备控制子实体负责控制和驱动物理对象，具备指令控制、驱动执行、控制标识等核心功能。

二是核心实体，核心实体负责将物理对象映射为数字孪生体，从而进行维护，包括DCS操作和管理、DCS仿真应用和服务、DCS资源接入和交互三个子实体。DCS操作和管理子实体支持对物理对象的数字化建模、描述、展现、同步，以及对整个核心实体的操作和管理，DCS仿真应用和服务子实体支持系统仿真、数据分析和报告等功能，而DCS资源接入和交互子实体向上层的用户实体层提供对核心实体功能的访问。作为核心实体的重要组成部分，数字孪生组件是构建工控业务场景的重要基础，组件可以构成组建资源池，借助DCS操作和管理模块，用户可以构建行业工艺业务基础环境。

三是用户实体，面向利用数字孪生体实现制造应用的用户，包括人员、设备、应用（MES/SCADA）等，实现高效的人机交互。

除上述三层外，DCS数字孪生体的框架中还包括跨系统的各类实体，用于实现不同层之间的数据转换，提供数据准确性、完整性和安全性保障。

物理实体可以包含多种不同国外常见品牌的DCS系统物理实体，用于DCS系统及行业系统工艺的映射和适配。DCS数字孪生体构建的测试床将DCS实物测试床（物理实体）通过数字孪生技术复制出一个数字孪生体。

数据采集与控制实体、核心实体（数字孪生）以及用户实体之间的数据流和信息流传递，需要信息交换、数据保证、安全保障等跨域功能实体的支持。通过工业协议，可以实现数字孪生之间交换信息。安全保障负责数字孪生系统安保相关的认证、授权、保密和完整性。数据保证与安全保障确保数字孪生系统数据的准确性和完整性。

（二）DCS数字孪生体技术架构设计

DCS数字孪生体技术架构包含基础层（IaaS层）、数据层（PaaS层）、应用层（SaaS层），其中数据层包括感知层、传输层和平台层，DCS数字孪生体技术架构的设计如图2所示。

接下来将对DCS数字孪生体技术架构中的基础层、感知层、传输层、平台层和应用层进行介绍。

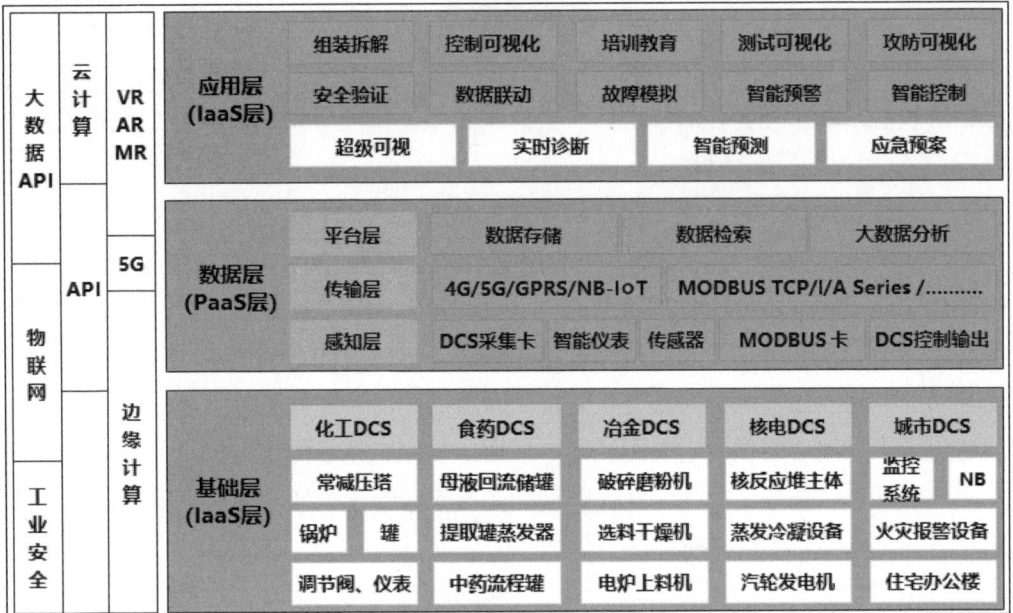

图 2　DCS数字孪生体技术架构的设计

（1）基础层：以化工、食药、冶金、核电、城市等底层基础物理设施为依托，实现真实空间与虚拟空间之间的双向数据互通、指令控制和虚实联动。

（2）感知层：以高精度、高灵敏的PLC、DCS、DCS、采集板卡、智能仪表、物联网传输设备、ZigBee、控制输出板卡等传感器系统是实现DCS数字孪生系统的基础和万物互联感知的入口，通过采用这些系统实现虚拟工业行业场景中对物理场景的全息复制和动态调整。

（3）传输层：异构通信技术，数字孪生系统面临多系统、大连接、海量数据的双向传输需求，要利用宽带（4G、5G、GPRS、NB-IoT）、窄带（RS-485、M-Bus、HPLC、Lora、RF、Ethernet）等新型异构网络技术实现高速率、高容量和低时延接入，确保物理电网海量传感器的接入要求和虚拟电网精准控制指令的传达要求。

（4）平台层：数字孪生模型构建与自我优化依赖全域全量的电网数据，借助于数据中台的数据存储、检索和大数据分析能力，实现超大规模全量多源数据的安全存储、高效读取，为数字孪生平台优化决策提供精细的数据要素。

（5）应用层：基于数字孪生技术对电力系统主要设备、厂站与环境精细三维全景仿真，实现与采集数据的实时交互，在安全验证、数据联动、故障模拟和诊断、智能监测与预警、智能控制输出等各个应用场景中，动态融合展示设备与关键传感数据。

（三）DCS数字孪生体功能设计

根据项目需求，构建数字孪生体是本项目的核心关键件，DCS数字孪生体可以提供仿真研究服务，DCS数字孪生体仿真服务将根据DCS实物模拟一个仿真模型，可以复制DCS资产的运行情况，也可以通过基本物理原理来预测DCS的运行情况。

采用Emulab软件进行仿真，根据用户提交的NS配置脚本，为用户构建一个具备真实网络组件的模拟实验网络，用户可以直接对实验网络中的每个节点安装操作系统、系统软件和应用软件，从而进行各种网络模拟实验。基于Emulab的模拟技术综合了软件与实物仿真技术，可以实现各层网络协议、多种网络服务以及应用程序的模拟，仿真度高。与此类似的网络模拟实验床还有DETERLab、PlanetLab等。之所以要采用Emulab、DETERLab这类模拟实验床来建立DCS系统的网络拓扑，是因为要研究DCS系统通信网络的安全性和适应性，就必须掌握与所有计算机网络故障有关的功能、行为和状态，其中很多是未知的，传统的NS-2、OMNeT++等网络仿真软件难以满足这样的要求。而以Emulab、DETERLab等为代表的一些网络实验模拟平台，以其特有的软件系统和基于真实网络设备的特点，已逐渐成为目前的主要技术手段。

仿真模型结合数字孪生体建模管理，利用物联感知技术、采集技术对DCS的模型进行3D建模，通过CAD等建模软件，3D孪生体可以根据实物的模型尺寸进行虚拟化的3D模型还原和绘制，为数据的运行和状态显示提供虚拟的孪生操作实体集合。然后基于DCS的工控通信协议，建立仿真协议通信接口和运行模型，完成通信网络的建立。

DCS数字孪生体为应用模块（孪生共智）提供交互接口，使用人机接口或API接口操作，包括人、人机接口、应用软件和其他相关数字孪生体。DCS数字孪生体也为DCS安全检测功能提供数字孪生系统，支持设计验证、故障模拟、数据联动、智能预警、智能控制等功能应用控制和操作。DCS数字孪生体应用模块可以控制DCS数字孪生体，并使用与实际物理资产相同的控制软件和人机界面去开发其人机界面。接下来，工程师可以通过使用这个与物理设备相同的控制接口，虚拟地测试数字孪生体在不同场景下的表现或操作条件，从而查看物理设备的性能。

此外，DCS数字孪生体会仿真建模实物的DCS，同时实现DCS的工控协议仿真和通信协议建模，并且实现黑盒还原的DCS运行机制算法库模型。DCS数字孪生体将DCS实物控制器和典型行业工艺流程分别建模，建立DCS数字孪生体测试床，并根据相互之间的关系进行更高级别的合成，用于构建工控仿真场景中的控制单元，同时控制器还将成为测试系统中的测试靶标。DCS数字孪生体还将实现与行业实物工艺流程和行业仿真工艺流程片段数字孪生体组合使用，实现虚实结合的增强模拟测试床灵活组网和构建，借助测试管理平台构建行业测试床，用户可以通过Web随时随地接入测试。

DCS数据孪生系统的功能应用架构如图 3 所示。

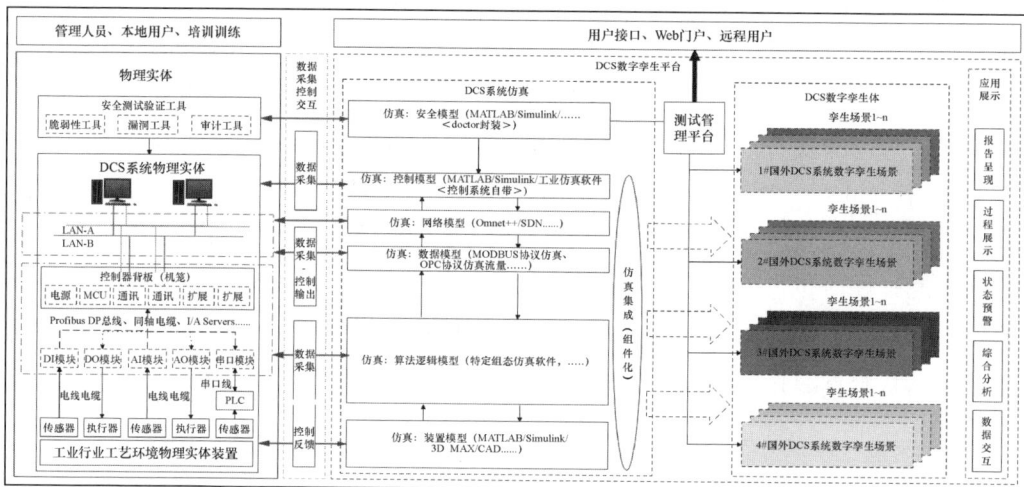

图 3　DCS数据孪生系统的功能应用架构

DCS数字孪生系统具备以下 6 个功能。

1. 真实可视化

通过对控制站硬件的拆解、安装和维护操作，真实还原了控制系统硬件集成的全过程。

2. 设计验证

通过正确地选择、组合、安装和设置DCS数字孪生系统，进一步保证了真实DCS系统的安全稳定运行。

3. 数据联动

通过二维和三维仿真数据的实时交互，全方位、立体式地展示控制系统的生产运行过程，辅助工程师快速掌握控制系统的结构，直观解读控制系统传递的数据。

4. 故障模拟和状态监测

在真实环境中，再现硬件与软件在正常状态和异常状态下的联动过程，完整地实现了DCS系统从软件到硬件的交互过程。

DCS数字孪生系统能够实现行业业务场景的复杂控制，尤其是在冶金高炉、化工流程控制、高端智能装备制造业务环境中。在控制系统运行过程中，将实时采集的传感器数据传递到其数字孪生模型中进行仿真分析，诊断DCS控制系统的健康状态，从而进行故障预测。如果控制系统运行的工况发生改变，优化工艺控制策略，对于拟采取的调整措施，可以先在仿真平台上对其数字孪生模型进行虚拟验证，如果没有问题，再对实际产品的运行参数进行调整。在复杂装备的运维方面，甚至可以通过AR技术，基于DCS系统的数字孪生模型生成工艺组态、逻辑组态、服务器组态、下载与上传操作、在线仿真等操作的三维动画。在实物环境下，可以通过各种穿戴设备或移动终端进行示范教学。

5. 预警功能

DCS数字孪生系统可真实展现DCS系统的自我诊断保护、预警功能，在与仿真系统实时交互的共享数据流基础上，可对控制站进行系统级、模块级、通道级的故障模拟预警，辅助生产人员制定反事故措施，为企业的安全生产保驾护航。

6. 安全测试

通过项目提供的安全防护、检测、测试等工具，利用仿真技术进行孪生复制，结合DCS数字孪生体、行业工艺产线孪生体，可以实现DCS系统在安全合规防护、安全漏洞测试、脆弱性验证等方面的测试研究，加强生产人员对DCS系统的安全认知，对控制机理、安全后门有更深的认识。

六、结语

基于用户的数字孪生应用需求，三维DCS数字孪生系统具备大数据分析、在线寻优、自学习、自诊断等功能，支持预测控制、自整定、鲁棒控制等先进控制算法，助力企业实现智能化控制转型。

DCS数字孪生系统基于完整的设备信息模型，通过三维可视化技术真实再现了DCS系统，准确描述了DCS设备的真实状况，从而实现了以设备模型对象为基础的性能分析，支持与真实系统的数据实时交互。DCS数字孪生系统是现代智能工厂的核心组成单元，系统可与真实DCS及激励式仿真系统无缝对接，具备自我感知、在线操作、数据联动预警、故障模拟演练等功能，能够快速发现和解决生产过程中出现的控制系统故障，保障企业的安全生产运行，真正帮助企业降低生产运维成本、提升生产效率。

DCS数字孪生系统的自我感知能力使得该系统具备真实可视化和设计验证功能，对于DCS主控制站内的所有硬件设备，可进行控制站硬件拆解、安装、维护操作，真实还原了控制系统集成的全过程。通过正确地选择、组合、安装和设置DCS数字孪生系统，进一步保证了真实DCS系统的安全稳定运行。

DCS数字孪生系统的数据联动，可实现二维与三维数据的自动交互，全方位、立体式地展示生产运行过程，辅助工程师快速掌握控制系统结构、直观解读真实控制系统传递的数据信号，支持系统冗余，在与现场DCS及激励式仿真系统实时交互的共享数据流基础上，真正做到了与DCS系统融为一体，可真实再现DCS系统的自我诊断保护、预警功能，可对控制站进行系统级、模块级、通道级的故障模拟预警，辅助生产人员制定反事故措施，为企业的安全生产保驾护航。

医疗机构一体化网络安全保障体系

吴邦华　四川大学华西第二医院信息管理部部长

一、医院信息化网络安全现状分析

现阶段医院信息化网络面临着多方面的安全威胁，如DDoS攻击、勒索病毒、钓鱼事件等，无论是人为嵌入系统或利用网络漏洞侵入，医院的各类型数据信息均可能被盗取，会影响到医院日常工作的开展。

在医疗行业中，总是存在各种网络安全高危风险，根据奇安信发布的《2022医疗卫生行业网络安全分析报告》，医疗卫生行业的风险事件以漏洞利用和恶意程序为主，在医疗卫生行业漏洞利用类型的风险事件中，弱口令漏洞的占比47.8%，是最多出现的医疗卫生行业漏洞，信息泄露漏洞占比 12.6%，后门漏洞占比 11.9%，未授权访问漏洞占比 10.1%，暴力破解漏洞占比 5.7%；在医疗卫生行业恶意程序类型的风险事件中，远控木马类型占比 41.0%，挖矿木马类型占比 24.1%，勒索病毒类型占比 12.0%。此外，医疗机构资产的高危端口缺失统一管理，这个问题尤为显著。经统计，目前终端的远程桌面以及文件共享端口的开放率在 50% 以上，第三方公司平台/系统脆弱性增加也会增加数据泄露的风险。医疗行业是保障人民卫生健康的民生行业，重要性不言而喻，使其常成为勒索病毒攻击的主要目标，而医疗机构购买的网络安全设备越来越多，缺乏专业人员的网络安全管理和运维。

二、医院信息化"五防"安全防护思路

（一）医院信息化"五防"

"五防"是以防攻击、防病毒、防篡改、防瘫痪和防泄密为重点，畅通信息收

集和发布渠道，保障数据的规范使用，切实保护个人隐私安全，防范网络安全突发事件。本院做了如下 5 项网络安全防护措施。

1. 防攻击

可以从网络边界、链路加密、应用加密和终端安全 4 个方面，实现网络防攻击。

（1）网络边界。根据业务系统属性和安全重要性进行网络逻辑区域划分，如将 Web 应用服务器放在 DMZ、调高安全策略的等级、重新梳理和定义对防火墙的出入规则，以此来应对未知网络攻击的威胁。

（2）链路加密。在公用网络上建立专用网络，采用网络传输加密技术，保障传输数据的完整性和保密性。

（3）应用加密。网站业务、小程序等可通过 HTTPS 加密传输方式进行，客户端可对 C 端加壳，从而进行安全防护，避免源代码泄露。

（4）终端安全。在每周或者更短时间间隔内，对所有应用终端进行系统漏洞扫描、脆弱性分析，及时补丁系统漏洞，加固安全配置。

2. 防病毒

可以从终端防病毒、网络防病毒和云端防病毒 3 个方面，构建"三位一体"的立体化病毒防护体系。对于普通病毒和特殊病毒，有如下两种处理方式。

（1）对于普通病毒的处理。通过部署可统一管理的终端杀毒软件进行安全防护，安全中心可关注整体终端的安全情况，同时下发升级补丁的任务。

（2）对于特殊病毒的处理。利用防病毒软件、入侵检测系统、防火墙软件和个人经验，对特殊病毒（如勒索病毒、木马、蠕虫、僵尸网络等）进行正确识别。识别到勒索病毒后，必须提高警惕，快速切断网络，关闭网络路由器或者交换机的电源，并拔下网线，利用防火墙关闭终端的攻击端口。对于已经感染勒索病毒的终端，确认原来可以访问的文件无法访问且扩展名统一，通过收集扩展名名称、ID 信息、加密通告页面和扩展名，确认勒索病毒的版本（如 GandCrab、GlobeImposter、Crysis 等），利用硬盘残留数据进行恢复。如果是手动方式，那么可以查看回收站，或者通过 No More Ransom 平台发布的勒索软件破解软件和解密。

3. 防篡改

可以从漏洞安全闭环管理、服务器防篡改和规范运维管理 3 个方面，多维度实现网站防篡改。

（1）漏洞安全闭环管理。定期对医院操作系统、服务器系统、官网等系统开展漏洞自查，分析评估系统漏洞的风险程度，根据漏洞风险级别进行及时处置（如打补丁、实时监测），并对漏洞的处置情况进行跟踪，形成医院系统漏洞安全的闭环管理。

（2）服务器防篡改。通过在应用服务器上部署防篡改软件，自动全量、增量备份网站文件，对篡改行为进行实时阻断和恢复。

（3）规范运维管理。所有运维用户访问都会通过堡垒机进行集中管控，让运维用户通过身份鉴别、访问控制和安全审计等安全管控措施，合规访问远程办公服务器的区域。

4．防瘫痪

可以从防断网、防应用故障和防数据丢失这 3 个方面，防止系统的瘫痪。

（1）防断网。关键网络区域（如DMZ）要设置双核心路由器和双核心交换机，保障网络线路冗余，满足网络信息安全的可用性要求。

（2）防应用故障。定期对应用数据进行备份，避免遭受预期外的删除和修改。

（3）防数据丢失。为了避免重要数据丢失，需要采购服务器一体化备份系统，对重要的服务器、数据库、软件、重要资料进行备份，时间间隔要尽可能缩短，定期验证恢复是否可用，并每月进行灾备演练。

5．防泄密

可以从数据梳理与风险评估、数据库安全防护和终端数据安全防护 3 个方面，防止数据泄密。

（1）数据梳理与风险评估。数据梳理与风险评估包含数据规范制定、敏感数据定义、敏感数据发现、数据分类分级、数据资产测绘、大数据组件与扫描和数据安全风险评估。

（2）数据库安全防护。数据库安全防护包含数据库安全审计、SQL注入行为检测与阻断、防止敏感数据泄露与被篡改和精细访问权限管理。

（3）终端数据安全防护。终端用户遵循权限最小化原则，制定相应的终端使用制度，规范用户行为。

（二）在日常运维中如何做到"五防"

在日常运维中，可以从如下 4 个方面做到"五防"。

（1）当第三方远程处理业务系统故障时，采用高安全性的堡垒机，并且需要手机二次验证，同时对第三方远程行为进行监控、审计，避免第三方出现违规行为。

（2）每台应用终端桌面需要安装终端安全防护软件，对操作系统的版本、安装的软件进行监控，及时对高危漏洞进行后台补丁。

（3）定期巡查督促医护人员定期修改医疗业务系统的密码，设置高安全性密码（如大小写字母、特殊符号和数字结合，设置 8 位以上的密码）。

（4）对服务器等重要关键基础资产进行防病毒检查、入侵检测、防火墙安装、定期备份以及验证备份，并且需要关闭远程、文件共享等高危端口，提高保护数据安全的认识，定期做好个人数据备份。

（三）"五防"中的安全运营建设思路

"五防"中有如下 4 个安全运营建设思路。

（1）系统化的安全基础设施建设。所有体系化的安全基础设施建设是安全运营体系中不可或缺的一个部分。根据网络安全等级保护制度，需要对关键信息基础设施做好安全防护建设。

（2）数据驱动安全——运营体系持续优化。通过对安全数据治理实现安全分析、威胁建模、态势感知和可视化展示等，根据分析结果，指导开展安全工作，实现对安全事件的响应追踪和威胁预测。同时参考运营过程中的数据，持续优化运营体系，逐步形成贴合业务场景的成熟运营体系。

（3）运营服务队伍与体系建设。培养和引进高水平、高素质人才，建设完备的、科学分工的、整体化的运营服务体系，以此来支撑安全体系建设。

（4）闭环的安全能力持续输出。以 Gartner 提出的自适应安全框架（ASA）为标准，通过持续预测、防御、检测、响应的闭环运营，持续输出安全能力，同时通过 SOAR 逐步实现自动化安全运营。

三、主动防御技术在医院信息网络安全中的应用

网络技术在各个领域内的推广使用，在一定程度上为用户提供了便利条件，但随之而来的网络安全问题也得到了相关部门的重点关注。以医疗机构信息系统为例，在进行医院网络安全性研究时发现，大部分医院的医疗信息、患者信息与诊断信息被存储在管理终端设备中，但终端的跨网络保护性能存在一定安全问题，当终端有大量用户同时在线时，网络将呈现开放性状态，此时保护机制将无法发挥其预期效果，导致部分信息在流通与传输时存在安全隐患，这也是外部环境下不法分子入侵的关键点。

　　为了解决外界攻击问题、提高网络安全性与医院信息的隐私性，医院信息安全防护应采用主动防御技术。在医院信息网络安全中应用主动防御技术，即通过在医院信息网络前端服务器上部署网络流量传感器，将传感器与防火墙服务程序输出接口、网络全流量安全分析系统与IDS进行衔接，建立起医院信息网络安全监测体系，实现医院信息网络安全全天候的实时监测；通过大数据安全关联分析技术和安全设备联动技术，建立起医院信息网络攻击联动防御体系，对医院信息实现网络安全防护与预警。主动防御技术在医院信息网络安全中的应用实施，帮助医院及时发现并消除信息系统中的潜在安全隐患，全面提升医疗系统的整体安全防护能力，使医疗业务系统和数据得到有效的安全保障，从而解决因信息丢失造成的医患问题。我院作为主动防御技术试点医院，利用设计实例应用实验的方式，检验方法的可行性。通过实验证明，该研究方法不仅实现了对医院网络流量的全天候实时监测，而且将医院信息网络防篡改率控制在97%以上。

（一）医院信息网络安全监测与感知

　　在医院信息网络前端服务器上部署网络流量传感器，然后将传感器与防火墙服务程序输出接口、网络全流量安全分析系统与IDS进行衔接。在启动传感器后，装置将主动采集网络全流量安全分析系统、IDS、IPS和APT等前端服务器的数据，医院信息网络安全监测技术架构如图1所示。

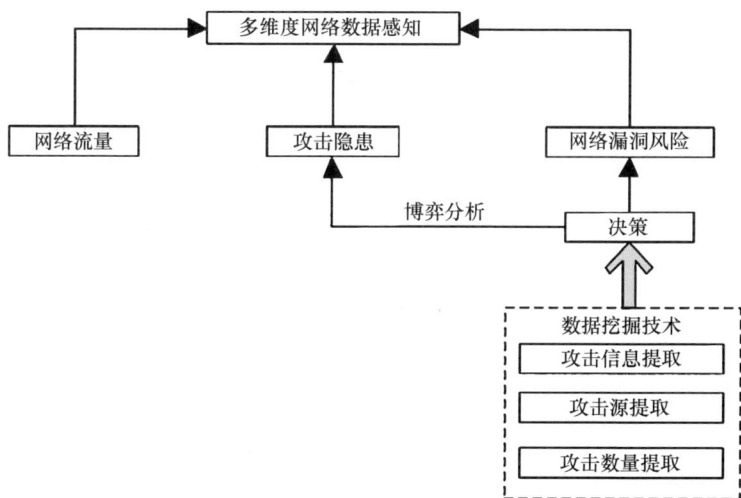

图1　医院信息网络安全监测技术架构

（二）基于主动防御技术的信息网络定向攻击联动防御

在掌握医院信息网络安全态势的基础上，引入主动防御技术，设计医院信息网络，从而形成攻击联动防御，基于主动防御技术的信息网络联动防御如图 2 所示。此项技术在信息网络中的应用实际上就是在对抗入侵数据，而对抗的过程是指在数据进入端口后，通过对数据资源的整合、协调，监测数据进入动态轨迹，以此掌握完整的情报数据。在情报数据的驱动下，主动防御定向攻击，以此保障对定向攻击对象的安全感

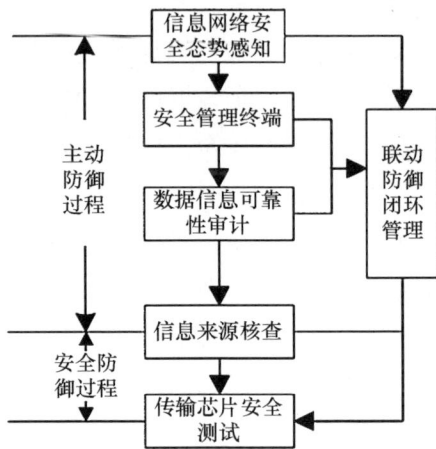

图 2　基于主动防御技术的信息网络联动防御

知与高效协同指挥决策，让医院信息网络的联动防御过程形成闭环。

（三）基于关联分析的医院信息网络安全防护与预警

采用关联分析的方式进行医院信息网络安全防护与预警，可以提取医院信息网络日志信息，对信息进行回溯分析，查看并检索TCP会话全过程，掌握网络被攻击的全部过程。

四、单包授权的零信任架构解决医院信息化 5G网络安全隐患

零信任架构（ZTA）打破了传统的基于网络边界防护的思路，不再是在边界上配置访问控制列表入侵防御系统、网站应用级入侵防御系统等安全防护设备，而是基于身份的细粒度安全访问。5G技术模糊了医院网络安全网络边界，导致传统边界的防护方式失效，这是 5G技术给医院网络安全带来的首要问题，而ZTA技术恰好解决了该问题。

与此同时，基于身份的动态授权和持续评估可以打破传统的基于IP和MAC地址等方式的局限性，解决了CPE（无线终端接入）设备转换后终端无法有效准入的问题，从而有效地保护了医院关键性资源，如医院信息系统（HIS）服务器和电子病历（EMR）数据库等。

为了解决 5G 网络在医院内部试点中的安全隐患，需要在医院内部搭建零信任平台。零信任平台作为 5G 网络非信任区域通往医院信任区域的桥梁，负责终端的访问授权和流量的代理转发。基于零信任平台的医院 5G 网络安全架构如图 3 所示。

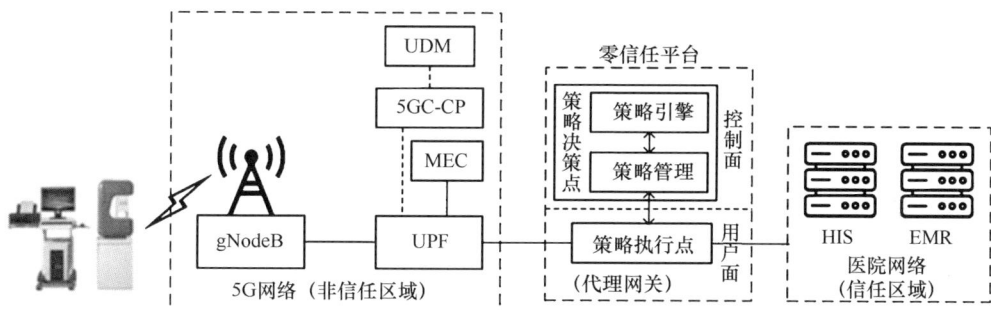

图 3　基于零信任平台的医院 5G 网络安全架构

零信任平台可分为用户面和控制面。用户面包括策略执行点（PEP），它负责建立、监控和释放终端访问医院内部资源（如HIS、EMR）的连接，相当于代理网关。控制面作为安全大脑，是客户端访问资源的持续信任评估和策略决策点。控制面从逻辑上可分为策略引擎（PE）和策略管理（PA）。策略引擎负责决策授予终端的资源访问权限，不同的身份被授予不同的权限范围。策略引擎可将威胁情报分析、安全事件分析、行业合规和身份管理系统等信息作为信任算法的输入，从而输出对客户端主体的授予、拒绝或撤销。而策略管理通过下发指令到策略执行点，建立和关闭终端与资源之间的通信。策略管理生成基于会话的身份验证票据，作为客户端访问医院资源的有效凭证。如果会话被授权并且请求被认证，那么策略管理配置策略执行点对会话放行，否则策略管理向策略执行点发出关闭连接的指令。

五、基于SPA实现的零信任架构体系的医院网络安全防御方法

SDP（软件定义边界）中的关键技术是单包授权（SPA）协议，SPA协议作为端口敲门的演进协议，其核心思路是只有通过单个数据包敲门认证成功后，客户端才能被授权建立安全连接，否则会默认丢弃所有请求包。SPA协议提供了先认证成功、再建立网络连接的安全性保障。

SPA协议会将所有必要的身份信息组合起来，通过哈希算法将组合的信息进行

编码，并将编码结果打包进一个数据包中，作为SPA端口敲门的认证请求信息。SPA端口敲门的流程如图 4 所示。

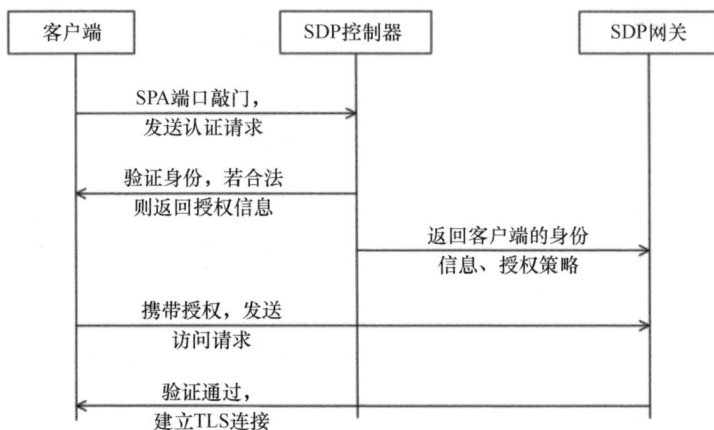

图 4 SPA端口敲门的流程

　　SDP控制器会同步客户端的相关算法。在收到SPA的敲门认证请求消息后，SDP控制器会解码该哈希值并验证。如果通过了身份验证，那么会暂时开放相应的TCP业务端口，将授权策略和对应的SDP网关信息返回给客户端；如果未通过身份验证，那么直接丢弃请求包。SDP控制器同时将合法的客户端身份信息和授权策略发给SDP网关。客户端将携带授权信息，向SDP网关发送访问请求。SDP网关将通过SDP控制器收到的身份信息和授权，验证客户端发送的请求，如果验证通过，就建立安全的TCP连接。

　　为了进一步提升访问授权过程的可靠性，零信任平台需要与其他信息结合起来，建立多因子联合决策访问机制，如图 5 所示。

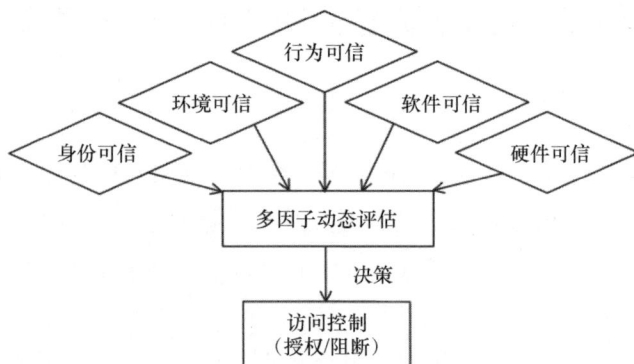

图 5 多因子联合决策访问机制

通过SPA协议实现的零信任架构体系，可对重要资源实现网络隐身，在动态地控制合法客户端进行安全连接的同时，屏蔽攻击者的探测，从而预防攻击，如网络端口嗅探（nmap）。将医院的HIS、EMR等重要资源放在SDP服务之后，黑客就不会看见这些资源，有效起到了保护作用，尤其是针对分布式拒绝攻击和高级持续性威胁有很好的防御效果。

在 5G 网络与医院内网对接后，网络边界变得模糊，而在零信任架构下，SDP以身份认证为核心，超越了边界防护的思维，该思路与"5G + 医疗"不谋而合。在零信任架构下，所有终端访问必须经过授权、鉴权和加密，通过可信接入后才能访问核心资源。

在 5G 信号经CPE转换的场景下，零信任架构可有效管控终端访问医院内网，即在授权认证之前，关闭所有服务端口，强制性地执行先认证后连接的方式，通过评估身份、环境、行为和设备等因素，决定流量是否可信任，从而动态地开启相应授权的访问服务，实现动态访问控制。一旦这些因素存在安全风险，终端将被立刻停止授权，并关闭相应服务端口。零信任架构打破了传统的IP + MAC的准入模式，实现了流量身份化。

↘ 六、结语

首先，基于医院信息化"五防"安全防护思路，构建起医疗机构纵深防御体系，其次，基于医院信息网络安全监测与感知、定向攻击联动防御、网络安全防护与预警等安全技术，构建起医疗机构应对网络威胁的主动防御体系，再次，基于零信任安全架构，构建起"5G + 医疗"业务安全保障体系，最后，通过"纵深防御 + 主动防御 + 零信任安全"等安全防护体系的有机整合，构建医疗机构一体化网络安全保障体系，从而提升医疗机构整体网络系统的安全防御能力。

02

数据安全

让数据治理与数据安全融合协同保护数据

范寿明　深圳市傲天科技股份有限公司产品总监

↘ 一、前言

大数据时代的每个角落都在产生数据，而这些数据正是新时代人类的财富，我们不仅依靠这些数据提供更精准、更贴心的服务，更依赖这些数据实现医疗、健康、教育、安全、环境保护等各方面的革命性进步。

2021 年以来，我国陆续发布了《"十四五"国家信息化发展规划》《"十四五"数字经济发展规划》等重要国家战略，数字经济成为当下主要的经济形态，发展数字经济是国家的重要战略部署。数据要素作为数字经济深化发展的核心动力与引擎，已凸显出数据的巨大价值和重要意义，但数据的开发和利用也是一把双刃剑。在数据创造价值的同时，也面临着数据被泄露、篡改、滥用等风险，造成对个人、组织、社会公共利益甚至国家利益的严重威胁和损害。

在数据生命周期的不同阶段，数据面临的安全威胁、可以采用的安全手段有可能不一样。例如在数据采集阶段，可能存在采集数据被攻击者直接窃取，或者不必要的个人生物特征数据存储被泄露等风险；在数据存储阶段，可能存在存储系统被入侵导致数据被窃取，或者丢失存储设备导致数据泄露等风险；在数据处理阶段，可能存在算法不当导致用户个人信息泄露等风险。数据量巨大、数据流动日益频繁，在数据收集、存储、使用、加工、传输、提供、公开等活动场景中，数据流转过程中的暴露面风险急剧增大，这对数据安全治理提出新的挑战，如何在数据释放价值的同时，保障数据安全？

数据治理通过组织、制度、技术等方面有效地保障组织内的数据一致和可信，充分释放数据价值。数据安全通过识别、审计、运营等方面有效地保护组织内的全流程数据的安全。只有两者互相补充、互相融合，才能解决数据生命周期的任何一个环节中可能会出现的安全性问题，从而在释放数据价值的同时，保护数据安全。

↘ 二、数据治理与数据安全的关系与现状

（一）数据治理与数据安全的关系

数据治理（Data Governance）是组织中涉及数据使用的一整套管理行为，由企业数据治理部门发起并推行。针对整个企业内部数据的商业应用和技术管理，数据治理提供了一系列制定、实施的政策和流程。

国际数据管理协会（DAMA）给出了数据安全的定义："数据治理是对数据资产管理行使权力和控制的活动集合。"

国际数据治理研究所（DGI）给出了数据安全的定义："数据治理是一个通过一系列信息相关的过程来实现决策权和职责分工的系统，这些过程按照达成共识的模型来执行，该模型描述了谁（Who）能根据什么信息，在什么时间（When）和情况（Where）下，用什么方法（How），采取什么行动（What）。"

《中华人民共和国数据安全法》的第三条给出了数据安全的定义："数据安全，是指通过采取必要措施，确保数据处于有效保护和合法利用的状态，以及具备保障持续安全状态的能力。"要保证数据处理的全过程安全，数据处理过程包括数据的收集、存储、使用、加工、传输、提供和公开等。

数据治理与数据安全都涉及数据全过程，在国际数据管理协会（DAMA）给出的数据治理框架中，数据安全是数据治理不可分割的一部分，数据治理能够保障数据安全"不错""不漏""不反复"，是全面保护数据安全的"基石"，但两者之间也有区别，数据治理与数据安全的区别如表 1 所示。

表 1　数据治理与数据安全的区别

比较维度	数据治理	数据安全
实现目标	通过规范数据管理过程，提高数据质量，从而提升数据资产价值	保障数据保密性、完整性、可用性以及数据使用的合规性，本质上也是保障数据资产价值
发起单位	IT部门或者业务部门	一般由数据安全部门发起
涉及内容	数据标准、数据质量、元数据、数据开发、数据架构、数据模型等	分类分级、安全保护、安全审计、安全运营等
输出成果	指导数据管理的各种策略和措施	全流程地保护数据使用安全
关注点	数据标准统一、数据质量提升	数据合规、安全防护
改进措施	业务优化或系统改造	分类分级保护

（二）数据治理与数据安全的现状

在传统企业的数据治理中，虽然也包含了数据安全相关的内容，但更多的是针对单个敏感数据，并没有涉及对整个组织进行分类、分级的安全保护，更没有针对不同级别、不同类别的数据制定相应的安全防护策略。目前数据治理与数据安全更像是在两个"垂直领域"中各自发光发亮，并没有进行很好的体系融合。

Gartner预计，在未来5年内，数据与隐私安全数项技术会相互融合，包括数据治理和数据安全的集成、企业密钥管理（EKM）和云密钥管理即服务（KMaaS）的集成、数据监控和保护技术的集成，以及数据安全即服务（DSaaS）、数据安全平台、多云数据库活动监控（DAM）等新技术的出现。

三、数据治理与数据安全融合协同体系

在大数据时代，数据安全越来越重要。从个人隐私防护到国家关键数据信息保护，数据安全已成为数字经济时代最紧迫、最基础的安全问题。因此，近年来企业普遍更关注数据安全。数据安全能够让数据在安全合规的情况下得到更大的价值实现，因此数据安全战略可以为数据治理带来"自上而下"的长久支持，这对数据治理来说至关重要。

数据治理和数据安全都需要组织人员、管理制度和技术平台工具的支撑，而数据安全治理不可能重建一套安全体系，建设初期也没有额外资源去另建一套数据管理体系（组织、人员和制度），需要将其纳入现有的管理体系之中，借助原有的管理流程，在组织架构、安全培训和管理流程上相互借鉴与融合。

最佳实施路径是在数据治理建设方案框架下，同步规划、建设和实施数据安全治理。在现阶段，多数中小企业的数据中台或数据治理仍在建设中，在数据治理过程中同步实施数据安全治理或者适当增加数据安全比重，能够让两者更好地为数据服务。

四、数据治理与数据安全一体化框架

数据治理与数据安全一体化框架主要由一体化数据治理体系和全流程数据安全保护体系两个体系内容构成，一体化数据治理体系是通过智能集成、数据标准、质量监测、智能开发、安全共享等组件保障数据完整性和可用性，提升数据价值。

全流程数据安全保护体系通过数据识别、分类分级、安全保护、安全审计、安全运营等组件保障数据全流程安全以及数据合规使用。这两个体系互相融合、互相合作，才能保障数据在采集、传输、存储、共享、销毁整个过程中的合规利用。数据治理与数据安全一体化框架如图 1 所示。

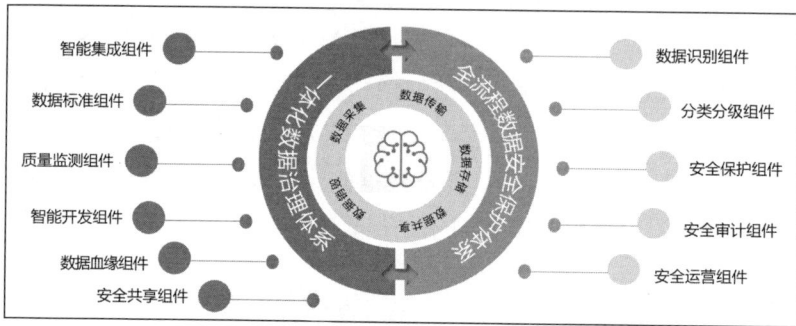

图 1　数据治理与数据安全一体化框架

（一）数据治理体系框架内容

数据治理体系包含智能集成组件、数据标准组件、质量监测组件、智能开发组件、数据血缘组件和安全共享组件 6 个内容。数据治理体系内容如图 2 所示。

图 2　数据治理体系内容

1. 智能集成组件

通过应用间的数据交换可以实现数据集成，主要解决数据的分布性和异构性的问题，其前提是被集成应用必须公开数据结构（即表结构、表间关系、编码的含义等）。

2. 数据标准组件

数据标准是保障数据内外部使用和交换的一致性和准确性的规范性约束。由于业务对象在信息系统中以数据的形式存在，数据标准相关管理活动均需以业务为基础，并以标准的形式规范业务对象在各信息系统中的统一定义和应用，从而提升企业在业务协同、监管合规、数据共享开放、数据分析应用等各方面的能力。通俗来讲，数据标准就是对数据的命名、数据类型、长度、业务含义、计算口径、归属部门等定义一套统一的规范，保证各业务系统对数据的统一理解、对数据的定义和使用的一致性。

3. 质量监测组件

数据质量是数据的生命线，没有高质量的数据，数据分析、数据挖掘、数据应用的效果都会大打折扣，甚至出现完全错误的结论，或者导致资产损失。质量监测主要是针对发现、评估、整改数据问题等过程，数据质量监测的维度包括完整性、有效性、准确性、及时性、一致性和唯一性。

4. 智能开发组件

智能开发主要是将企业的现有业务和数据需求抽象成通用的数据模型，通过数据模型的建设，为企业提供快速的数据供应。

智能开发的核心是数据模型，数据模型是对现实事物的反映和抽象，能帮助我们更好地了解客观世界。数据模型定义了数据之间的关系和结构，使得我们可以有规律地获取想要的数据。

数据开发环节是整个数据全流程的中间环节，数据开发环节能够更好地对数据进行管控，如脱敏、加密、分类分级等，从而保障数据开发过程中的合规性。

5. 数据血缘组件

数据血缘即数据的来龙去脉，主要包含数据的来源、数据的加工方式、映射关系和数据出口。数据血缘属于元数据的一部分，清晰的数据血缘是数据平台维持稳定的基础，更有利于分析数据变更影响以及排查数据问题。

从单纯的数据角度来看，数据血缘包含数据库、表、字段、系统、应用程序等维度，即数据存储在什么数据库的什么表中，对应的字段是什么，字段的属性是什么，数据所属的系统是什么以及与数据有关的应用程序是什么。

从业务角度来看，数据血缘主要包含数据所属业务线等维度，由于涉及业务，因此要梳理清楚数据的产生逻辑、数据的使用逻辑以及业务线之间的关联关系。

6. 安全共享组件

数据共享是连通数据提供方与数据需求方的桥梁，也是数据价值实现的最后一个部分。数据共享是把数据提供方提供的数据按照不同的分类、不同的领域以及不同的业务展示到数据门户上，供数据需求方检索、订阅和使用。面对数据需求方时，数据共享会存在数据使用权限问题，这时就需要针对不同的业务、不同的用户以及不同的数据进行分类分级的区分，同时提供对应的安全策略，以此来保障数据共享的安全。

（二）数据安全体系框架内容

数据安全体系内容主要包含智能识别、分类分级、安全策略、脱敏加密、安全审计和全景视窗 6 个部分，全流程数据安全保护体系如图 3 所示。

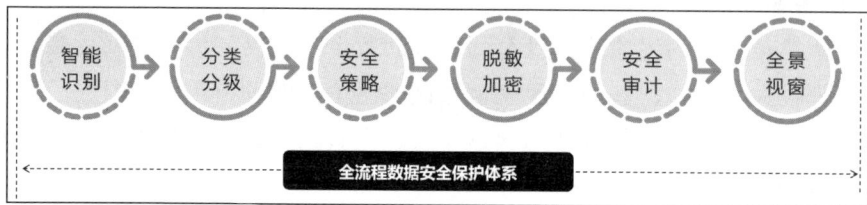

图 3   全流程数据安全保护体系

1. 智能识别

敏感数据识别是要发现系统中的敏感数据。在数据梳理的基础上，在有限的识别范围内，通过分析敏感数据的特征，提炼出一套敏感数据特征库。利用敏感数据特征库，快速找出系统中的敏感数据，为后续数据分类分级奠定数据特征基础。

目前，敏感数据识别一般有两种途径：一是敏感数据智能识别，智能敏感数据识别技术主要应用在文本、图像等非结构化数据类型中；二是人工识别，基于现有技术，通过人工方式识别敏感数据，由数据库管理员根据个人经验对敏感数据进行查找和确定。一旦识别了这些数据，企业就可以选择编辑、删除、加密或者采取任何必要的措施进行保护，确保数据不会落入"坏人"的手中。

2. 分类分级

数据分类是指根据组织数据的属性或特征，将其按照一定的原则和方法进行区分和归类，并建立起一定的分类体系和排列顺序，以便企业更好地管理和使用组织数据的过程。数据分类是数据保护工作中的一个关键部分，是建立统一、准确、完善的数据架构的基础，是实现集中化、专业化、标准化数据管理的基础。

数据分级是指在数据分类的基础上，采用规范、明确的方法区分数据的重要性和敏感度差异，按照一定的分级原则对数据进行定级，从而为组织数据的开放和共享安全策略的制定提供支撑的过程。

开展数据安全工作的第一步就是要识别数据、基于业务特点进行数据的分类分级。数据分类分级的准确度是后续部署数据保护策略的基础。

一般数据分类分级的流程包括数据资产摸底调研、制定数据分类分级框架、数据预加工/处理、建立安全知识规则库、数据标注与标识、生成数据分类分级资源目录、制定分类分级管控策略和下发策略执行安全保护。

3. 安全策略

在分类分级的基础上，根据数据资源的不同类别和不同级别，制定相应的安全策略，安全策略主要包含访问权限、保护措施、保护方式、保护期限和使用场景等内容，后续在对数据进行安全保护时，能够执行这些策略并监测这些策略执行的效果。

4. 脱敏加密

数据脱敏加密是大数据隐私保护的关键技术之一。数据脱敏是指对某些敏感信息通过脱敏规则进行数据的变形，实现敏感隐私数据的可靠保护。当涉及客户安全数据或者一些商业性敏感数据时，在不违反系统规则的条件下，对真实数据进行改造并提供测试数据使用，如身份证号、手机号、卡号、客户号等个人信息，都需要进行数据脱敏。

数据加密是为了提高信息系统和数据的安全性和保密性，防止秘密数据被外部破译而采用的主要技术手段之一。通过加密算法和加密密钥将明文转变为密文，而解密则是通过解密算法和解密密钥将密文恢复为明文。

数据脱敏加密可以有效防止企业内部对隐私数据的滥用，防止隐私数据在未经脱敏的情况下从企业中流出，满足企业既要保护隐私数据，又要保持监管合规的需求。

5. 安全审计

数据安全审计能够将数据库面临的威胁攻击、风险操作、语句压力超阈值等情况详尽地展示在数据库管理员面前。同时，数据安全审计还能够定期将审计日志分类梳理成安全内容报告，在监控数据安全的同时满足信息系统合规性需求。

当危险操作发生时，数据安全审计能够立刻检测出攻击源、攻击目标、攻击事件、操作的库表字段内容、所用语句等信息，并且及时产生告警，数据安全审计能够在识别威胁操作后，向相关管理员发送告警信息。告警方式包含短信告警、邮件告警等多种途径，确保告警信息能及时通知到管理员。

6. 全景视窗

以数据安全全生命周期管理为核心，通过多维度量化指标，精准描述数据安全的实时风险和整体状况；利用海量数据分析引擎及模型实现对数据风险的主动发现、精准定位、智能研判、快速处置和严格审计，完成对数据安全保护工作的闭环处置流程。

对核心业务对象进行建模，形成数据画像、设备画像、用户行为画像等，抽取对象关键管理特征，建立基线、发现异常行为，快速了解数据安全风险和态势。

可视化数据安全监控中心的运营，综合展现数据安全的风险指数，可以多维度分析数据安全风险，实现精准实时告警。

工业领域数据安全防护

梅亦 江苏省信息安全测评中心网络安全工程师

工业领域数据作为工业企业的重要战略资源与信息资产，随着工业企业的信息化建设、数字化转型和数据上云等落地实施，工业数据不仅限于在企业内部流转，更多向跨平台、跨区域和跨系统的互联、互通转变，企业和用户在享受工控系统和工业互联网为工作带来便利的同时，也承担着黑客攻击、数据篡改和数据泄露等安全风险。工业领域数据具备数据量大、种类多、传输快的特点，一旦发生数据安全事件，就会对企业（尤其是涉及军工、医疗和化工等重点领域的企业）造成巨大损失，将会对社会甚至国家安全造成严重危害，因此，如何保证工业数据在采集、传输、存储、处理等全生命周期中的机密性、完整性和可用性成为亟须解决的问题。

本文提出一套切实可行的工业数据防护体系，帮助工业企业加强数据安全管理，提高工业企业数据安全防护水平，促进数据安全的开发和利用，为工业数据安全发展保驾护航。

一、工业领域数据

（一）什么是工业领域数据

工业领域数据是指工业企业在研发设计、生产制造、经营管理、运维服务等阶段，在收集、存储、加工、传输、提供、公开、销毁、出境、转移、共享等全生命周期中所用到的，与平台、系统、设备和应用有关的数据。

（二）工业领域数据分类

根据数据来源的不同，工业领域数据可分为以下 5 类。

1. 研发设计

研发设计过程中产生的研发设计图纸、产品模型、测试代码等数据。

2. 生产制造

生产制造过程中产生的生产状况、工艺参数、日志记录等数据。

3. 经营管理

经营管理过程中产生的财务报表、客户数据、制度规范、内部数据、友商数据等。

4. 运维服务

运维服务过程中产生的客户情况、物流数据、售后服务数据等。

5. 其他数据

其他过程中产生的相关数据。

二、工业领域数据安全风险

工业领域数据在全生命周期中的每个环节都面临着各类网络安全风险，不仅是传统网络攻击，由于代码本身和逻辑设计的缺陷，因此工业信息系统、工控设备和工业互联网平台还会遭受数据泄露、数据篡改、数据滥用、违规传输、非法访问和流量异常等风险。

（一）黑客攻击

随着工业控制系统和工业互联网平台的普及，工业企业的信息系统与数据从不组网、不互联、不联网转变到互联、互通、联网的状态，尤其是近年来的远程办公需求，使得许多工业企业将监控系统、控制系统和办公系统等信息系统直接开放，或者通过VPN链路的方式开放到互联网上，这无疑增加了系统的暴露面，给黑客可乘之机。

2021年工业行业位于勒索攻击的目标榜首，工业企业遭受黑客攻击的频率和强度也在不断上升，由于工业企业的信息系统与生产环节关联度强，一旦黑客攻击成功，就可能通过互联网暴露点直接攻击到生产系统，窃取秘密配方、工艺参数和设计图纸等敏感数据，对配置进行修改，导致生产设备异常，严重时可能造成安全生产事故。

（二）意识薄弱

工业企业长期以来"重生产、轻安全"的思想，导致信息部门在工业企业中处于边缘部门的地位。由于人员安全意识薄弱，因此存在信息化建设滞后、网络安全建设投入不足、技术人员专业性不够、信息系统存在诸多弱口令等问题。尤其是在办公系统、后台管理系统和考勤系统等内部信息系统中，将员工编号、姓名缩写和"admin"等作为用户名，"admin""123456"和"111111"等作为登录口令的现象十分严重。一旦被黑客批量破解，就会导致大量敏感信息泄露。此外，安全设备、网络设备等直接使用默认口令，也会使本身用于安全防护的设备失去了安全防护前哨站的作用，反而成为黑客攻击的跳板。

（三）设计缺陷

2021 年，上千个ISC漏洞被披露，其中西门子、施耐德和研华等占国内市场比重较高、利用率较大的厂商产品问题尤为严重，这些漏洞主要包括远程代码执行、拒绝服务和绕过保护机制等可以直接获取控制权限或影响正常生产运行的高危漏洞。在此背景下，工业企业普遍存在因未及时更新补丁、未升级系统和老旧系统未下线等导致的风险隐患，一旦这些现有的漏洞被黑客利用，就会造成严重的网络安全和数据安全事件。

（四）防护缺失

工业企业普遍存在"重边界防护、轻数据安全"的观念，大多数工业企业将网络安全防护重点放在网络边界，仅部署了防火墙、IDS、IPS等边界防护设备，但是在企业内部没有进行安全防护，明文传输、明文存储和备份缺失等问题较为严重，因此无法有效避免系统遭受内部攻击或因操作不当等原因导致的数据安全事件。

三、工业领域数据防护

国家高度重视数据安全，先后颁布实施《中华人民共和国数据安全法》《中华人民共和国个人信息保护法》等法律法规，在此基础上，鉴于工业领域的数据重要性以及面临的严峻形势，工业和信息化部印发《工业和信息化领域数据安全管理办法（试行）》等指导性文件，并配套制定《工业数据分类分级指南（试行）》《工业企业数据安全防护要求（草案）》等规范，加强工业领域数据安全监管，推动工业领域数据安全工作体系建设，统筹推进工业领域的数据安全发展。

在企业层面，随着法律法规和相关政策的出台，主管部门不断加强对网络安全、数据安全的宣传教育，对违法违规事件进行处罚和警示，越来越多的企业开始注重网络安全意识、落实网络安全等级保护制度、部署安全设备，然而传统的网络安全防护仅对网络边界进行防护，一旦网络边界被突破，内部数据安全就无法保障。单靠堆叠安全设备无法完全保护数据安全，因此需要从管理制度、技术手段等多个方面入手，做好全面防护工作，才能有效保护数据安全。

（一）管理制度

做好数据安全的第一步是要建立健全符合企业自身实际情况的管理制度，建立切实可行的管理体系，组建工业数据安全管理机构，将涉及数据管理的业务部门、管理部门和技术部门等全部纳入其中，明确岗位、职责到人、划分权限、签署保密协议，建立常态化沟通协作机制。

编写详细的设备、系统和平台等操作手册，对相关人员进行定期培训和考核，加强人员管理，加强对供应链的管理，尤其是系统开发单位、数据处理单位和合作单位等。许多企业的数据安全事件并不是发生在企业内部，而是在数据处理的过程中外协单位不安全地传输数据、存储数据所导致的，因此需要收紧权限，做好全过程管理，避免在数据流转过程中发生数据安全事件，这是保障数据安全的重要环节。

制定工业数据安全事件应急预案，定期进行应急演练，可以帮助企业在数据安全事件发生后第一时间减少损失、防止扩散和分析溯源，然而目前企业的应急预案都偏向于框架，过于形式化和冗余，如果发生实际安全事件，企业员工并不能完全按照应急预案处理事件，因此制定一个切实可行的、符合企业实际情况的应急预案尤为重要。此外，定期对各种数据安全事件进行应急演练也是必要的，锻炼应急队伍、熟悉应急流程、优化应急预案，才能在真正发生数据安全事件的时候从容而有效地应对。

（二）分类分级

由于工业企业数据量大、数据类型复杂、信息化落后、技术力量不足等原因，数据存储、数据加密和数据管理等通常使用"一刀切"的方法，这种管理方法增加了数据安全防护的负担，不利于数据安全防护，一旦单点被突破，就会全盘皆失，因此做好数据梳理与分类分级对数据防护来说极为重要。

企业应先基于业务信息系统或数据库梳理出所有数据，根据《工业数据分类分级指南（试行）》和《工业领域重要数据和核心数据识别规则》，先判断数据泄露是否会对国家、行业、社会和企业等造成损害，以及损害的严重性，从而对数据进行分类分级，再根据数据分类分级的结果，对重要数据、核心数据进行单独存储、加密、备份和防护，切实有效地提升数据安全防护的有效性。

（三）安全评估

仅依靠数据分类分级和常规防护不足以确保数据安全，还需做好定期的数据安全自评估与委托评估，一方面检查安全管理、分类分级、应急预案等是否符合要求，另一方面委托第三方机构通过流量分析、探针监测和模拟黑客攻击等手段，检验安全防护是否到位，查漏补缺，及时发现问题、解决问题，确保数据平稳而安全地使用。

（四）保证投入

在以生产业务为主的企业中，信息化建设（尤其是网络安全）始终被认为是单向输出、没有正向回报的工作，大部分企业，尤其是工业企业，宁愿把更多的成本投入生产运营中创造价值财富。但是一旦信息系统、关键数据和内部信息等被攻击或泄露，带来的损失会远远高于生产经营所带来的利润。因此，在考虑年度预算的同时，企业必须拿出一定的比例预算用于安全设备采购、老旧系统更新和技术人才培养，从而保障数据安全。

四、结语

工业领域数据包括大量的核心数据、重要数据，尤其是涉及高端制造业、国防军工、石油化工等涉及国计民生的领域，极高的数据价值导致工业领域数据成为恶意黑客攻击的重点目标，面临着十分严峻的安全风险。一旦工业领域数据被窃取、篡改或破坏，将会造成严重的经济损失、社会影响，甚至威胁到国家安全。因此，本文从工业领域数据的概念、工业领域数据面临的数据安全风险以及如何防护工业领域数据等方面浅谈工业领域数据安全防护，具有现实参考意义和应用价值。

互联网医疗数据安全分类分级实践探索

潘星宇　好大夫在线安全负责人
冯志宇　好大夫在线安全工程师

↘ 一、概述

2021 年，随着《中华人民共和国数据安全法》和《中华人民共和国个人信息保护法》的相继出台和施行，整个社会对个人信息保护与数据安全的重视程度达到了前所未有的高度。互联网医疗企业收录了大量医生信息，向全国患者提供了线上医疗服务，累积了大量的健康信息、病情描述和病历处方等医疗健康数据。持续为用户提供安全、稳定的医疗服务，保护医生和患者的数据安全，是互联网医疗企业对所有用户的承诺。数据分类分级是数据安全治理的一项基础性工作，是实现数据安全有效管理的底座。如何有效开展数据分类分级工作是互联网医疗企业需要直面的一个问题，本文将总结互联网医疗企业开展数据分类分级工作的实践经验，希望能对感兴趣的读者起到一定指导作用。

（一）数据分类分级价值

1. 满足安全合规要求

《中华人民共和国数据安全法》中明确提出建立数据分类分级保护制度，制定重要数据目录，加强对重要数据的保护。《中华人民共和国个人信息保护法》中规定个人信息处理者应当对个人信息实行分类管理。各类行业监管相关要求也对数据分类分级提出明确要求，开展数据分类分级工作已成为当前安全合规工作中的一项紧急任务，需要采用管理和技术手段落实数据分类分级工作。

2. 降低业务安全风险

通过对数据的分类分级，识别出组织内重要敏感数据，掌握组织敏感数据资产分类、分级、分布情况及各类数据的使用场景，从而制定有效的防护措施，平衡数据流动创造价值与数据安全的矛盾，最终降低企业开展业务的安全风险。数据分类分级工作能够对数据资产实现精细化管控，通过监控审计策略，有效监控敏感数据的动态流向，使数据使用、数据共享行为"可见可控"。

3. 满足自身业务需求

通过数据分类分级形成的数据资产清单是数据治理的基础，梳理清楚数据资产、敏感数据类别、安全级别、账号权限等信息，能够帮助业务部门在数据处理的活动业务场景下制定更为合理的策略，提升业务运营能力，为组织提供精准的数据服务，促使组织业务良性持续发展。

（二）数据分类分级思路

经过一段时间的数据分类分级工作实践，我们复盘并总结出了互联网医疗数据分类分级思路框架，如图 1 所示。该思路框架分别从数据分类分级制度、数据分类分级工具、数据分类分级运营三个方面进行系统性建设，之后将数据分类分级成果应用于数据共享安全、数据使用安全等数据处理场景中。

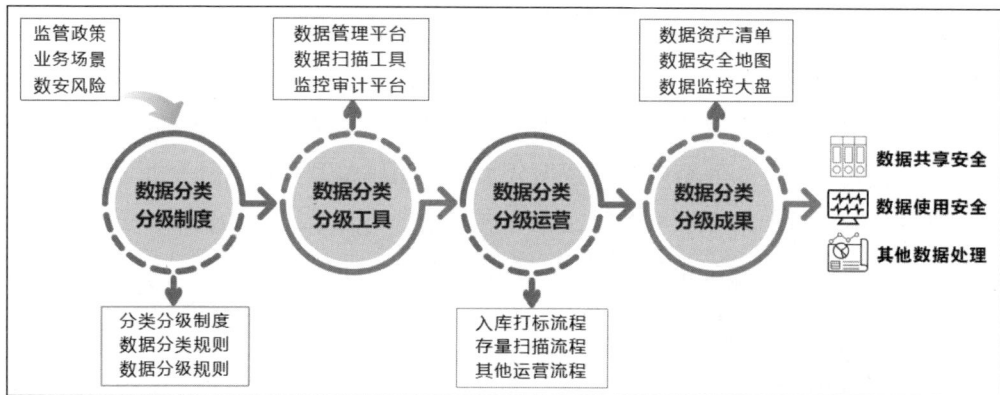

图 1　互联网医疗数据分类分级思路框架

↘ 二、数据分类分级的输入

互联网医疗企业开展数据安全分类分级工作绝不是闭门造车，而是需要经过一定知识、经验、问题的积累，并将其作为数据分类分级工作的输入，如图 2 所示。数据分类分级工作的输入可以分为三个维度和六个方面，分别为监管维（监管合规要求、外部最佳实践）、业务维（业务系统场景、数据使用场景）、安全维（数据安全风险、数据安全事件）。

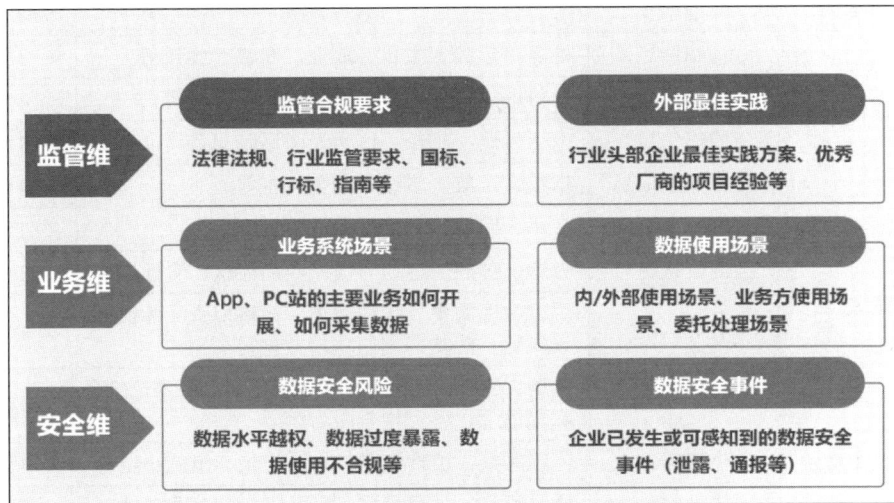

图 2　数据分类分级工作的输入

三、数据分类分级制度建设

数据分类分级制度建设确认了数据分类分级工作机制，也明确了划分规则，中国人民银行印发的《金融数据安全　数据安全分级指南》（JR/T 0197—2020）中给出了金融行业的典型数据类型以及建议划分的最低安全级别，金融行业的企业可以直接使用这种数据分类分级规则，节省了制定数据分类分级规则和内部沟通的成本。医疗健康行业没有明确的数据分类分级行业标准和指南，我们可以参考《信息安全技术　健康医疗数据安全指南》（GB/T 39725—2020）中的数据分类分级相关规则，再结合互联网企业自身特点和业务场景制定《数据安全分类分级制度》，明确数据分类、数据分级的规则和示例，以及数据在各类数据处理活动过程中的规范和要求。

（一）数据分类

数据分类是根据组织数据的类型、特征、规模、属性，将其梳理、归类和细分，以便更好地管理和使用组织数据的过程。我司依据《信息安全技术 健康医疗数据安全指南》，结合互联网医疗现有业务场景，将敏感数据字段分为个人属性数据、身份鉴权信息、健康相关信息、医疗应用数据、医疗支付数据和其他数据，好大夫在线的数据分类分级规则如表 1 所示。

表 1　好大夫在线的数据分类分级规则

数据类别	数据子类	字段范围	分级定义
个人属性数据	基本信息	姓名、年龄、生日、职业、身高、体重等	3 级
	身份信息	身份证、社保卡、个人身份信息图像等	4 级
	通信信息	电话号码、邮箱、账号及关联信息等	4 级
	生物识别信息	指纹、声纹、掌纹、面部特征等	4 级
身份鉴权信息	密码密钥	密码、密钥、token、key、secret等	4 级
健康相关信息	健康状况	吸烟、喝酒、运动习惯、疼痛症状、慢性病等	3 级
	病情状况	主诉、现病史、既往病史、体格检查（体征）、家族史、症状、健康体检数据等	4 级
医疗应用数据	病案信息	病历、处方、用药记录、病程信息、手术记录、麻醉记录、各类检查报告等	4 级
	住院信息	住院医嘱、护理记录、入院记录、出院小结等	4 级
	挂号信息	挂号医院、挂号科室、挂号时间、挂号医生	3 级
	诊后信息	康复任务、用药日记、疾病日记、随访计划	3 级
医疗支付数据	医疗交易信息	订单支付信息、交易金额、交易记录、银行卡号等	4 级
其他数据	关注等信息	关注、收藏、暖心、团队信息等	2 级
	黄页信息	医院、科室、医生公开信息等	1 级
	其他子类	未详细列举	1级或2级

（二）数据分级

在数据分类后，组织会根据数据遭到破坏后对各类合法权益的危害程度，对数据进行定级，从而为组织数据全生命周期安全管理的制定提供支撑。根据《信息安全技术　健康医疗数据安全指南》，结合互联网医疗现有业务场景，我们将敏感数据字段分为表 1 中的 4 个级别。

四、数据分类分级工具建设

（一）数据资产管理平台

在数据库自动化管理平台基础上，可以对数据资产管理平台进行开发，需要让数据资产清单与数据库表结构高度关联，同时结合企业内部SDL安全评估流程，还需要关联到业务系统。数据资产管理平台的主要功能包含数据分类分级清单、数据安全运营工单流程、第三方数据安全管理模块和敏感数据导出查看管理模块。

（二）敏感数据识别工具

为了扫描识别结构化数据中的敏感数据，我们使用了开源软件d18n，d18n是一款强大的数据脱敏和敏感数据识别工具，支持关键字匹配和正则匹配两种关系型数据库敏感数据识别算法。我们将数据资产管理平台与d18n工具作集成，增加了创建控制扫描任务、自动比对扫描结果、人工确认扫描结果等功能。工具内部提供了敏感数据识别通用规则，在互联网医疗业务场景中，我们结合参照模板对规则进行了自定义，完善了关键字匹配规则，通过正则表达式补充了病例资料的URL类型数据识别规则，d18n识别引擎部分的自定义规则如图 3 所示。

```
fileurl:
  key:
    - (?i)url
    - (?i)filepath
#   - picurl
    - (?i)cardfrontaddress
    - (?i)cardbehindaddress
    - (?i)downloadurl
    - (?i)imageurl
    - (?i)attachmenturl
  value:
    - \b[a-z0-9]{2}\/[A-Za-z0-9]{3}\/[A-Za-z0-9]{2}\/[A-Za-z0-9]{2}\/(.*)\.[A-Za-z0-9]{1,6}(.*){1,9}$ # 病历资料

banknum:
  key:
    - bankaccountnum
    - bankownernum
    - bankaccountno
    - bankcard
  value:
    - ^([1-9]{1})(\d{14}|\d{18})$

idcard:
  key:
    - card[_]*num
    - owner[_]*num
    - idcardnumber
    - idcard
    - idnumber
    - card[_]*no
  value:
    - ^[1-9]\d{5}(18|19|20|(3\d))\d{2}((0[1-9])|(1[0-2]))(([0-3][0-9]))\d{3}[0-9Xx]$
```

图 3　d18n识别引擎部分的自定义规则

（三）数据安全监控大盘

要想呈现数据分类分级的结果、监控数据使用情况，需要一款强大的监控可视化平台，展示数据资源清单敏感数据、数据分布情况和数据使用情况，企业内部技术团队使用Grafana（一款可视化监控指标展示工具，提供了多种方式来创建、共享和浏览数据）。Grafana支持对接多种数据源类型，在数据安全治理过程中我们对接了数据资产管理平台MySQL数据库、ClickHouse和Elasticsearch这三个系统的数据源，可以获取需要展示和监控的各类动态和静态数据。数据安全监控大盘如图 4 所示，监控大盘中的数据分类分级情况部分展示了数据资产清单中的敏感数据类型、敏感数据字段分布、数据分级情况和第三方使用敏感数据情况等。

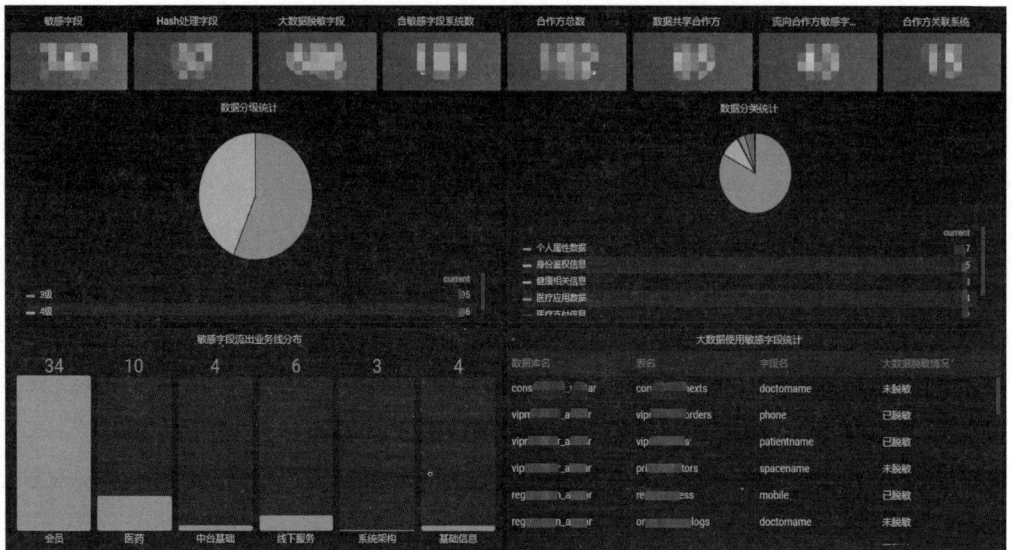

图 4　数据安全监控大盘

五、数据分类分级流程建设

（一）入库阶段数据分类分级

为了解决新增业务项目涉及敏感数据字段的识别问题，我们打通集成了数据分类分级与数据库建表工单，业务开发人员在申请MySQL建表工单时，要自评估新增表字段是否涉及敏感数据，如果涉及敏感数据，就需要在工单中对数据进行分类和分级打标，此工单会经过安全人员和DBA的二次复核，没有问题后才会将结果同步到数据资产清单中。同时，安全人员会结合敏感数据情况以及工单中项目编号对应的业务需求进行安全评估。入库阶段数据分类分级流程如图 5 所示。

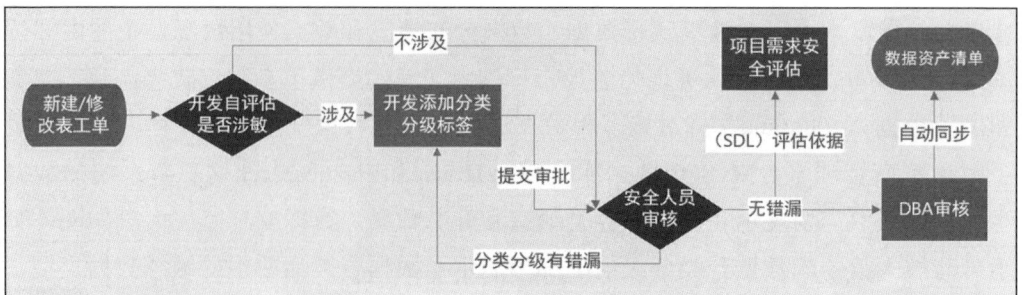

图 5　入库阶段数据分类分级流程

入库阶段数据分类分级样例如图 6 所示。

图 6　入库阶段数据分类分级样例

（二）存量数据的分类分级

对于存量数据和入库阶段遗漏的敏感数据，要定期使用敏感数据识别工具进行检测，为了避免对线上数据库的性能产生影响，扫描对象为线上备份数据库。检测工具会根据预定义好的敏感数据规则清单进行检测识别，检测出的结果会对接到安全管理平台上，并与之前梳理好的敏感数据清单中的敏感字段作比对，去掉重复字段，新增加的敏感字段由安全人员确认类别和级别后，再同步到敏感数据清单中。数据资产清单变更需要将清单配置同步到其他管理系统（如脱敏系统、加密系统）中。数据分级动态运营过程需要长期地、持续地进行，优化流程、调整规则，其结果是工具检测到的敏感数据会越来越少。存量数据的分类分级流程如图 7 所示。

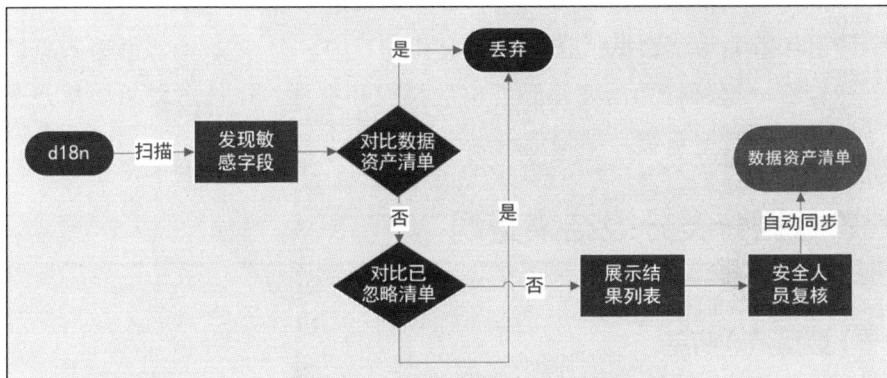

图 7　存量数据的分类分级流程

存量数据的敏感字段扫描结果如图 8 所示。

图 8　存量数据的敏感字段扫描结果

（三）数据分类分级的其他流程

在数据安全治理工作中，有很多涉及数据分类分级的其他流程，合作方接口对接的敏感数据字段（库-表-字段）需要与数据分类分级对接集成。数据分类分级理念和流程会渗透到各项数据处理活动中，需要被不断完善，接下来介绍三个常见的涉及数据分类分级的其他流程。

- **变更数据分类分级规则**：由于监管环境变化、业务场景调整等因素，数据字段分类和级别可能会发生变更，这类变更可以由业务人员发起、安全人员审核确认，也可以由安全人员发起。
- **使用大数据敏感数据**：通常 4 级数据字段不允许由大数据集群处理，3 级数据字段受限处理。对于 3 级敏感数据明文处理，大数据集群需要进行授权和审批，需要依据数据应用场景和数据属性进行综合评估。
- **导出和查看敏感数据**：在特殊情况和场景中，会涉及 4 级敏感数据的导出和查看，这种行为需要得到严格的授权和审核，审核过程需要重点关注申请原因和数据量级。

六、数据分类分级结果呈现

（一）数据资产清单

数据资产清单是数据分类分级工作的核心产出物，可帮助组织摸清数据资产情况。我司在数据安全管理平台中会对数据字段进行打标，展示每个字段归属的分类、所属的安全级别。数据资产清单会展示库、表、字段、所属系统、类型、级别、大数据消费、SQL查询是否脱敏等情况。数据资产清单样例如图9所示。

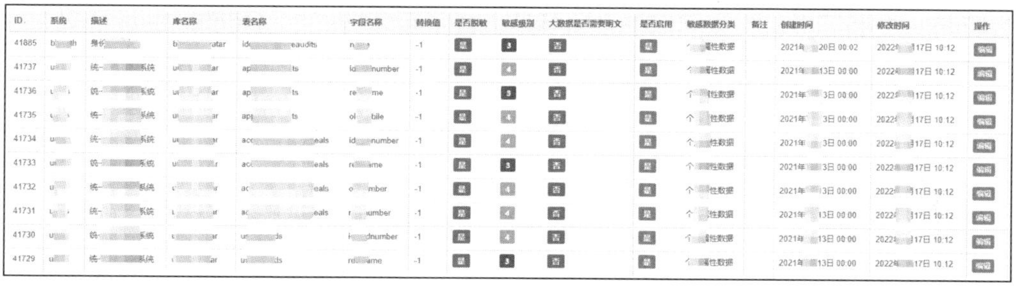

图9　数据资产清单样例

（二）数据资产分布图

数据资产分布图和数据安全监控大盘是数据安全治理的重要抓手，我司数据监控大盘可分为数据资产分布图、第三方数据使用监控盘和敏感数据使用监控盘，其中数据资产分布图包含敏感数据分布图和合作方消费数据分布图。

七、数据分类分级工作展望

（一）医疗应用数据的识别

医疗应用数据类型十分复杂，包含文字、图片、视频、语音等，结构化文本数据类型（如病情描述信息、医患交流信息）在组织内分布广泛，很难通过关键字和正则表达式进行有效地识别。将图形识别和自然语言处理等技术应用于数据分类分级中，可能会是医疗健康行业数据分类分级的解决之道。

（二）数据血缘关系的建立

目前数据分类分级地图为静态数据分布，没有展示数据流转路径和各子系统之间的关系。数据血缘关系能够展示数据字段的生命周期和逻辑关系，使安全人员更加深入了解数据如何被使用，以及使用用户的情况，进而更加精准地设置访问控制权限和脱敏加密规则。

（三）数据分类分级的应用

数据分类分级是数据安全治理工作的基础，实现数据分类分级在数据安全治理工作中的应用更是任重道远，要结合业务场景，持续开展并落地数据分类分级成果和理念。数据分类分级需要与常见的数据安全技术（DLP、数据脱敏、数据加密、访问控制、监控审计等）合理结合，才能维持业务发展与安全风险控制的平衡。数据分类分级工作的应用如图10所示。

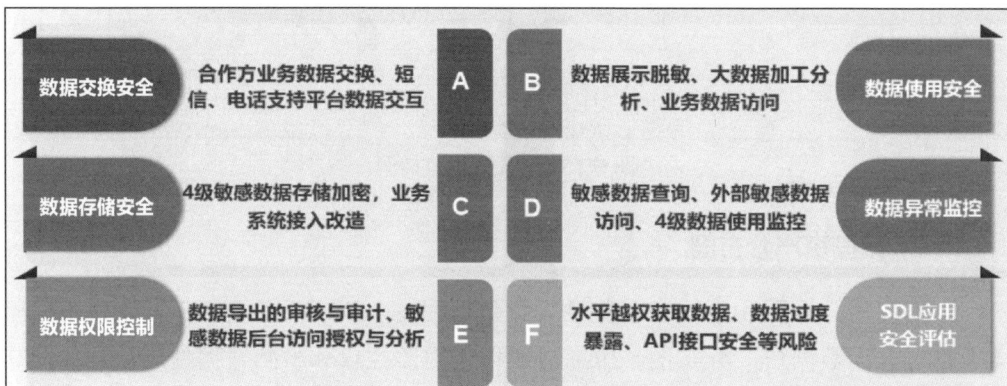

图 10 数据分类分级工作的应用

八、结语

在开展数据分类分级工作前，组织需要对业务发展方向、业务应用场景和数据使用场景进行充分调研，进而抽象出业务规则场景、数据资产特点，便于制定数据分类分级制度。数据分类分级工作流程要与现有数据工作流程相结合，在落地实现方案前，需要以共创的方式与各业务部门、运维团队、大数据团队进行充分沟通。数据分类分级工作需要全员广泛参与，数据分类分级制度的宣传和贯彻工作尤为重要，需要引导员工学习制度、遵守规则、完善流程。

保护企业数据安全之桌面云篇

刘卫星　北京和信创天科技股份有限公司副总裁

一、数据安全行业的现状

近年来，随着互联网、大数据和云计算技术的不断创新，需求的不断升级，以及数字化转型所带来的变革，各类企业的信息化场景都在不断发生改变。伴随着企业核心数据资产（尤其是终端数据）保护变得越来越困难，大部分传统的PC固定办公已经被移动办公所替代。同时网络边界也在发生变化，传统网络是分层架构，边界的定义十分清晰，因此我们通过网络边界很容易区分内网和外网，但随着云计算、VPN等技术的不断迭代，传统网络架构被打破，网络边界也变得越来越模糊，数据资产的保护也随之变得越来越困难。

在互联网高度发展的当今社会，企业数据早已是企业重要的资产，企业的数据安全保护也不再是单独某个企业、某个单位能去加强或者改善的事情。国家也在不断出台相应的法律法规，为企业数据提供保护，近几年颁布的《中华人民共和国网络安全法》《中华人民共和国数据安全法》《中华人民共和国个人信息保护法》都强调了保护企业数据安全的重要性，"十四五"规划中也重点强调了数据安全的重要性。

当前，数据安全越来越受到企事业单位的重视，大多数企事业单位也都采用了VPN、防火墙、防病毒，加密存储、DLP、物理隔离等手段，以此来保障企业的数据安全，但是这些防护措施应对的是网络层面的安全，解决不了终端安全的问题。终端的运维与管理不仅制约了这些大型企事业单位办公效率的提升，信息终端所面临的安全风险也成为重要数据泄露的主要途径。如何进一步加强对终端安全的管理、提高工作效率、降低系统风险，已经成为信息化系统正常运行的最大挑战。

说到数据安全，我们就不得不提到信创，国家一直把信创作为网络安全、数据安全的重中之重，如何从英特尔处理器、Windows操作系统平滑过渡到信创体系，同时保证应用的流畅运行，这就对信创体系下的硬件和软件都提出了很高的要求。

在信创升级的过程中，不仅是处理器或者操作系统发生变化，而是整个生态都在发生变化，需要整体升级体系。

　　在信息安全发展的这 20 多年中，我们常常讨论最难的点就是数据安全，不论是C/S结构，还是B/S结构，当有终端接入的时候，数据也就会落到终端上，在这种情况下，很难追踪、控制这些数据不被泄露。目前很多的安全产品都是采用事后防御的方式，事后审计和事后追溯最多只能解决追责的问题，解决不了数据泄露的问题。通过云桌面这种模式，可以让应用数据从产生开始就一直存在服务器端，不会保存在终端中，终端只相当于一台显示器，只能看到、编辑、修改这个应用，但是不能下载应用数据，这也从根本上解决了终端不留密、数据不落地的问题。

二、桌面云如何更好地保障终端数据安全

　　从保障终端数据安全的维度来讲，桌面的核心优势就是数据不落地，数据会被集中存储在服务器端，利用多副本存储机制，保障数据安全。云平台采用超融合、分布式存储架构，从底层开始就对产生的数据进行安全保护。

　　在我们传统的终端管理中，最难解决的问题就是统一管理的问题，以前所有的机器都会进行入侵检测、漏洞扫描，在这个过程中会出现一个有趣的现象，那就是在补丁传输过程中，总有一定比例的终端没有被打上补丁，但是给这些没打上补丁的机器重新打补丁是不可行的，这是因为我们不知道是哪些机器没被打上补丁。桌面云解决了这样的问题，所有终端实际上就是一个统一的镜像模板，在做好一个模板后，对这个模板进行复制，从理论上来说，只要计算机能开机，那补丁就一定能被打上去，不会出现有些机器能打上补丁，而有些机器打不上补丁这样的问题。同时，桌面云也解决了传统安全中的一个大问题，那就是安全加固。一般传统的安全厂商都会对服务器进行安全加固，但从来没有厂商会对终端计算机进行安全加固，这是因为终端的数量太庞大，还经常需要重复去做加固。但是对桌面云来说，管理千台以上的计算机和管理一台计算机是一样的，相当于是对一台计算机做安全加固，这就容易多了。

　　同时，桌面云还有另一个优点，那就是流量控制。流量控制是从底层来进行控制，因为终端控制实现的是数据不落地、终端的镜像统一管理和统一的安全加固，但是之后还有可能出现一些应用层的病毒攻击，如蠕虫病毒、勒索病毒，这些病毒攻击的最大特点是通过网络层发包，解决办法就是通过虚拟化层实现底层的流量控

制，这样就能控制访问的数据流量。很多客户都会出现这样一种情况，当受到蠕虫病毒攻击时，企业中没有一台桌面云机器中病毒，而大多数没有使用桌面云的机器都中毒了。通过底层流量控制，就能很好地隔绝这种大流量、快速传播的病毒危害。

除去上述两个优点，桌面云还有很多的安全组件：安全防护、行为控制、安全部署与杀毒、数据备份等。终端安全管理在网络安全中一直是一个最大的难题，因为使用其他服务器、应用、数据库等的用户一般都是信息中心人员，也就是研究信息化的人员，而终端用户是最普通的，并不了解信息化的用户。桌面云就是对终端进行集中化管理，从理论上来说，只要终端模板本身不出问题，那么即使出现终端中毒、对系统不了解、不会用系统等无法解决的问题，就可以重启计算机，系统上的应用就会恢复到原先的状态。

三、桌面云与传统PC的优势对比

（1）管理和维护：桌面云的管理和维护方便，大多数维护集中在服务器上，云终端基本上免维护，基本无须投入额外的人力和物力去维护云终端，而传统PC安装复杂、线路多、难度大，需要对每台PC都进行软硬件的维护。

（2）安装升级：桌面云所有的安装升级可以直接在服务器上快速而便捷地完成，不需要逐台安装，而传统PC的安装升级需要对每台PC插好线后，再逐台安装操作系统、升级软件。

（3）资源分配：可根据用户使用情况对桌面云资源进行弹性分配，实现资源的最大化利用，而传统PC的资源分配不够灵活。

（4）数据安全：桌面云数据与终端桌面隔离提供快速恢复机制，同时可以对USB等存储外设进行权限管控，无法私自对数据进行访问和复制，而传统PC容易遭到病毒攻击，造成系统或者数据的丢失，也无法管控员工随意复制计算机上数据的行为。

（5）办公环境：云终端体积小、发热量小、无噪声、不占用空间、环保节能，传统PC体积大，硬盘发热量大、噪声也大。

（6）新增用户：当增加新用户时，只需要在服务器上新增桌面和云终端，传统PC的新增用户则不一样，需要购买一套全新的PC设备。

（7）功耗：云终端功耗低，ARM云终端的功耗在5 W左右，即使是X86云终端，功耗最大也只有25 W左右，省电环保，而传统PC单主机的功耗在200 W左右。

（8）使用年限：云终端的使用年限在8～10年，在此期间只需要增加服务器配置或者购买服务器，而传统PC的使用年限是 3～5 年，之后就要购买一套全新的PC设备。

四、桌面云在信创领域的价值体现

近 10 年来，在国家的大力支持下，我国信创产业得到了快速发展，信创基础软硬件已经从"可用"变为"好用"，国产化替代在多行业已经得到全面实施，信创PC办公终端普及率较高，用户对信创产品的接受度也在稳步提升。但在推广应用过程中，信创PC暴露出应用适配成本高、运维管理复杂、存在数据安全隐患、部分遗留应用无法迁移等问题。而信创桌面云可以较好地解决上述问题，信创桌面云是对当前信创PC办公解决方案的一个有效补充。总体来说，信创桌面云的价值主要体现在以下 4 个方面。

（1）提高运维效率：桌面云可实现对用户终端和桌面的集中统一管理和运维，具有桌面统一部署和更新、故障快速恢复、桌面集中管理、异构终端统一运维等特性，能极大提升国产终端设备和操作系统的管理运维效率。

（2）助力信创办公的平滑过渡：由于部分遗留的Windows应用因改造难度大、重新开发成本高等限制条件，无法迁移到信创桌面办公环境，因此可以利用信创桌面云解决方案，在服务端部署兼容 X86 指令集的虚拟桌面运行环境，以此来承载遗留的Windows应用，实现已改造和未改造桌面应用的"双轨运行"，助力信创办公的平滑过渡，并且可以利用现有的信创PC，达到保护现有信创投资和"真替真用"的目的。

（3）支持远程办公模式：桌面云支持通过多种类终端设备随时随地远程访问专属桌面，实现高效异地办公。同时可通过为用户分配多个虚拟桌面，支持通过单台终端按需访问不同的桌面环境。

（4）提供全方位安全保护：除了为用户提供相同体验的桌面办公环境，桌面云还提供外设安全接入、网络带宽控制、应用黑白名单、屏幕水印和录屏、操作日志等安全措施，为用户提供全方位的桌面安全防护。此外，VDI模式桌面云解决方案可以确保数据在终端不落地，有效保障用户数据的安全。

总之，信创桌面云解决方案具有支持遗留软件平滑迁移、适配更多国产软硬件、支持用户桌面集中统一部署、管理运维效率高、切实保障用户数据安全，以及支持PC利旧等优势，是对现有信创终端办公的有力补充，信创落地更符合"能替尽替、真替真用"的整体目标，从而真正推动信创产业在各行业的快速推广和应用落地，从根本上保证终端数据安全。

面向工业大数据的智能分类分级技术

翟小飞　北京霍因科技有限公司产品经理

吕颖轩　北京霍因科技有限公司CEO

随着我国两化深度融合步伐的加快，工业大数据对于智能制造的重要性不言而喻，且工业制造的数据量呈爆炸式增长趋势。智能制造经过"自动化""信息化"，正推向"智能化"，各个企业的数据也表现出海量、高增长、无序、数据孤岛林立、多模态等特征。通过对工业大数据的分类分级，采取和部署细粒度、层次化的数据管理措施，可以促进数据的充分利用、有序流动和安全共享。由于工业大数据复杂性高、差异性大，会在企业研发、生产、运维、管理等环节之间互通，这就加大流向跟踪、风险定位、责任追溯等数据管理的难度。如何解决数据分类分级和数据管理难题，将直接影响到工业智能制造的进程。

一、背景

（一）智能制造发展现状

作为工业制造大国，我国制造业面临产业"双向转移"的压力，劳动密集型的中小型制造企业正在向其他拥有低廉劳动力资源的新兴发展中国家转移，部分高端制造业在向欧美发达国家回流。工业制造不断地产生海量的工业大数据，这就成为国际竞争和国家安全的基础要素，也是我国制造业转型升级的战略资源，促使制造业"跟跑、并跑、领跑"，最终实现"弯道取直""跨越发展"的关键要素。

工业大数据是制造业从传统要素驱动向数字要素驱动的核心，能够优化全要素配置效率，改进生产过程的质量，促进生产流程的智能化。通过全产业链供需数据，进一步优化要素配置效率，优化配置生产所需的原材料、设备、劳动力、资金等，可以实现工业生产、调度、分配和全局优化，促进工业全要素生产率的全面提升。与外部供应商协作配合，可以提高产品交互准确率、采购计划准确率、物资供应与财务结算效率，降低库存堆积，实现工业企业降本增效的目的。

因此，工业大数据的聚合融通离不开对数据分类的有效管理，更需要对数据分级的安全使用。工业大数据作为全新的生产要素，在管理执行、开发利用、流通共享等方面存在一定的问题和困难。有效挖掘工业大数据的数据价值，帮助我国有效应对产业链外迁和断链风险，打造强大的供应链，对强化我国产业链抗冲击能力来说至关重要。

随着"十四五"规划中两化融合的加速推进，工业大数据规模化增长、泛在化流动、平台化集聚，新风险、新挑战不断加剧，当前工业大数据安全管理工作的关键在于保护海量工业数据、筑牢数据安全底座、促进数据安全有序流动、及时发现并有效处置风险等。

（二）构建数据安全监管体系

根据 2022 年 12 月工业和信息化部公布的《工业和信息化领域数据安全管理办法（试行）》，涉及工业和信息化领域数据安全管理的顶层设计，对接《中华人民共和国数据安全法》等法律法规的要求，在工业和信息化领域对国家数据安全管理制度进行细化，明确开展数据分类分级保护、重要数据管理等具体要求，构建工业和信息化领域数据安全监管体系。

在数据安全层面，数据驱动是智能制造的重要特征，在感知、计算和服务过程中都会产生大量的数据信息，这些工业数据在传输和存储过程中可能会被窃听、篡改、删除、注入和重放等。为此，工业企业应加快构建覆盖"数据分类分级识别、分级防护、安全评估、风险处置"等全流程的工业大数据安全管理闭环工作体系。

二、数据安全的基石

（一）数据安全管理闭环工作体系

在新一代信息技术与制造业融合发展，以及数字经济发展的驱动下，工业大数据逐步从以往局限于企业内网中使用，向企业外网、云平台等区域流通和应用，数据的流向、流动路径、存储位置、使用方式等都在发生新的变化，随之而来的数据违规传输、非授权访问、云端数据大规模泄露等风险愈发严重。与此同时，勒索攻击、撞库攻击等专门针对数据层面的攻击威胁愈演愈烈，数据非法收集、明文传输、恶意挖掘、滥采滥用、黑产交易、数据资产暴露等风险事件时有发生，弱口令、漏洞、SQL注入等网络安全问题导致的数据安全风险广泛存在。一旦这些风险演变为重大事故，将导致停工停产，甚至严重影响国计民生。

工业大数据涉及的主体多、种类多、格式多，数据安全管理亟须体系化、规范化开展，应加快推进数据分类分级、分级防护、安全评估、应急处置等工作的有机融合，保障工业大数据安全，始终坚持统筹发展和安全，牢固树立"保安全、促发展"的理念，促进智能制造高质量发展。

因此，工业企业应强化工业大数据的安全管理闭环工作体系，建立数据安全管理体系和防护策略。针对数据收集、存储、传输、提供等生命周期各环节面临的风险隐患进行"对症下药"，秉持"技管结合、动静相宜、分级防护"的原则，综合实施策略和防护措施。工业大数据的安全流程不能独立于工业智能制造的业务流程，防护措施要与工业大数据的实时性、稳定性等需求相匹配，与业务安全紧耦合，并充分平衡数据安全、网络安全、功能安全和生产安全等的关系。

在工业大数据安全技术与应用实践过程中，数据安全通用技术、密码学技术、人工智能技术等作用日益凸显，支撑起整个工业数据安全的全生命周期。工业大数据安全的基础是数据资产化，数据资产化是实现工业经济全要素、全产业链和全价值链的关键支撑。

（二）数据资产化框架（CPI）

对于数据资产化应用，在安全咨询机构数世咨询 2022 年 6 月发布的《数据治理安全（DGS）白皮书》中，首次提出了（CPI）^{2}框架，如图 1 所示。该框架基于各个厂商在数据存储与数据治理方面沉淀的技术，以及对行业数据的深度理解，匹配数据安全相关法律法规、地方和行业的安全要求，实现了以合规驱动的数据安全建设落地应用，是数据治理安全的最佳实践。在智能制造领域，霍因科技聚焦工业数据，以分类分级为切入点，以促进数据流通使用为目标，通过智能湖仓发掘工业数据价值，推动智能制造的高质量发展。

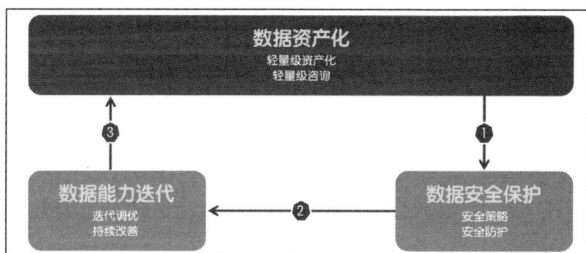

图 1 （CPI）^{2}框架

通过对工业数据安全法规条例和智能制造业务特性的深度理解，首先，可以辅以轻量级的咨询服务，通过人工智能为工业企业实现数据分类分级和轻量资产化；其次，可以为工业大数据资产制定全面的安全策略，具备法律法规和政策要求的安全控制能力；最后，持续跟进法律法规和政策变化、持续学习业务逻辑的特性与管理运作的流程，不断调整分类分级的结果，使工业大数据资产更加精确、明晰，循环正向迭代的过程可以实现可持续发展的数据治理安全。做好数据标注分类的同时，推动工业大数据管理由"杂货铺"变成"自动化仓库"，并结合工业数据属性、安全防护要求，构建数据分级治理体系，分级施策，确保工业大数据的安全。

（CPI）² 框架具有基于人工智能的数据自动分类分级能力、工业属性的知识图谱和全域数据/多模态数据的治理能力，配备全种类数据接入模块、数据智能识别引擎、API安全网关、安全湖仓，支持云原生、私有化部署和SaaS服务，满足智能制造的各种需求。（CPI）²框架的应用如图2所示。

图 2 （CPI）²框架的应用

（三）工业大数据的数据资产化

工业大数据的资产化主要分为全域敏感数据发现、数据分类分级和数据编目。

1. 全域敏感数据发现

全域敏感数据发现包括混合云、超融合、微服务架构下的全场景发现，业务数据库、文档表单、机器数据的全量发现，以及数据源、分级分类过程、数据流的全链路发现。霍因海石数据治理安全平台作为面向数据安全层的产品，与底层系统无关，可以良好兼容各类复杂基础架构和各类系统，实现多种数据的主动发现，并通过智能自动化分级分类和处置建议，帮助用户发现并掌握环境中所有数据的存储位置、合规情况和风险漏洞，避免未知数据泄露对企业造成伤害。

2. 数据分类分级

数据分类分级是通过对不同法规的解读、不同行业用户数据的类型和特征，以及历史项目经验，基于动态知识库，不断更新霍因海石数据治理安全平台相关规则策略组件，可以帮助不同行业用户通过平台快速建立管理数据安全分类分级的能力。

3. 数据编目

数据编目是基于霍因海石数据安全平台的分类分级能力，在数据目录中可以将数据的敏感等级、内容标签等信息详细展示，同时基于平台的数据治理功能，对数据的血缘分析也可以在数据目录中进行回溯。

↘ 三、解决之道

（一）数据安全底座是集团供应链数据资产化构建的基础

集团的数据分类分级是做好数据安全工作最基础也是最重要的一项工作，数据分类分级应按照工业制造行业的标准规范和合规要求，匹配业务需求，进行科学分类和准确定级。

由于数据分类往往与数据所支撑的业务息息相关，数据类型可根据数据在业务运营中的用途和价值进行划分，如在集团研发业务中会产生研发设计图纸、产品模型等数据，在生产业务中会产生控制信息、工况状态等数据，在管理业务中会产生用户信息、业务统计指标等数据，这些数据类型与业务属性息息相关。

因此，数据分类的目的是明确安全责任、确定防护边界，集团的研发、生产、管理等各业务部门应切实承担各自产生和收集的数据的安全保护责任，同时将研发域、生产域、管理域等数据各自归类，更好地实施分区分域和边界防护。

数据分级的目的是明确防护措施的力度和粒度，实施差异化分级防护，避免"一刀切"的粗放型防护。数据分级的方法与网络安全等级保护定级、关键信息基础设施识别认定等相关思路一脉相承，都是从遭破坏后造成的最大影响来界定。对于集团数据分级，特别需要关注数据对各类生产业务、工业经济、工业生产等方面造成的影响。基于AI的数据分类分级流程如图3所示。

通过霍因海石数据治理安全平台底座，能够实现数据资产化，科学而直观地梳理清楚数据资产，识别出重要数据和核心数据，形成数据目录清单，真正掌握数据保护的重点对象有哪些、重点对象在哪儿以及谁在用数据等情况。

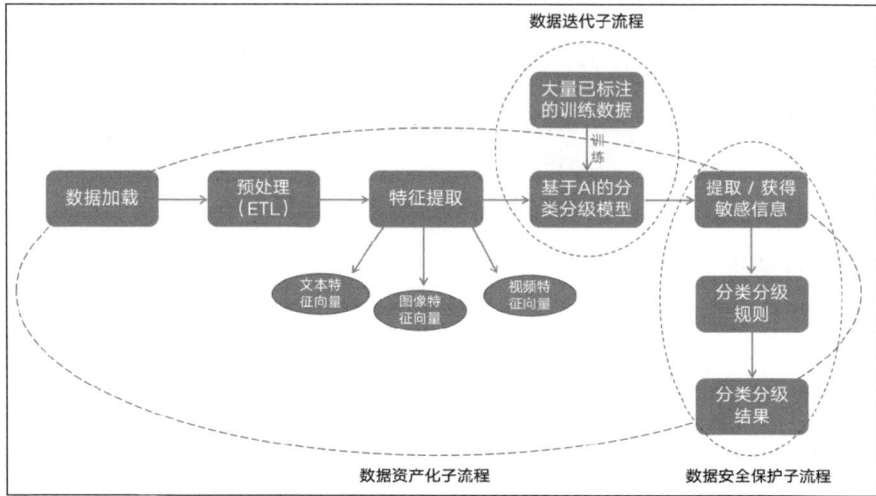

图 3 基于AI的数据分类分级流程

（二）湖仓一体兼具稳态和敏态的数据安全底座

湖仓一体兼具稳态和敏态的数据安全底座，可以解决普遍存在的数据孤岛、标准不完善、技术缺失以及基础设施重复建设的问题，为智能制造提供长期支撑。霍因海石数据治理安全平台正是结合了数据湖和数据仓库优势的新范式，在数据湖的低成本存储上，实现与数据仓库中类似的数据结构和数据管理功能，接入多模态数据、拉通数据孤岛，解决集团数据采集难、流动难、融合难、上线时间长和成本高昂等一系列问题，满足全量数据实时访问、查询历史数据的需求。

（三）筑牢数据安全底座，AI赋能集团供应链的智能化

1. 非结构化数据处理

因为非结构化数据包含更多元化的业务属性，导致找数难、取数难、数据消费难。通过霍因海石数据安全治理平台AI引擎，可以进行深度学习比对分析，形成集中统一的可视化数据目录，具备数据搜索和发现功能，提供有价值的信息，帮助集团用户准确理解原始数据产生的上下文语义环境、实现数据溯源，为供应链业务系统提供输入的信息，有效提升非结构化数据的处理能力。

2. 物料标签化和编目处理

集团的数据源是 80 多万张表，从海量库表中寻找目标数据犹如大海捞针，要将目标数据加工成业务可使用数据的步骤多，基于元数据采集和元数据标注的数据目录系统，可以提供丰富、有价值的元数据信息，包括数据的相关性、可整合性、

数据质量等一系列的信息描述。通过霍因海石数据安全治理平台AI引擎，可以进行元数据采集和智能分析、数据标签化梳理和智能分类、数据关系的分析，以及元数据的实时变更维护，AI引擎提升了采集梳理和编目的效率。

3. 数据流转安全管控处理

集团内部各部门及跨组织、跨区域之间的供应链数据传输与共享场景普遍，需对数据进行加密和脱敏，通过霍因海石数据安全治理平台的API网关，可以实时监测核心业务系统和接口的动态访问情况，识别针对对外接口的异常访问，审计人员就能清楚地知道敏感数据的流向和流转路径，同时对敏感数据做到了事前梳理预防、事中实时监测防护、事后审计溯源分析。

集团数据资产化的提升效果如图4所示。

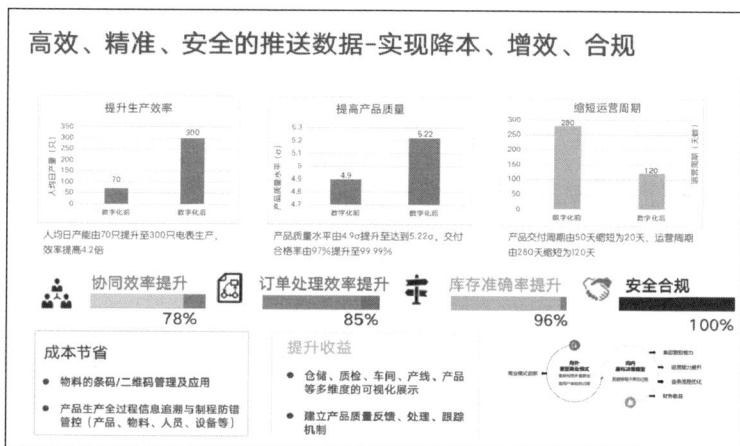

图4　集团数据资产化的提升效果

↘ 四、结语

分类分级是工业大数据管理的基础，一套面向工业大数据的智能分类分级技术才能推动数据成为工业制造中新的生产要素资源，形成数据流，带动技术流、资金流、人才流和物资流，从而提升资源优化配置能力，促进全要素生产率的提升。霍因海石数据治理安全平台采用理论与工具相结合的方式，真正帮助用户落地以数据分类分级为目标的数据治理安全工作，通过对不同法规的解读、不同行业用户的数据类型和特征，以及历史项目经验，基于动态知识库，不断更新平台相关规则策略组件，帮助不同行业用户快速建立管理数据安全分类分级的能力。

数据安全迎来数字化发展机遇，体系化建设要三步走

奇安信科技集团股份有限公司产业发展研究中心

近 5 年来，数据安全是国际网络安全的热点领域，也是我国网络安全产业中发展极为迅速的细分市场。在国家"十四五"规划、党的二十大报告的战略指引下，"东数西算""全国一体化政务大数据体系建设"等大数据产业发展规划纷纷出台，为数据安全产业的发展和技术创新创造了难得的机遇。数据安全将成为网络安全产业发展的核心驱动力，数据安全的发展应紧跟国家重大战略规划，面向业务、结合技管有序开展，从而实现数据安全的体系化建设。

一、数字化时代数据安全面临全新挑战

（一）数字化时代的数据安全的内涵与外延

伴随信息化和数字化的发展，数据安全的内涵不断丰富，并向更多领域延伸。数据安全的发展历程可大致分为三个阶段，从早期的数据库和文件系统的安全，到数据生命周期的安全，再到数据基础设施和数字化业务过程中的数据安全。

在网络架构相对简单的早期，数据一般只在服务器、网络和办公计算机之间流存，因此数据安全通常被定义为数据库安全和内部数据防泄露，企业通过设置数据库权限、复杂密码等方式保护数据库，通过规范员工行为、文档加密等方式防止内部数据泄露。

随着互联网的快速发展，信息化程度的不断提升和数据时代的到来，数据的流存节点和区域变得繁杂，数据的流动量呈指数级增长，数据的使用方式也在不断多样化，数据安全作为独立的安全体系被重新定义，形成以数据生命周期为核心的大数据安全。

在数字化时代，新的数据安全包含了以数据为中心的安全体系，以数据的采集、传输、存储、处理（使用）、交换（共享）和销毁等覆盖全生命周期的安全为目标，

侧重于从数据产生到数据销毁的全生命周期的保护，保护方式类似于伴随数据全生命周期的安保人员，强调保护数据的所有权、管辖权和隐私权等。目前，数据安全主要包括数据治理、数据库安全、大数据安全、数据生命周期安全和隐私计算等细分赛道。

（二）数字化时代的数据安全挑战

数字化时代的业务系统、信息化环境、威胁形势和合规要求都发生了改变，数据安全防护与传统数据安全防护也有很大不同，这对关键信息基础设施的数据安全防护提出了更高的要求。

- 随着数字化业务的开展，静止的数据转变为流动的数据，数据安全场景发生了改变，数据安全保护的难度加大。传统数据安全以静态保护数据实体为主，如数据库本身的安全保护、文件加密等。数字化时代的数据安全不仅要保护数据实体，还要以分类分级为基础，在数据流转的基础之上做动态的防护。
- 保护对象发生了变化，需要新的防御措施和手段。传统数据安全面对的业务系统是"前端＋后台＋数据库"的简单三层结构，保护对象相对简单。数字化时代的数据安全面对的是业务系统更复杂，是大数据环境下的大数据平台、数据中台和数据服务，保护对象发生了变化，需要新的防御措施和手段。
- 数据安全管理和技术的关系发生变化。传统数据安全相对单一，管理和技术相对割裂。数字化时代的数据安全的业务系统和数据流转比较复杂，需要数据安全管理和技术的融合，从组织、制度和流程上完善数据安全管理体系，这样才能有效地支撑数据安全防护技术，使之更好地落地执行。

当前对大多数政企机构的重要数据资产的基础防护还不到位，数据安全风险变大，集中体现在以下 6 个方面。

（1）对特权账号的管理薄弱，权限滥用、弱口令等问题普遍存在，进而导致数据泄露。

（2）缺失权限控制，导致数据滥用。

（3）缺失对使用行为的记录和审计。

（4）缺失外部风险防御能力，导致数据窃取、拖库等问题。

（5）缺失对终端、上网行为的管控，导致数据外泄。

（6）缺少对数据安全风险的监测，导致企业对已发生的安全事件还不知情。

二、数据安全市场潜力巨大，将成为数字化发展的基石

（一）数据安全市场仍处于培育期，但增长潜力巨大

规模小、增速高是现阶段中国数据安全市场的特点。2018～2022 年中国数据安全市场规模如图 1 所示。根据计世资讯统计，2020 年中国数据安全市场规模约为 52.5 亿元人民币，同比增长 33.2%。预计至 2022 年，中国数据安全市场规模将增长至 94.4 亿元人民币，2018～2020 年中国数据安全市场规模的复合增长率为 32.61%，但仅是同期中国网络安全市场预估规模的 8.15%（根据艾瑞咨询的统计，2022 年中国网络安全市场规模预计为 1 158.5 亿元人民币）。

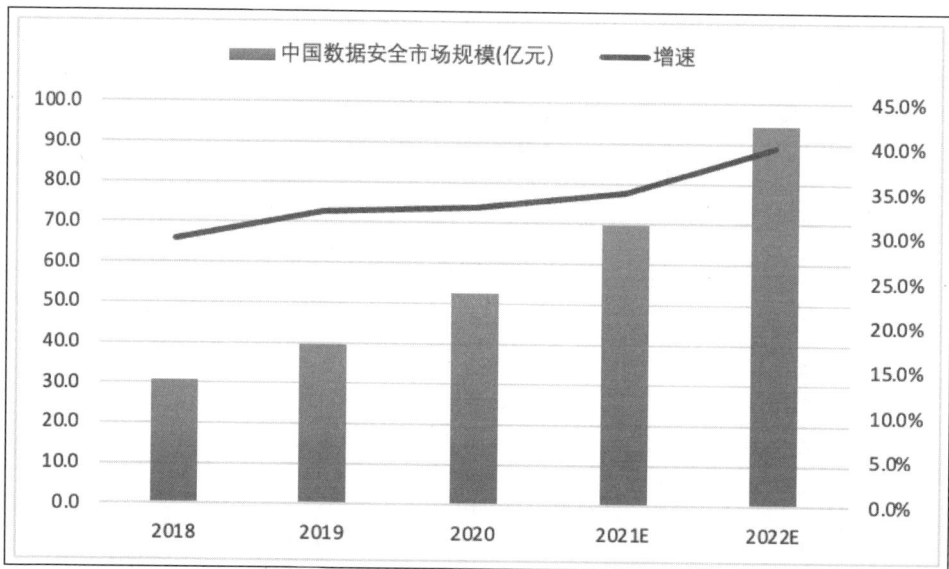

图 1 2018～2022 年中国数据安全市场规模（数据来源：许世资讯）

相较于国内，国外的数据安全市场规模更大，但也存在着数据安全市场规模显著低于同期网络安全市场规模的特点。根据 VMR 统计，2019 年全球数据安全市场规模约为 173.8 亿美元（按照 2019 年美元平均汇率，折合 1 199.22 亿元人民币），2019～2025 年的复合增速预计为 17.35%，约为同期全球网络安全市场规模的 13.73%（根据 Gartner 的统计，预计 2019 年全球网络安全市场规模为 1 265.49 亿美元）。

从需求侧来看，在数字化转型加速、数据泄露事件激增、远程办公需求上升等多重因素的刺激下，企业对数据安全的重视程度显著增加。据数说安全研究院 2022 年

发布的《数据安全市场研究报告》，2021年采购数据安全产品的项目数量约为230 000个，同比增速约为28%，其中，专项采购项目约为3 000个，同比增速约为43%，显著高于行业平均增速。同时，采购呈现明显的区域特征，即采购用户主要分布在经济较为发达和数字化建设水平较高的京津冀地区、长三角地区、粤港澳大湾区和川渝地区。

（二）从合规到合法，数据安全成为数字化发展的基石

近年来，全球正加快向数字化社会全面转型，在产业数字化和数字产业化的双重驱动下，根据中国信息通信研究院发布的《全球数字经济白皮书（2022年）》，德国、英国、美国数字经济的GDP占比已经超过65%，其中，尤以美国数字经济规模最为庞大。2021年，美国的数字经济总量达到了15.3万亿美元（约为105.9万亿元人民币），中国的数字经济规模仅次于美国，达到了7.1万亿美元（约为49.1万亿元人民币）。

数字化的浪潮产生出海量的数据。根据IDC的预测，预计2025年全球数据量将达到175 ZB，其中，中国数据量将位居世界第一，达到48.6 ZB，约占全球总量的27.8%。巨大的数据量也引发了大量数据资产攻击、数据泄露等事件，凸显出数据安全建设的重要性和紧迫性。根据IBM Security发布的《2021年数据泄露成本报告》，过去一年每起数据泄露事件造成的平均损失高达424万美元（约为2 935万元人民币），同比增长近10%，是17年以来的最大增幅。

为应对数字经济快速发展的需要，面临数据安全的严峻形势，2022年以来我国密集出台了《中华人民共和国数据安全法》《关键信息基础设施安全保护条例》《中华人民共和国个人信息保护法》《网络安全审查办法》等法律法规，统筹数据发展和安全，推动数据安全建设。在这些法律法规中，还介绍了与数据安全保护息息相关的以下三个方面。

1. 数据安全上升到国家战略高度

2021年，公布并实施了《中华人民共和国数据安全法》与《中华人民共和国个人信息保护法》，接连发布了《数据出境安全评估办法》《网络数据安全管理条例（征求意见稿）》，数据安全上升到国家战略高度。

在《中华人民共和国数据安全法》中，由国家统筹数据要素发展和安全，推动数据安全建设。《中华人民共和国数据安全法》明确了要在国家层面建立数据分类分级、数据风险评估、数据安全应急处置和数据安全审查制度，全面加强对重要数据的保护，降低数据安全风险，并要求要建立健全全流程数据安全管理制度，组织

开展数据安全教育培训，采取数据安全技术研发、数据安全风险检测、定期数据安全风险评估等措施，以此来保障数据安全。

在《中华人民共和国个人信息保护法》中，明确个人信息跨境处理要求，充分保障用户对个人信息处理的知情权和控制权，将合法、正当、必要与最小必要、透明公开、安全保障作为个人信息活动的基本原则，赋予用户删除、查询、更正、补充个人信息等权利，明确个人信息处理者应当遵循告知、个人信息分类、个人信息安全加密、敏感个人信息的事前影响评估等义务，保障用户个人信息的安全。

2．数据安全监管力度持续扩大

数据的加速流转促进各行各业的信息互通，数据安全问题也变得越来越复杂，行业监管部门密集开展数据安全和个人信息保护专项工作。

从 2019 年起，中央网信办、工业和信息化部、公安部、国家市场监督管理总局联合，在全国范围内组织开展App违法违规收集使用个人信息的专项治理活动，对App运营人员收集、使用用户信息的行为进行监督和管理，严格查处违法违规收集、使用个人信息的行为。

2021 年 7 月，国家网信办连续发布了对多家互联网公司实施网络安全审查的公告，审查期间，所有App停止新用户注册服务。被网络安全审查的几家企业都掌握大量用户隐私数据，并且其业务与关键信息基础设施有关。

针对运营商，工业和信息化部根据《工业和信息化部 国务院国有资产监督管理委员会关于开展基础电信企业网络与信息安全责任考核有关工作的指导意见》，自2019 年起，连续三年制定《省级基础电信企业网络与信息安全工作考核要点与评分标准》和《基础电信企业专业公司网络与信息安全工作考核要点与评分标准》，对基础电信企业及其专业公司的数据安全工作进行考核和评估。

3．以数据安全运营理念持续保障数据安全

在数据创造巨大经济价值的同时，国家也在高度重视数据安全，行业的监管力度也在不断加码，企业和组织落实数据安全建设已经迫在眉睫，但如何下手、从哪儿开始成为最大的问题。由于数据环境是随着业务发展而动态变化的，数据在流动过程中各环节都可能面临不同的安全风险，依赖单一的安全技术根本无法解决所有的安全风险问题。例如在数据共享环节中，数据访问控制技术能解决单一组织范围内的授权管理问题，但无法解决跨组织的数据流向追踪问题，无法对数据接收方的数据处理活动进行实时监控和审计，极易造成数据滥用的风险。

同时，由于数据本身结构的多样性，因此在特定场景下的数据安全风险难以被检测。例如在数据外发的场景中，通过内容检测，可以轻松地发现外发的文本文件中是否存在敏感信息，但如果将文件压缩或者拍照后再外发，就可能轻易绕过内容检测，导致敏感数据泄露。数据关联关系复杂、敏感程度不一，单一的数据项可能无法形成敏感内容，但是多个数据项的组合就有可能推导出敏感信息。

"人"往往是安全体系中最薄弱的一环，因为"人"是技术的建设者，更是流程的执行者，一旦"人"的安全意识不到位，再好的技术和流程都是空谈。内部人员利用自身的合法访问权限进行数据违规操作的事件比比皆是，例如影响恶劣的微盟"删库"事件、浙江岱山农商银行的内部员工违规泄露客户信息事件。

面对复杂多变的数据安全威胁，应落实安全运营的理念，将技术、流程和人进行有机的结合，并根据数据安全态势、技术发展和业务流程等的变化，演进式地完善数据安全体系建设。

（三）数据安全是投融资市场的热门赛道

受宏观经济预期增速放缓的影响，2022 年前三季度全球非公开市场投融资节奏明显减弱，但受益于企业数字化转型深入等因素，数据安全在全球风险投资和并购交易市场中的表现仍然亮眼。2022 年 4 月，自动化软件厂商 Kaseya 以 62 亿美元的价格收购了数据安全厂商 Datto，2022 年 7 月，数据保护厂商 Acronis 筹集了 2.5 亿美金的融资，其整体估值超过 35 亿美元。中国 5 家数据安全厂商（包含 4 家隐私计算企业），分别在 2022 年前三季度完成了过亿元人民币的融资交易。同时，根据嘶吼安全产业研究院的统计，以隐私计算为代表的数据安全是 2022 年前三季度中国网络安全行业投融资中的热门赛道，占其所统计的网络安全投融资事件的 24%。

↘ 三、全球数据安全技术持续演进，形成多个热门创新赛道

（一）从 Gartner 数据安全技术成熟度曲线中看数据安全技术创新

从 Gartner 2021 年发布的数据安全技术成熟度曲线来看，数据安全是持续创新的赛道，在创新萌芽阶段、炒作高峰阶段、滑入低谷阶段、稳步发展阶段和市场成熟阶段，均有较多的技术方向，保持了持续的高热度。在数据安全领域，隐私计算（安全多方计算、同态加密、差分隐私）和隐私合规（隐私管理工具、隐私保护设计、隐私影响评估）成为热点。数据安全领域各阶段的技术方向如图 2 所示。

发展阶段 细分领域	创新萌芽	炒作高峰	潜入低谷	稳步发展	市场成熟
网络安全	1 网络资产攻击面管理	3 安全服务边缘、防火墙即服务、安全接入服务边缘SASE	7 保留格式加密、云Web应用程序和API保护WAAP、内容察知与重组、远程浏览器管理、网络检测与响应NDR	8 零信任网络接入、企业密钥管理、基于身份的微分段、SD-WAN、安全Web网关、DDoS防护、网络防火墙	3 IPS、网络访问控制、Web应用程序防火墙
数据安全	11 数据安全即服务、数据风险评估、数字云数据库活动监控机密计算、同态加密、差分隐私、零知识证明	6 数据安全区块链、设备标识管理、数据脱敏和丢失保护（DLP）、安全多方计算、文件分析	9 混合云密钥管理框架、隐私设计、保留格式加密、隐私影响评估、TLS解密平台、云数据密钥网关	6 数据安全测试、容器及K8s安全、外化隐私管理、企业密钥管理、数据访问治理、CASB	2 动态数据屏蔽、企业数字权限管理
应用安全	8 策略即代码、混沌工程、API安全测试、开发人员环境安全防护	8 Web应用程序客户端保护、隐私设计、应用程序安全需求和威胁管理、API隐私保护	10 应用程序安全细测和关联、隐私设计、云WAAP、无服务器安全、开发运营测试平台、自动化应用安全、软件成分分析	6 零信任网络接入、容器及K8s安全、软件物料清单、企业应用程序商店、API安全测试、关键业务应用安全	4 动态数据屏蔽、交互式应用程序安全测试、网络应用防火墙、云应用安全发现
云安全	4 云基础设施授权管理、机密计算、SaaS安全态势管理、混沌工程	5 云原生应用保护平台、安全服务边缘SASE、安全评估服务、云服务提供商（CSP）-原生数据丢失保护（DLP）、云数据库备份	5 零信任网络接入、不可变基础设施、SaaS交付安全	10 零信任网络接入、容器及K8s安全、云工作负载保护平台CWPP、基于身份的微分段、企业密钥管理、私有云管理、CASB	3 云管理平台、企业数字权限管理、云应用发现
隐私安全	11 混沌工程、主权云、机密计算、数据治理、隐私设计、联邦机器学习、SD网络安全、主体权利即服务、知识证明、合成数据	7 数据安全区块链、去中心化备份、数字伦理、多方计算、同意和偏好管理、文件分析	6 隐私设计、格式保留加密、人物画像、隐私邮件评估、移动应用防护、云数据保护网关	6 数据安全类、机密计算、零信任网络接入、数据清理、电子发现软件、IT风险管理	2 动态数据屏蔽、云应用发现
终端安全	3 VDI/DaaS终端安全、统一终端安全、扩展检测和响应XDR	3 安全服务边缘、BYOPC、SASE、企业终端安全	4 前线工作人员的设备端点安全、桌面即服务、远程浏览器隔离、移动威胁防御	4 零信任网络接入、数据清理、统一端点管理UEM、安全Web网关、终端检测与响应EDR、CASB	1 终端保护平台
安全运营	5 自主渗透测试和训练、外部攻击面管理、网络安全态势验证、渗透测试即服务、扩展检测和响应	4 数字风险保障服务、入侵和攻击模拟、漏洞优先级排序、文件分析	7 集成风险管理、SOAR、欺骗即服务、托管检测和响应MDR、网络流量分析、终端检测与响应NDR、运营技术（OT）安全	4 终端检测与响应EDR、软硬件的安全资产、安全信息和事件管理、CASB	1 漏洞评估
特点分析	数据与隐私安全为重点，隐私计算相关技术成为热点	以安全服务边缘、安全访问服务边缘、SASE为代表的安全能力访问和关口化为代表的技术是热点	技术种类多，以隐私安全为主要方向，格式保留加密、隐私设计、隐私邮件、网络	以云安全为主、零信任、密钥管理、CASB是热点和融合技术	成熟技术品类多，以应用为主、云、数据、应用安全相结合

图 2　数据安全领域各阶段的技术方向

Gartner预测从 2020 年开始，数据安全新技术会迅猛增加，其中安全多方计算、同态加密和差分隐私等隐私计算技术近两年发展势头强劲。政策驱动带来隐私保护合规的需求，从Gartner报告中可以看到，隐私管理工具（PMT）、隐私设计（PbD）和隐私影响评估（PIA）处于快速发展阶段。

Gartner预测在未来 5 年内，将会有几种技术融合数据治理和数据安全。EKM和KMaaS的集成、数据监控和保护技术的集成，正在数据安全即服务（DSaaS）、数据安全平台、多云数据库活动监控（DAM）等新技术中出现。在数据驻留的影响和新隐私法不断出台的情况下，DSG、DRA、FinDRA、PIA和数据泄露响应流程越来越需要一致的规划。

（二）从RSAC创新沙盒看数据安全产业创新趋势

一年一度的RSAC大会是网络安全业界的创新标杆，创新沙盒是RSAC大会最受瞩目的活动。我们总结了近 5 年创新沙盒十强企业中的数据安全企业，包括所占比例、技术产品、创始人背景、融资情况、所处地域等信息，分析近 5 年来数据安全的创新发展趋势。

2018～2022 年创新沙盒的十强企业如图 3 所示，通过近 5 年创新沙盒的十强赛道分析，可以看出，50 家十强企业主要集中在数据安全、数据安全、软件供应链安全和身份安全这 4 个热门赛道，其中数据安全是仅次于云安全的热门赛道，占比达 20%。

2018 年，有两家数据安全企业入围，其方向是隐私合规与密码应用；2019 年，有两家数据安全企业入围，其方向是隐私计算与密码应用；2020 年，有两家数据安全企业入围，其方向是数据治理与隐私保护；2021 年，有三家企业入围，其方向包括隐私计算、数据治理和隐私合规；2022 年，有一家企业入围，方向是数据治理与运维。

2022年（云原生安全）			2021年（数据安全）			2020年（供应链安全）			2019年（云安全）			2018年（身份安全）		
公司名称	国家	技术领域	公司名称	国家	技术领域	公司名称	国家	技术领域	公司名称	国家	技术领域	公司名称	国家	技术领域
Araali Networks	美国	云原生安全（威胁管理）	Abnormal Security	美国	邮件安全	AppOmni	美国	云安全（SaaS应用安全）	Arkose Labs	美国	身份与访问安全（身份滥用）	Acalvio	美国	蜜罐
BastionZero. Inc.	美国	身份与访问安全（零信任）	Apiiro	以色列	软件供应链安全（代码安全）	BluBracket	美国	软件供应链安全（代码安全）	Axonius	美国	网络安全资产管理	Awake Security	美国	威胁追踪
Cado Security	美国	云原生安全（数字调查与举证）	Axis Security	美国	身份与访问安全（零信任）	Elevate Security	美国	安全意识教育	Capsule8	美国	云安全（容器安全）	BigID	美国	数据安全（隐私合规）
Cycode	以色列	软件供应链安全（代码安全）	Cape Privacy	美国	数据安全（隐私计算）	ForAllSecure	美国	软件供应链安全（代码安全）	CloudKnox Security	美国	身份与访问安全（IDaaS）	BluVector	美国	AI驱动网络安全
Dasera	美国	数据治理与运维（DataGovOps）	Deduce	美国	身份与访问安全（零信任）	INKY Technology	美国	邮件安全	DisruptOps	美国	云安全（云管理平台）	cyberGRX	美国	供应链安全（第三方风险管理）
Lightspin	以色列	云原生安全（云安全平台CNAPP）	Open Raven	美国	数据安全（数据安全）	Obsidian Security	美国	云安全（SaaS应用）	Duality	美国	数据安全（密码应用）	Fortanix	美国	数据安全（密码应用）
Neosec	美国	API安全（XDR）	Satori	以色列	数据安全（隐私合规）	SECURITI.ai	美国	数据安全（数据隐私）	Eclypsiumi	美国	硬件及固件威胁预防	Hysolate	以色列	身份与访问安全（零信任）
Sevco Security	美国	云原生安全（资产管理）	Strata	美国	身份与访问安全（IDaaS）	Sqreen	美国	软件供应链安全（开发安全）	Salt Security	美国	云安全（API保护）	Refirm labs	美国	IoT安全
Talon Cyber Security	以色列	安全浏览器	Wabbi	美国	软件供应链安全（开发安全）	Tala Security	美国	数据安全（隐私保护）	ShiftLeft	美国	软件供应链安全（开发安全）	ShieldX	美国	身份与访问安全
Torq	以色列	安全运营（无代码自动化平台）	WIZ	以色列	云安全（无代理云安全平台）	Vulcan Cyber	以色列	云安全（漏洞管理和修复）	WireWheel	美国	数据安全（隐私计算）	StackRox	美国	云安全（容器安全）

图 3　2018～2022 年创新沙盒的十强企业

2018～2022 年数据安全演进趋势如图 4 所示。近 5 年来，数据安全赛道一直在持续演进，细分领域、技术方向不断演化，从传统数据安全到新的合规需求，再到以隐私计算为代表的数据安全新技术应用、数据治理和数据与隐私，最后到数据治理。

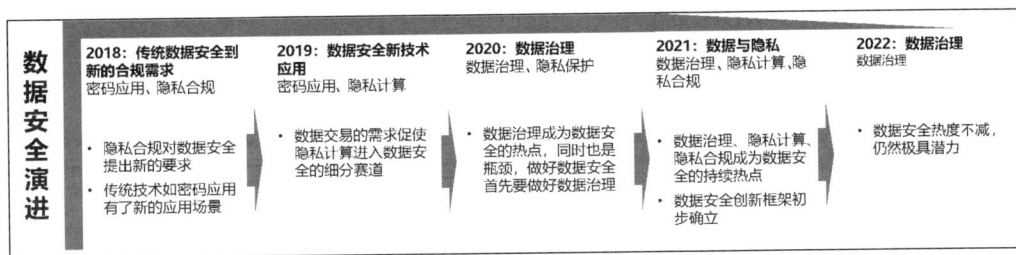

图 4　2018～2022 年数据安全演进趋势

2018 年的数据安全重要热点是从传统数据安全到新的合规需求，包括密码应用、隐私合规，其中隐私合规对数据安全提出新的要求，传统数据安全技术（如密码应用）有了新的应用场景。2019 年，数据安全比较突出新技术应用，数据交易的需求促使隐私计算进入数据安全的细分赛道。2020 年，数据治理成为数据安全的热点，同时也是瓶颈，做好数据安全首先要做好数据治理。2021 年，数据治理、隐私计算和隐私合规成为数据安全的持续热点，数据安全创新框架初步确立。到了 2022 年，数据安全热度不减，仍然极具潜力。综合来看，数据安全赛道融合了传统安全技术应用和创新技术应用，产生了新的需求和应用场景。数据治理、隐私计算和隐私合规成为数据安全的创新驱动力。

（三）新形势下全球数据安全产业加速发展

随着全球数字化进程加快，数字化办公需求不断增加、数据规模快速扩大，推动数据安全产业呈现体系化和智能化的发展趋势。

数字化大厂纷纷布局数据安全产品与生态建设。亚马逊、英特尔、微软等典型企业全面布局数据安全产业，其产品覆盖数据安全态势感知、零信任数据访问控制、数据治理与评估等方向。

云上数据安全成为热点。欧美等发达国家的云业务开展较为广泛，依托于云平台，数据安全得以快速部署与复制，其产品覆盖云存储安全、跨平台数据安全、数据安全虚拟化防护等方向。

人工智能、大数据等技术赋能数据安全。IBM、谷歌等厂商尝试利用人工智能技术在数据处理方面的优势，开发面向物联网、智能驾驶等的复杂应用，以期更加高效地解决特定场景下的数据安全风险。

四、我国大数据产业整体布局引领数据安全创新发展

近年来我国开始整体布局大数据产业，为数据安全产业发展和技术创新创造条件，旨在建设、整合、构建标准统一、布局合理、管理协同、安全可靠的大数据体系，加强数据汇聚融合、共享开放和开发利用，促进数据依法有序流动，推进数据安全体系规范化建设，推动安全与应用协调发展。

以国务院办公厅近日印发《全国一体化政务大数据体系建设指南》为例，该指南阐述了建设我国政务数据安全的原则、任务和内容，并由此推广到行业和产业应用，具有很强的指导意义。

（一）数据安全建设的基本原则：坚持整体协同、安全可控

坚持总体国家安全观，树立网络安全底线思维，围绕数据全生命周期的安全管理，落实安全主体责任，促进安全协同共治，运用安全、可靠的技术和产品，推进

政务数据安全体系的规范化建设，推动安全与应用协调发展。

（二）数据安全建设的主要任务：安全保障一体化

坚持以"数据"为安全保障的核心要素，强化安全主体责任，健全保障机制，完善数据安全防护和监测手段，加强数据流转的全流程管理，形成制度规范、技术防护和运行管理三位一体的全国一体化政务大数据安全保障体系。

（三）数据安全建设的主要内容：制度规范、防护能力和运行管理

1. 健全数据安全制度规范

贯彻落实《中华人民共和国数据安全法》《中华人民共和国个人信息保护法》等法律法规，明确数据分类分级、安全审查等具体制度和要求。明确数据安全主体责任，根据"谁管理、谁负责"和"谁使用、谁负责"的原则，厘清数据流转全流程中各方的权利义务和法律责任。围绕数据全生命周期管理，以"人、数据、场景"关联管理为核心，建立健全工作责任机制，制定政务数据访问权限控制、异常风险识别、安全风险处置、行为审计、数据安全销毁、指标评估等数据安全管理规范，开展内部数据安全检测与外部评估认证，促进数据安全管理规范的有效实施。

2. 提升平台技术防护能力

加强数据安全常态化检测和技术防护，建立健全面向数据的信息安全技术保障体系。充分利用电子认证、数据加密存储、传输和应用手段，防止数据被篡改，推进数据脱敏使用，加强重要数据保护，加强个人隐私、商业秘密信息保护，严格管控数据访问行为，实现过程全记录和精细化权限管理。建设数据安全态势感知平台，挖掘和感知各类威胁事件，实现高危操作的及时阻断，变被动防御为主动防御，提高风险防范能力，优化安全技术应用模式，提升安全防护监测水平。

3. 强化数据安全运行管理

完善数据安全运维运营保障机制，明确各方权责，加强数据安全风险信息的获取、分析、研判和预警。建立健全事前管审批、事中全留痕、事后可追溯的数据安全运行监管机制，加强数据使用和申请的合规性审查和白名单控制，优化态势感知规则和全流程记录手段，提高对数据异常使用行为的发现、溯源和处置能力，形成数据安全管理闭环，筑牢数据安全防线。加强政务系统建设安全管理，保障数据应用健康稳定运行，确保数据安全。

从上述信息可以看出，《全国一体化政务大数据体系建设指南》体现了中央集中开展大系统建设的思想，要统筹并建设一体化、层级化政务大数据体系，提供整

体化的安全保障。

五、国内外数据安全创新企业：创企数量多、趋势向好

（一）国外数据安全创新代表企业分析

Gartner在 2021 年发布了《数据安全技术成熟度曲线》报告，报告中将数据安全划分为数据治理、数据发现及分级分类、端到端数据处理和分析、匿名/假名化/PEC数据保护、数据安全平台 5 个大类，通过分析可以得到以下结论。

在报告中，193 个厂商提供了 26 个小类的产品和技术，其中有两个及以上厂商投入了 98 个类目产品，这说明厂商广泛参与到数据安全领域中，市场热度高，但技术跨度大，即便是IBM、微软这种大厂也很难做到全栈跨越。多元化厂商在数据安全领域的参与热度如图 5 所示。

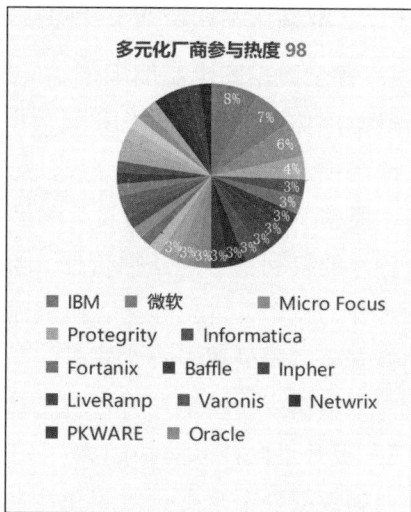

图 5　多元化厂商在数据安全领域的参与热度

可以看到IBM、微软和Micro Focus投入和参与的数据安全产品的类目最多。考虑到IBM和微软为软件类综合性企业，其市场定位要求其对数据安全有全面布局，但是不能将其列为专业数据安全类厂商，但是这两个厂商在数据安全方面的产品和技术综合能力仍具有相当影响力，可见目前在全球范围内尚未形成拥有绝对实力的数据安全独角兽企业。

各厂商在数据安全领域的投入重点如图 6 所示。厂商投入的重点集中在数据分类、数据存取治理、多云数据库活动监控、格式保护加密（FPE）、安全多方计算（SMPC）、多云密钥管理即服务（KMaaS）、企业密钥管理、云数据保护网关、数据安全平台等细分赛道。

数据安全治理、数据风险评估、隐私设计、财务数据风险评估、数据操作（DataOps）等领域与业务高度耦合，通常需要最终用户或IT服务提供商深度参与，产品化和技术落地的可复制性不高，大多数数据安全厂商并未进入该领域。

数据分类	HelpSystems	Informatica	Microsoft	Netwrix	Spirion	Varonis		
数据存取治理	Cyral	Netwrix	SailPoint	Netwrix	Varonis			
多云数据库活动监控	Cyral	DataSunrise	IBM	Immuta	Imperva	Oracle		
格式保护加密（FPE）	Baffle	IBM	MicroFocus	Oracle	PKWARE	Protegrity	SecuPi	Thales
安全多方计算（SMPC）	Baffle	Inpher	LiveRamp	Ziroh Labs	IXUP			
多云密钥管理即服务（KMaaS）	Baffle	Entrust	Fortanix	MicroFocus	QuintessenceLabs	StorMagic	Thales	
企业密钥管理	Fortanix	IBM	MicroFocus	PKWARE	Protegrity	QuintessenceLabs	StorMagic	Thales
云数据保护网关	Bitglass	Broadcom	Ionic Security	McAfee	MicroFocus	Netskope	Protegrity	
数据安全平台	IBM	Imperva	PKWARE	Protegrity	SecuPi			

图 6　各厂商在数据安全领域的投入重点

（二）国内数据安全创新代表企业分析

"十四五"时期，我国数字经济发展将进入深化应用、规范发展和普惠共享的新阶段。在此过程中，各行业数字化转型将快速推进，中国数据安全市场呈现出高速增长的态势。与全球数据安全市场相比，我国数据安全产业的主要驱动力来自政策合规、重大数据安全事件和行业产业场景。

我国数据安全产品和服务发展迅速、总体向好，具备如下三点发展特色。

1. 数据安全产品体系逐步完善，总体处于快速发展期

国内数据安全产品的应用已经从单一的数据库加密、审计扩展到数据全生命周期的方方面面（如数据资产管理、安全防护、监测/检测、共享流通安全、隐私保护、追踪溯源等），数据安全产品正在快速迭代和发展。

数据库安全、数据脱敏、数据防泄露产品进入成熟期。各厂商产品的功能基本相似、应用场景明确、应用行业广泛，随着数据库国产化进程的不断推进，适配多种数据库是此类产品未来的发展方向。

数据水印、数据溯源等产品处于萌芽期。根据中国信息通信研究院的报告，仅有15%的安全厂商推出了数据水印和数据溯源产品，相比之下，有56%安全厂商提供数据脱敏产品，由此可见，数据水印和数据溯源等产品仍处于研究探索阶段。

隐私计算产品的商用化处于起步阶段，其安全隐患不容小觑。目前，隐私计算

产品的商业化应用主要集中于金融行业，其他行业的应用较少。市面上多数隐私计算产品存在安全问题。根据中国信息通信研究院的报告，在对主流的 20 多款隐私计算产品的安全检测中，发现 80%的产品在算法与交换协议方面存在安全隐患，可能导致数据泄露。

2. 数据安全服务占比相对较低，总体增长趋势向好

目前国内市场上的数据安全服务主要涵盖数据安全合规评估、数据安全规划咨询、数据安全治理（分类分级）三大类，数据安全托管、数据安全运维、数据安全测评、数据安全防护能力评定等服务开展较少，国内大部分数据安全厂商的数据安全服务在总销售额中的占比大概为 20%，占比水平较低。

数据安全服务的市场总体向好，根据中国信息通信研究院的调研报告，从 2019 年到 2020 年，国内主要数据安全厂商的数据安全服务销售额增长率在 50%左右，增长势头迅猛。

3. 重点赛道及代表厂商

数据安全的细分赛道较多，如图 7 所示，我们将其归纳为 4 个大类、18 个技术领域。图中序号不代表该企业在细分领域的能力排名。

		大数据安全				传统数据安全										隐私管理与隐私保护		
						数据库安全												
	数据安全治理	数据安全态势感知	数据服务（DaaS）	大数据安全管控与防护	API威胁防护	数据库防火墙	数据库审计	数据库加密	数据库运维	数据库保密检查	文档加密	数据脱敏	DLP	数据水印	数据备份/恢复/销毁	App隐私检测与保护	隐私计算	隐私管理
代表厂商	1.美创科技 2.全知科技 3.安华金和 4.御数坊 5.傲天科技 6.数安行 7.昂楷科技 8.红途科技 9.闪捷信息 10.思维世纪 11.华途信息 12.上讯信息 13.中安星云 14.天空卫士	1.昂楷科技 2.闪捷信息 3.亿赛通 4.中安威士 5.中信网安 6.明朝万达 7.中安星云 8.思睿嘉德 9.安数云	1.神策数据 2.志翔科技	1.美创科技 2.闪捷信息 3.中信网安 4.明朝万达 5.慧盾安全 6.玖玖盾 7.中安星云	1.瑞数信息 2.星阑科技 3.永安在线 4.全知科技 5.闪捷信息	1.美创科技 2.安华金和 3.昂楷科技 4.闪捷信息 5.华途信息 6.亿赛通 7.中安威士 8.明朝万达 9.玖玖盾 10.中安星云 11.汉领信息	1.美创科技 2.安华金和 3.昂楷科技 4.红途科技 5.闪捷信息 6.思维世纪 7.华途信息 8.亿赛通 9.中安威士 10.明朝万达 11.玖玖盾 12.中安星云 13.汉领信息 14.建恒信安 15.安数云	1.美创科技 2.安华金和 3.昂楷科技 4.闪捷信息 5.华途信息 6.亿赛通 7.中安威士 8.明朝万达 9.玖玖盾 10.中安星云 11.三未信安 12.比特信安	1.美创科技 2.全知科技 3.安华金和 4.昂楷科技 5.闪捷信息 6.华途信息 7.中安威士 8.明朝万达 9.玖玖盾 10.中安星云	1.比特信安 2.世平信息	1.闪捷信息 2.华途信息 3.亿赛通 4.中安威士 5.阳途 6.飞驰云联 7.时代亿信 8.敏捷科技 9.虹安科技 10.文盾信息	1.美创科技 2.全知科技 3.安华金和 4.昂楷科技 5.闪捷信息 6.思维世纪 7.华途信息 8.上讯信息 9.亿赛通 10.中安威士 11.明朝万达 12.玖玖盾 13.中安星云 14.比特信安 15.观数科技 16.世平信息 17.炼石网络 18.保旺达	1.美创科技 2.全知科技 3.闪捷信息 4.思维世纪 5.华途信息 6.亿赛通 7.中安威士 8.明朝万达 9.玖玖盾 10.比特信安 11.思睿嘉德 12.天空卫士 13.世平信息 14.数篷科技 15.炼石网络 16.敏捷科技 17.虹安科技	1.美创科技 2.安华金和 3.昂楷科技 4.闪捷信息 5.中安威士 6.时代亿信 7.比特信安	1.美创科技 2.闪捷信息 3.效率源 4.方德信安 5.和升达科技 6.建恒信安 7.精容数安	1.爱加密 2.思维世纪	1.神州融安 2.洞见科技 3.神谱科技 4.同态科技 5.融数联智 6.华控清交 7.翼方健数 8.富数科技 9.数牍科技 10.锘崴科技 11.蓝象智联 12.瑞莱智慧 13.星云 14.与日数据 15.同盾科技 16.微众银行 17.蚂蚁链 18.沙海信息 19.冲量在线	1.数安行 2.昂楷科技

图 7 数据安全的细分赛道

18 个数据安全技术领域包含数据安全治理、数据安全态势感知、数据服务（DaaS）、大数据安全管控与防护、API威胁防护、数据库防火墙、数据库审计、数据库加密、数据库运维、数据库保密检查、文档加密、数据脱敏、DLP、数据水印、数据备份/恢复/销毁、App隐私检测与保护、隐私计算和隐私管理。

相关产品及技术与Gartner报告中的主流产品及技术吻合，说明我国数据安全行业与全球数据安全产业基本处于同一发展时期，同时我国数据安全市场中也同样未

出现龙头企业。伴随合规、安全事件及场景的发展演进，产品和技术在不断成熟，市场规模也在不断扩大，数据安全领域在 3～5 年内出现新的龙头企业是合理且正常的。

↘ 六、数据安全体系建设的三步走

数据安全体系建设是一项宏大的系统工程，为了将数据安全与大数据基础设施和业务应用深度融合，应该全局地、系统地采用内生安全框架开展规划的建设与运行。从数据实体防护的角度出发，从基础环境安全、身份安全与访问控制、数据保护、监测与响应、审计定责，到数据备份恢复，具备数据实体防护的全能力。数据安全体系建设涵盖了数据安全管理、技术和运行视角，覆盖数据安全治理的每一个阶段。

在实施层面，根据政企机构数字化程度、安全建设阶段的不同，数据安全的重点会有所不同，可以分成三步走，每一步需要有相应的产品和技术作支撑。

（一）第一步：先理后治、补短固底是当务之急

先理后治，即梳理业务、识别重要资产。先理后治包括梳理业务系统、梳理与识别重要的数据资产、梳理关键的业务场景、梳理业务访问关系和梳理安全现状等。

补短固底，即做好基础安全防护。围绕全国一体化政务大数据体系的环境和关键场景，进行风险分析和能力设计，缓解风险措施，包括但不限于数据资产隔离保护、特权账号和特权会话管理（防止内部高权限人员泄露数据）、数据审计、终端DLP、API安全监测、数据安全态势感知等。

（二）第二步：系统治理、体系规划是重中之重

系统治理即数据分类分级。结合业务系统，对数据资产分类分级，识别高敏数据资产；识别数据主客体访问关系，梳理数据访问权限，绘制数据流转；制定相关制度、规范、流程等。

体系规划即战略目标制定、体系架构制定。体系规划包括管理体系设计、技术体系设计、运营体系设计、数据安全专项设计等。

（三）第三步：有序建设、持续运营是长期保障

有序建设即根据数据分类分级、数据流转，做分级管控和安全防护。有序建设包括但不限于数据流转的细粒度访问控制、API安全监测与防护、高敏数据的加密、

脱敏、防泄露、数据审计、态势感知，以及场景化方案（如个人信息保护、办公安全、运维安全、数据跨境安全、数据开放安全等）。

持续运营即建设"专家＋流程＋平台"的运营体系。根据业务数据及风险情况调整安全策略，实现多源数据汇聚、数据流动监测、监测与分析、安全事件及时发现、审计溯源等整体态势感知。

七、未来数据安全发展趋势分析及建议

数据安全是近 5 年来国际网络安全的热点领域，也是我国网络安全产业中发展极为迅速的细分市场。根据上述分析，我们判断数据安全在未来将存在持续的热度，在创新技术方面，国内外的数据安全发展具有一致性，但在产业应用方面，国内外的数据安全发展存在一定的差异性。从方案层面来看，企业应注重面向行业应用的体系化整体解决方案，并融入行业整体网络安全体系。

（一）数据安全将成为网络安全产业发展的核心驱动力

网络安全服务于数字化产业，主要包括基础设施安全和数字化业务安全。当前基础设施安全发展相对较快，形成了较为完善的产业生态，而数字化业务安全才刚刚起步。数据安全是数字化业务安全的核心，也是未来网络安全产业发展的核心驱动力。

目前数据安全的产业规模较小，主要存在如下 4 个问题。

（1）《中华人民共和国数据安全法》《中华人民共和国个人信息保护法》还没有落实到具体可执行的条例和标准，因此实现产业推动作用还需要一个过程。

（2）国家还没有放开数据的流通，特别是数据跨境，因此尚未充分体现数据的产业价值，对安全的需求也没有完全释放。

（3）行业所需要的安全保障技术尚不成熟，而且目前的安全保障技术只适用于特定场景，难以实现通用化。

（4）重要行业的数据分类分级等基础性工作较为复杂、起步较慢，企业对开放数据共享仍存在顾虑。

随着上述问题的解决，数据安全将迎来快速发展，成为网络安全产业发展的核心驱动力。

（二）紧跟国家重大战略规划，实现数据安全体系化建设

随着数据应用的集中化，数据安全建设开始由产品向体系化建设发展。"东数

西算""全国一体化政务大数据体系建设"等国家重大战略规划是数据安全产业发展的一个契机，将改变我国数据安全长期以来零散建设、不成体系的局面，推动我国数据安全产业迈向一个新的阶段。

以往数据安全产品的采购主要以等保合规和预防重大安全事件为目标，围绕数据库审计、数据防泄露、数据脱敏等产品开展，随着数据安全相关法律体系和标准体系的逐渐完善，以及数字化时代下产业和经济发展带来的数据流域和流量的扩大，平台型产品、一体解决方案、隐私计算类产品的采购开始增多，数据分类分级、数据安全评估、数据安全运维、数据安全服务的项目数量也开始明显增长。

（三）数据安全建设需要转换视角、面向业务、技管结合、有序开展

不同于以往的网络安全建设，面向大规模数据集中应用的数据安全建设需要转换视角、面向业务、技管结合、有序开展。

（1）转换视角：从"网络攻防视角"视角转向合规导向下的"保护重要数据资产"视角。

（2）面向业务：数据安全的全流程防护方案应该基于应用场景、业务逻辑和数据流转，需要梳理数据脉络，将流转控制与安全防护相结合，同时加强数据访问行为的监测、预警和响应处置。

（3）技管结合：大数据环境下业务系统和数据流转比较复杂，需要数据安全管理和技术的融合，从组织、制度和流程上完善数据安全管理体系，这样才能有效地支撑数据安全防护技术，使其更好地落地执行。

（4）有序开展：开展数据安全治理和分类分级，以分类分级为基础进行数据安全管理体系、数据安全技术防护体系、数据安全运营体系的整体规划和设计，分步骤、分阶段有序建设。

数据出境合规，需把握三个阶段、解决三大难题

刘洪亮   奇安信科技集团股份有限公司网络探针事业部负责人

数据出境是我国数据合规领域的重要话题。《数据出境安全评估办法》（以下简称《评估方法》）、《个人信息出境标准合同规定（征求意见稿）》等法规的相继发布，标志着《中华人民共和国网络安全法》《中华人民共和国数据安全法》《中华人民共和国个人信息保护法》中制定的数据出境安全评估制度正式落地，也意味着数据出境监管得到进一步的细化和加强。值得指出的是，涉及数据出境的绝不仅限于拥有国际业务的企业，数据交互和应用系统的增多，让大量的政企单位都有可能面临数据出境的安全风险问题。例如国内某些电商企业使用了第三方平台或者软件，使得部分业务数据跨境流出。

对广大政企机构来说，经常出现数据资产不清、数据流向方向不明、数据流出方向多变的问题，奇安信认为，在数据出境合规建设上需把握三个阶段、解决三大难题。

一、数据出境事关国家安全

目前，数据出境已从个人信息泛化到包括非个人信息的数据范围。数据不受限制的跨境流动，可能会引发用户数据被泄露、被滥用等问题，给企业带来技术管理、资产管理和组织管理上的问题。尤其是关键信息基础设施数据等重要数据，涵盖了国计民生的方方面面。一旦这些数据处理不当，在数据出境过程中被非法获取、非法利用，就会给国家安全带来严重威胁。行业专家普遍认为，确保数据跨境流动安全是维护国家安全和推进国际数据治理的重要课题。

目前数据跨境的方式多样，既包括将数据传输和存储到境外的情况，也包括从境外可以访问、调用境内数据的情况。对大量政企机构来说，需要改变"数据出境安全风险仅涉及拥有国际业务的企业"这一错误的认识。总结奇安信所处理的事件，目前涉及数据出境安全风险的企业主要有以下三种类型：

（1）拥有跨国业务的企业；

（2）防护不当导致数据被动跨境的政企机构；

（3）使用第三方平台或者软件导致部分数据被动跨境的机构。

从涉及用户的类型来看，很多政企用户涉及第二种被动出境的情况，第三种情况在中小型电商平台中比较普遍。

二、出境合规建设的三个重要阶段

根据对《评估办法》的解读，以及对数据出境安全评估流程的梳理，我们把数据出境安全合规建设分为三个重要阶段，分别是风险自评估阶段、安全评估阶段和持续监督阶段。

1. 风险自评估阶段

摸清"家底"、了解现状是第一步。企业的业务系统与数据资产众多且复杂，全面盘点数据资产非常重要。此后，需要有技术手段对流出境外的数据进行全面的梳理和监测，清晰地监测有哪些数据流出境外、当前流出了多少数据，以及数据都流向了哪里，进而摸清当前数据出境的实际情况。

2. 安全评估阶段

进行全面的风险自评估并申请安全评估，形成申请报告，并通过省委网信办申报到国家网信办。国家网信办受理申报后，根据申报情况，会组织国务院有关部门、省级网信部门、专门机构等进行安全评估，数据出境安全评估结果的有效期为两年。

3. 持续监督阶段

企业的业务是持续发展的，数据是动态变化的，只进行事前的风险自评估无法满足企业持续合规的要求。《评估办法》中明确要求"事前评估和持续监督相结合"，实现数据出境的持续合规。

三、数据出境合规需解决三个难题

对政企机构来说，确保数据能满足《中华人民共和国数据安全法》《中华人民共和国网络安全法》《中华人民共和国个人信息保护法》《评估办法》等法规的合规要求，需要能清晰掌握业务数据、个人信息、重要数据等敏感数据的跨境流动情况，就是说在看清数据流向的同时，能清晰地、直观地看到带有个人信息、重要数据的敏感数据是通过什么人、在什么时间、什么地点、通过什么方式、发送到哪里。随着数字化转型的深化，业务上云和大数据的应用，使得信息技术环境越来越复杂，应用系统越来越多，数据交互也越来越庞杂。另外，更多的数据来源、更多的应用数据调用、更多的外部合作，也使得政企机构存在数据资产不清、流向不明的情况。因此，政企机构在数据出境领域面临着三个难题：第一个难题是如何厘清数据资产，明确数据资产的属性和量级；第二个难题是如何明确数据流向；第三个难题是如何持续监测网络上流动的数据，同时避免数据被动出境。

↘ 四、合规建设离不开技术手段的支撑

无论是风险自评估阶段，还是持续监督阶段，都需要有技术手段进行支撑，否则企业就无法在事前了解现状，在日常运行中，业务变化导致企业无法及时掌握发生变化的出境数据。奇安信数据跨境卫士正是基于政企诉求研发的一款产品，可以在两个重要阶段协助企业进行数据出境的合规建设，帮助企业清晰掌握业务数据、重要数据、个人信息等敏感数据的跨境流动情况，做到对跨境数据流转的可知、可视和可查。

在风险自评估阶段，奇安信数据跨境卫士可以帮助企业厘清当前都有哪些数据通过网络流向了哪里，并自动输出数据资产流向表单。在持续监督阶段，奇安信数据跨境卫士可以持续地帮助企业进行数据出境的监测监督工作，无论数据有什么样的变化，奇安信数据跨境卫士都会自动帮助企业进行监测和提取，持续输出数据资产流向表单，并根据监管规则，提供风险预警及告警。数据跨境卫士具备领先流量采集与还原能力、数据跨境传输检测能力、数据跨境内容识别能力、数据跨境敏感数据检测能力，可以帮助政企机构实现保障合规、可查可验、看清流向和持续监测。

首先是保障合规，根据《中华人民共和国数据安全法》《中华人民共和国个人信息保护法》《中华人民共和国网络安全法》《数据出境安全评估办法》等法律法规的要求，发现网络中流动的数据，并对其进行合规性检查。

其次是可查可验，清晰掌握业务数据、重要数据及个人信息等敏感数据跨境流动详情。

然后是看清流向，可以全面了解 WHO（什么人）、WHEN（什么时间）、WHERE（什么地点）、HOW（什么方式）、WHAT（什么数据）等数据跨境流转情况，实现全局掌控。

　　最后是持续监测，通过网络的数据跨境流动详情持续监测企业，及时发现出境数据的变化情况，助力企业持续合规。当前，我国数据跨境需求逐渐凸显。根据国家互联网信息办公室的数据显示，从 2017 年到 2021 年，我国数字经济规模从 27 万亿元增长到超 45 万亿元，稳居世界第二。数字经济发展动能正在被加速释放，对外数字经济将迎来极大的发展空间，数据跨境传输的需求逐渐增多，在经济交流过程中合法、合规使用数据，将成为国家安全和企业发展的重中之重。奇安信预计，数据跨境安全将会拥有上百亿元的市场规模。

数据分类分级的探索与应用

官文兵　昂楷磐石研究院院长

一、分类分级意义和挑战

数字经济时代，数据作为新型生产要素，既要充分发挥数据的价值，又要确保数据的安全，两者将始终贯穿数字化、数智化、数治化的发展浪潮。近年来，数据勒索、数据泄露事件层出不穷，数据篡改、数据污染等不易察觉的攻击悄然而起，这些事件不仅直接给个人、企业甚至国家造成了损害，还影响了数字经济的发展。

在我国 2021 年正式实施的《中华人民共和国数据安全法》和《中华人民共和国个人信息保护法》中，明确提出要规范数据处理活动，健全个人信息保护工作体制机制，切实保障数据安全。数据的多样性、衍生性、时效性、隐秘性和流转复杂性等特征，使得数据安全治理工作变得极具挑战。安全的前提是可视，对数据资产进行梳理与分类定级的重要性不言而喻。数据安全治理路径如图 1 所示。

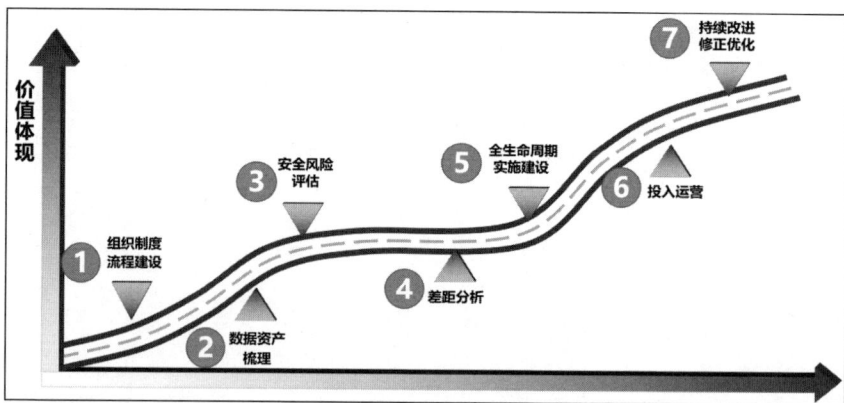

图 1　数据安全治理路径

如何有效开展数据资产梳理与分类分级成为当下企业关注的焦点，而在项目实践中往往存在如下 4 点困难。

（1）企业数据分类分级的制度难，难在既要满足合规要求，又要符合自身业务特点。

（2）数据分类分级的落地实施难以开展，数据分类分级的人工参与度高、缺少提升效率的工具。面对数据量大、数据类型复杂、数据分布广的特点，人工分类分级耗时长、成本高、偏差大。

（3）数据分类分级成为一次性服务项目，难以形成企业日常的运营动作。

（4）数据分类分级清单逐渐走向数据分类分级管控，难以进行体系化建设。

关于数据分类分级的难点还有很多，本文不再赘述。

二、立制度，达共识

（一）数据分类分级总体流程

一个完整的数据分类分级总体流程遵从PDCA原则，包含规范制定、数据分类、数据定级、数据分类分级管控策略和日常持续运营等内容。数据分类分级需按照企业的安全能力循序渐进，刚开始不宜定下太大的目标，应从某个业务系统开始逐渐覆盖，从一个数据库实例扩展到全数据形态，从风险较高的阶段延展到全生命周期，从测试、开发、运维、共享高风险环节覆盖到全流通环节。数据分类分级总体流程如图2所示。

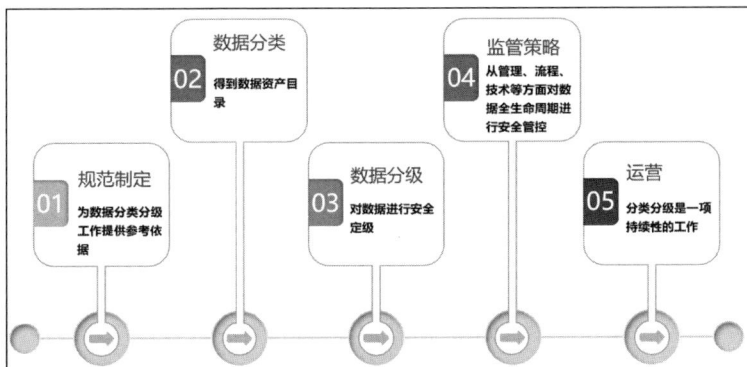

图2　数据分类分级总体流程

数据分类分级制度的制定往往需要多个部门（业务部门、安全部门、数据部门、运维部门、内部监管部门等）的多次评审，评审过程也是帮助企业建立数据安全意识的过程、完善制度的过程、达成共识的过程。数据分类分级制度应明确数据分类、数据定级的规则,在附录中补充企业内部示例。同时也应覆盖各类数据处理活动过程中的规范和要求,在数据安全治理的后续环节逐步完善更详细的流程和模板。

数据分类分级各个阶段的输出物,如表 1 所示。

表 1　数据分类分级各个阶段的输出物

阶段	输出物
规范制定	分类分级制度、组织角色(管理组、业务组、技术组、支撑组、稽核组等)
数据分类、数据分级	分类分级清单
监管策略	分类分级管控策略
运营	分类分级变更流程、分类分级运营指标库

(二)制度制定的快速破局

根据企业的不同情况,制定数据分类分级制度大致可以分为以下两种情况。

根据企业所在行业情况,就近参考国标、行标等材料,在此基础之上进行查漏补缺和优化。当前不同行业可借鉴的清单包括:

(1)医疗行业可参考《信息安全技术 健康医疗数据安全指南》(GB/T 39725—2020);

(2)电信运营商行业可参考《基础电信企业数据分类分级方法》(YD/T 3813—2020);

(3)金融行业可参考《金融数据安全 数据安全分级指南》(JR/T 0197—2020);

(4)工业领域可参考《工业数据分类分级指南(试行)》。

如果企业没有就近参考的材料,就需要从 0 到 1 制定数据分类分级制度,这样难度更大。在制定数据分类分级制度之前,应理解业务,开展组织内部调研,获取元数据信息,大致厘清业务、数据的形态等情况。数据的分类要结合业务,先将业务分类为一级子类业务,再细分为二级子类业务、三级子类业务等。在对业务分类完成后,再对子类中的数据集按相关属性进行类别划分。数据层级体系如图 3 所示。

数据安全即数据加安全,需要从机密性、完整性、可用性等方面对数据的安全性进行风险评估,数据分级以数据安全性遭到破坏后可能造成的影响(如可能造成的危害、损失或潜在风险等)作为重要判断依据,包含影响对象与影响程度两个要素。对于结构化的数据,数据分级可以精确到字段,同时表的分级会依据字段分级进行综合判断,常见的原则包括"就高不就低"原则等。

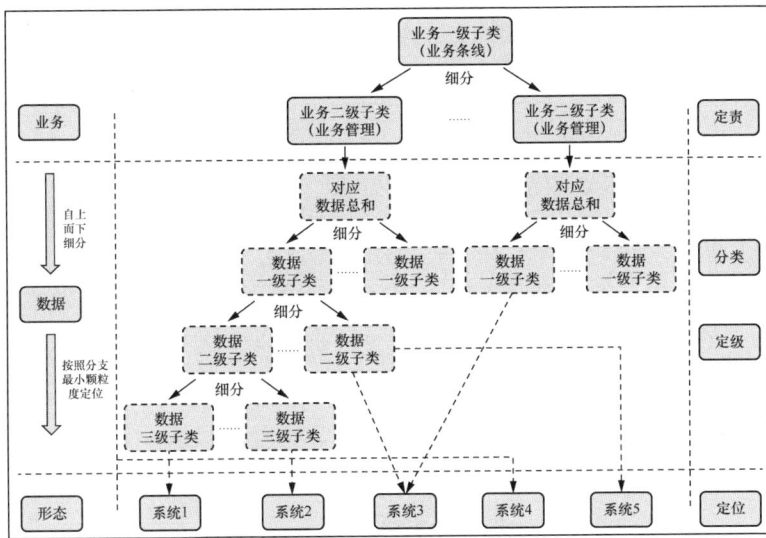

图 3　数据层级体系

数据分类分级的影响程度说明如表 2 所示。最终数据分类分级的清单需要经过业务方、数据部门等多部门角色共同核定。

表 2　数据分类分级的影响程度说明

影响程度	参考说明
严重损害	• 可能导致危及国家安全、危害国家利益或造成重大损失的重大事件 • 可能严重危害社会秩序和公共利益，引发公众诉讼等事件，或者导致金融市场秩序遭到严重破坏 • 可能导致金融业机构受到监管部门的严重处罚，或者导致重要业务、关键业务无法正常开展 • 可能导致重大个人信息安全风险、侵犯个人隐私等严重危害个人权益的事件
一般损害	• 可能导致危害社会秩序和公共利益的事件，引发区域性集体诉讼事件，或者金融市场秩序遭到破坏等情况 • 可能导致金融业机构遭受监管部门的处罚，或者导致部分业务无法正常开展 • 可能导致一定规模的个人信息泄露、滥用等安全风险，或出现对个人权益造成一定影响的事件
轻微损害	• 可能导致个别诉讼事件，使得金融业机构的经济利益、声誉等轻微受损 • 可能导致金融业机构的部分业务临时性中断等情况 • 可能导致超个人客户授权对数据进行加工、处理和使用等情况，会对个人权益造成部分或潜在影响
无损害	• 对企业合法权益和个人隐私等不造成影响，或仅造成微弱影响，但不会影响国家安全、公众权益、金融市场秩序或者金融业机构各项业务的正常开展

↘ 三、工具化，沉经验

（一）构建专业工具，敏感识别≠分类分级

工欲善其事，必先利其器。在分类分级的早期，企业会选择敏感数据识别工具辅助数据的分类分级，最终需要大量人力将敏感清单转化为分类分级清单。专业分类分级工具应支持内置分类分级模板，或者企业可以快速构建适应自身的分类分级模板，模板将分类、分级、数据类型进行关联，突出数据类型，根据上下文找到对应分类，实现基于模板的分类分级清单效果。分类分级模板配置如图 4 所示。

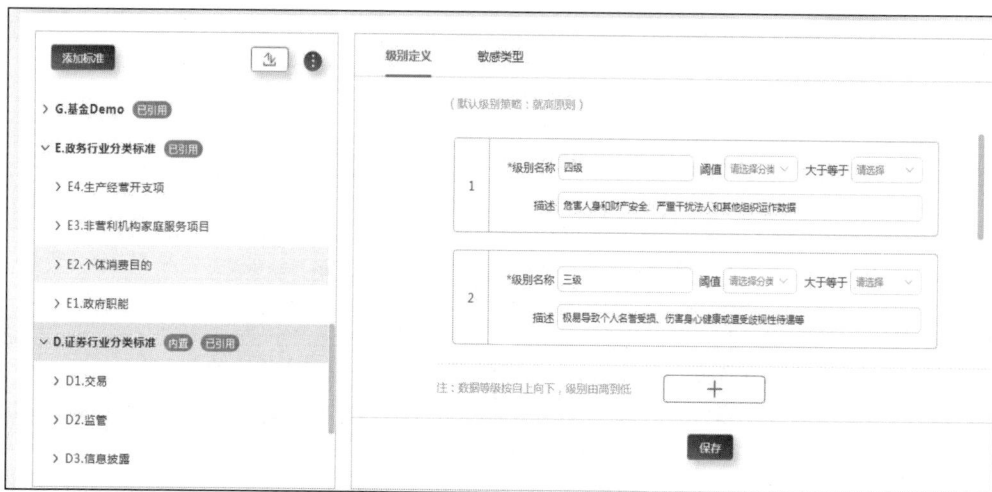

图 4   分类分级模板配置

分类分级识别算法支持多维度匹配，如表数据内容特征、表字段名、表名、表的描述信息、文件名称、文件内容、图片OCR信息等，需要结合上下文进行类型和级别的综合判定。分类分级的中间结果需要经过业务部门、安全部门等联合复核，然后进行审批确认。

在进行分类分级工作之前，应具备一定的资产发现和资产梳理能力，但在实际实施过程中，更需要具备资产输入的对接能力，资产输入可以来自人工导入、CMDB数据、数据审计嗅探资产、数据脱敏扫描发现资产、应用API审计嗅探资产等。通过分类分级工具，基于数据资产汇总数据、识别任务进度、呈现资产地图，管理员可以通过分类分级态势来识别瓶颈，从而进行资源协调。

（二）智能化分类分级

当前数据分类分级识别工作需要大量人工的参与，存在大量重复性的工作，对于部分非结构化数据，会存在传统匹配算法失效等问题。NLP、LSTM、聚类算法、神经网络等人工智能技术，有望成为这些难题的解决方案。

在智能化分类分级模型中，需要综合考虑模型的准确度和性能等问题。在智能分类分级过程中，也有一些技巧，如在选择训练数据集时，尽量挑选主干的业务系统数据，让模型的通识度更高；再如前期人工分类分级的标记结果非常关键，将直接影响到模型的准确性。模型的特征可以从数据内容、表字段名、表名、表描述信息、表上下文、文件名等多维度中选取。

当然，使用模型的过程中也有需要注意的地方，可能出现加密文件无法识别、去标识化数据失去数据特征、大文件识别慢等问题。另外，能通过传统识别算法解决的问题，尽量就用传统识别算法解决。

四、融策略，紧联动

（一）从分类清单走向分类分级管控

分类分级只是做到分类分级地图、清单，但是这还远没有结束。如何从清单走向分类分级管控策略、从单场景的管控到全域的管控、从手工操作走向自动化，统一分类分级管控平台是必然的选择。同时，传统的安全能力工具需要进一步适配分类分级策略，从而支持分类分级策略的执行。分类分级管控策略需要借鉴RBAC和ABAC模式，结合不同流动环节涉及的用户、数据、属性等维度，指定数据处置策略，如内部运维人员需对分类分级四级数据进行操作，管控策略可结合地点（IP）、时间、数据降级策略进行权控和脱敏，高危操作需要进行申请和审批。分类分级管控策略示例如表3所示。

表3 分类分级管控策略示例

类型	级别	流动场景	数据处置策略
个人身份信息	3级	开发、测试、运维	降级，进行脱敏、水印处理
医院运营数据	4级	存储	升级，加密存储、权限控制使用申请

（二）联防联动，化零为整

企业在进行分类分级的工作时容易半途而废，存在仅对存量数据分类分级、仅在局部进行分类分级、无法有效使用分类分级管控策略、业务变更导致分类分级策略失效等情况。通过构建统一分类分级策略平台，整合数据分类分级、数据库审计、应用API审计等安全能力，可以达到自动化、统一管控的联动效果。联防联动具体可分为如下 5 步。

（1）全域或重点域部署数据库审计、应用API审计，实时监控数据使用活动。

（2）将DDL、DML、新接口等同步到分类分级系统中，如创建实例、新建表、插入表数据。

（3）对新增数据进行分类定级，并通知管理员确认，然后将分类分级清单同步到统一分类分级策略平台中。

（4）安全人员通过统一分类分级策略平台制定不同流通场景下的数据管控策略，甚至基于平台进行指标跟踪。

（5）平台通过接口同步给各个数据安全能力单元（数据库审计、脱敏、水印、DLP等）。

联防联动思路的部署样例如图 5 所示。

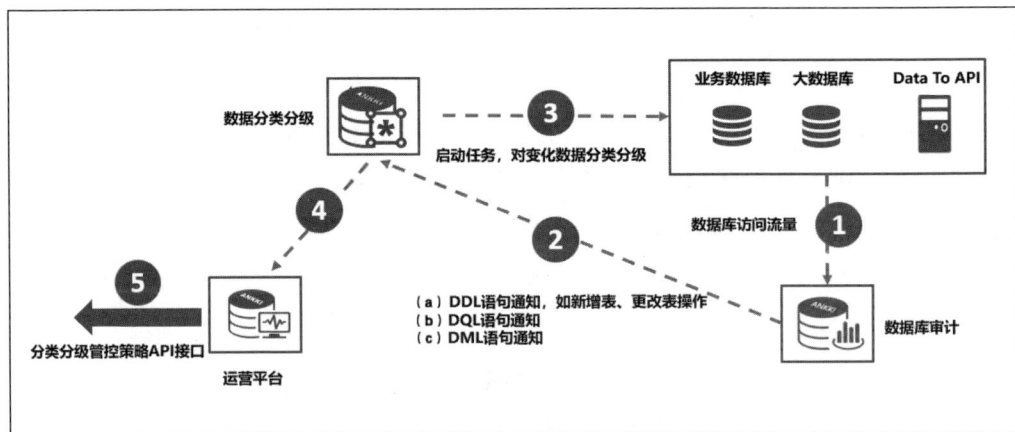

图 5　联防联动思路的部署样例

↘ 五、定指标，图运营

（一）指标牵引，积小胜为大胜

数据分类分级需要持续化的投入，可通过一系列度量指标，衡量企业的分类分级建设效果。根据所在企业当前数据安全的现状、团队的能力来综合考虑，指标项可以从分类分级的覆盖率、策略优化及时率、数据流通场景覆盖率、分类分级的自动化程度角度来设定。对未达成的指标项进行分析（如跨团队协调性差、技术工具缺陷、团队能力或意识不足等），并有针对性地加强，最终将分类分级的水平保持在较稳定的区间内。分类分级管控策略示例如表 4 所示。

表 4　分类分级管控策略示例

指标项	基准	时间段T1	时间段T2	措施
数据分类分级占比情况	5%	30%	60%	T1 纳入核心业务系统 T2 纳入重要业务系统 T3 纳入一般业务系统
分类分级自动化率（人力占有比例）	90%	60%	30%	AI模型的成熟、能力接口的自动化
分类分级策略优化及时率	半年	1 个月	1 周	数据变更、人员变更情况下策略响应的及时性
分类分级策略应用场景覆盖情况	静态存储场景	运维场景、开发、测试、数据分析场景	共享、分发场景	从数据全生命周期进行覆盖
分类分级意识、技能培训考核，人员的覆盖情况、成绩达标情况	30%	60%	90%	T1 纳入第三方人员、T2 纳入运维人员、安全人员、业务人员

（二）分类分级稽核，内外推动

上文提到的分类分级团队包括稽核组，旨在确保分类分级的规范、策略是否有效执行，可以通过人工检查、技术工具等方式来实现稽核。例如通过全域数据库审计产品、API审计产品，识别出账号的变更、权限的变更、数据的变更等，判定分类分级的及时性，然后对数据调用分类分级API服务接口进行判定，判定该接口是否按照分类分级管控策略进行管控。定期的稽核是保障分类分级工作正常进行的关键。

目前，大量企业正在推进和实施数据分类分级工作，希望本文能对大家有所帮助。

数据治理新思路：数据治理，安全先行

刘晨   御数坊CEO

在数字化转型的大背景下，各行各业都已经如火如荼地开始了数据治理之旅，绝大部分企业都面临着数据治理的现实问题和挑战，出现了数据治理无法落地、数据标准化与质量水平低下、数据共享难度大、数据安全管控难、数据价值发挥不明显等问题。

受到外部政策或市场环境的影响，企业都希望能够顺利开展数据治理工作，快速完成数字化改革。但在这个过程中，一些已经进行过体系规划的企业花费大量人力、物力和财力，最终面对一堆文档却手足无措，交付物缺乏实践意义、无法落地；而还没有开始进行体系规划的企业，由于担心规划投入大、周期长、结果无法确定等因素，犹豫不决、举步维艰。

企业的数据治理工作究竟应该如何布局？如何在过去可能不太成功的基础上穷则思变？如何让数据治理真正落地见效？这些是企业必须要思考、回答和解决的关键问题。

一、传统的数据治理

结合国际理论、国家标准、行业实践、业界同仁观点以及御数坊近百个数据治理的实战经验，我们把传统的数据治理实施策略做个大致的总结，并说明每种策略的利与弊。

（一）顶层规划设计

在 5~10 年前，顶层规划设计的方法比较盛行，顶层规划设计多源于国外咨询公司基于国际理论和自身实践积累形成的方法论，可以为企业进行全面的现状调研，然后再对数据治理组织、工作内容、流程、制度、平台及未来建设路径进行规划。顶层规划设计的交付物通常是厚厚的调研报告、设计报告和PPT，项目规模通常是百万级，项目周期也在半年甚至更长。

顶层规划设计的好处在于有理论依据、体系完整，能够帮助客户理解数据治理全貌，有利于推动后续工作的开展。但是顶层规划设计也有许多不足，如过于理论化，与企业实际情况不符，导致管理组织和流程都无法落地；再如在漫长的项目周期中，只部分解决了数据治理管理能力建设的问题，但并未解决实际数据问题、没有提升数据质量甚至业务质量和数据价值也没有显著发挥出来。因此，虽然咨询项目还是能正常结项、成果也看起来很厚重，但是其实际效果并不大。

（二）专项能力提升

由于数据治理体系覆盖的专业领域有十来个，而顶层规划设计并没有带来预期的实际效果，因此企业客户开始尝试在某个或者某些专业领域上进行专项建设，其中被广泛实践的专项建设项目有元数据管理（包含数据资产目录）、数据标准管理和数据质量管理。在此基础上，在部分大型企业实践（如银行、证券、电网等）中，数据模型管理也被看作是一个专项建设项目，经过多年实践，这些企业都逐步建立了自己的企业数据模型、专业团队和管理机制。

1. 元数据管理

在 15 年甚至 20 年前，元数据管理是很多甲方企业进行数据治理的第一站，但往往过于关注技术元数据的自动化采集能力和解析能力。然而，业务人员不懂技术、这些技术能力对业务人员也没用。而对数据开发人员和运维技术人员来说，要想获知表结构或数据处理逻辑，他们更习惯于用SQL来实现，比元数据系统更好用。对于业务元数据，则需要大量的人工梳理，费时费力，业务人员也不会参与，而技术人员辛苦梳理出来的业务元数据，也很难得到权威业务部门的认可。于是在 2006年Gartner推出了两期元数据管理的魔力四象限图之后，就销声匿迹。到 2016 年，Gartner重启元数据管理的魔力四象限图，并新推出了数据资产目录（data catalog）的概念，在大数据、数据资产创造价值的产业背景下，数据资产目录比元数据得到了更广泛的认同。但是，元数据管理的痛点和难点仍然没有得到解决。人工梳理出来的数据资产目录，其质量和价值仍然有限，不过企业的接受度和容忍度似乎提高了不少，因此我们看到许多为了盘点而盘点的数据治理项目。

2. 数据标准与数据模型管理

数据标准与数据模型，笔者一直认为这是"有些尴尬"的两个存在。一方面，因为数据标准和数据模型都属于对数据未来状态的规范，包括对数据的名称、含义、结构、取值及数据间关系的规范，并以此对数据库表结构、字段定义进行约束；另一方面，因为数据标准和数据模型既不贴近数据需求，也不贴近数据问题，数据标准和数据模型是数据生命周期、数据应用生命周期的一个中间段，更多来自技术人员自己的工作方法，较难得到业务部门的直观理解、认可和参与。当然，经过多年的推广，数据标准已经得到了业务人员的一定认可，在编制数据标准的过程中，业务人员的参与度越来越高了。其实，技术人员如何理解数据标准与数据模型的关系，还没得到广泛的共识，这也造成很多企业数据标准项目做了一遍，企业数据模型项目和企业架构项目也做了一遍。

数据标准与数据模型的落地，使技术人员的工作习惯、管理流程和工具都有较大改变，如果是在甲方自有IT团队主导开发的模式下，还比较容易被接受；如果是在较重依赖外包服务商开发的客户中推进这种"事前、事中管控"的数据治理模式，就会受到非常大的阻力，特别是在业务系统、数据中台的建设项目规模比数据治理项目规模大几倍、外包服务商的实力和话语权比数据治理团队（无论甲方还是乙方）强许多的情况下，究竟是要规范还是要效率，一目了然。

更进一步，技术的变革也让数据标准与数据模型的技术工具更加融合而不是独立。企业建设系统无非就是操作型系统（OLTP）和分析型系统（OLAP）。对于前者，在低代码、无代码的大趋势下，业务表单、业务流程都可以被拖拽，数据建模的过程都可以被封装到低代码平台底层，开发人员无须关注太多；而对于后者，试问哪家大厂的数据开发环境不具备可视化建库建表、自动生成建表语句的功能？即便现在没有，其技术复杂度对于研究数据的大厂来说并没有那么高不可攀。在未来，数据模型和数据处理逻辑的开发大概率是一体化的，而非独立的存在。对此，我们给出一些大胆的猜想供大家探讨：标准和模型本身的内容和编制过程是必要且重要的，但独立的数据标准、数据模型设计和管理工具，未来将与数据平台开发环境一起走向融合（阿里巴巴在 2021 年 10 月的云栖大会上，推出了DataWorks全链路数据治理产品体系，印证了我们给出的这个趋势）；而对于"事前、事中管控"的数据治理模式，对绝大部分企业来说，推行起来仍会举步维艰，在分析型系统中可能容易，但在操作型系统中推行会非常难。"事后管控"的数据治理模式（即系统建成后采集元数据、构建资产目录）仍然将是业界主流。

3. 数据质量管理

对于 2017 年以前的数据治理，其主要甚至唯一目标就是提升数据质量，无论是元数据管理、数据标准管理、数据模型管理，其目的都是提升数据质量，让数据准确、规范、及时和有效，进而保障数据资产价值。因此，我们认为数据质量管理是数据治理应该选择的切入点之一，但可能不是首选。

提到数据质量，我们都对数据质量PDCA循环模型、数据质量健康度等各种概念耳熟能详。但究竟有哪些企业、哪些项目真正解决了多少数据问题？哪些项目真的给业务带来了降本、增效和合规的业务价值、可量化的业务价值？就笔者从业15年来的经验，真正能算出业务价值的数据治理项目屈指可数，并非是企业不愿意、不能实现可量化业务价值的数据治理项目，而是因为这些数据治理项目存在各种约束条件，使得不能被快速落地。对于传统的数据质量管理，通常是技术人员定义一些规则、运行SQL，将发现的数据质量问题告警、报告、分发给业务部门或系统，传统的数据质量管理更多是以发现问题、解决问题为主，或者说将问题数据抛弃、等待后续处理。在这个过程中，仍然存在着业务部门认可度低、参与度低的情况，也无法为业务部门创造显性价值。

而数据质量应该如何提升、创造业务价值？这里提6个要点：面向业务场景、评估业务影响、聚焦实施范围、确定数据认责、建立业务IT联合专项小组、实现源端系统和数据中台的端到端治理。如果能做到这6点，那么就能实现可量化经济价值的数据质量提升。

4. 主数据管理

主数据管理，是数据治理领域较早发展的专项能力，甚至在数据治理概念流行之前，主数据管理就早已存在并被广泛应用了。严格来说，主数据不是一个数据治理的专项领域，而是一个综合数据方案。这是因为主数据管理的建设综合了前面多项数据治理专项能力，例如由于主数据也有数据标准和数据模型，因此更要管理好数据质量，另外还需要搭建主数据平台，实现数据集成与共享。因此，主数据管理实际上是面向某一类或几类数据的综合数据方案，因此，开展主数据管理的复杂度要比其他数据治理专项的复杂度要高不少。企业在进行主数据管理时，可能有两方面问题需要重点考虑：一方面，需要明确通过主数据管理，希望解决哪些业务场景下的哪些业务问题，这些问题是否只是通过主数据平台就能解决，还需要配套优化哪些业务、改造哪些系统功能；另一方面，统筹好已经开展的或尚未开展的"元数据、数据标准、数据模型、数据质量"等工作与主数据管理工作之间的关系，将"主数据标准化与质量提升"作为目的，将"元数据、数据标准、数据模型、数据质量"作为手段，各方能力协作起来达成目的。

（三）数据管理能力成熟度评估

2014 年 8 月，CMMI和EDM Council经过近 4 年的共同努力，各自发布了数据管理成熟度模型CMMI-DMM和DCAM，在DAMA-DMBOK的基础上建立了对数据管理能力的评价方法和标准，为数据管理业界带来了一股新风。国内大数据热度攀升，2014 年底，DCMM国家标准开始被编写，经过 2015 年编写、2016 年预评估、2017 年优化报批的过程，最终在 2018 年 3 月DCMM国家标准被正式发布、2018 年 10 月标准生效。近两年，DCMM国家标准得到行业主管机构的高度重视和大力推行，目前已有 200 多家企业通过评估认证，更出现了 5 级和若干 4 级认证的企业，这些企业代表了国内数据管理能力的最高水平，更有多家企业对其表示高度关注。

回顾数据管理成熟度评估发展的一个大致脉络，不难看出数据管理成熟度评估国际标准和国家标准显著推动了组织对于数据治理工作的重视、提升了数据治理的意识。在方法层面，DCMM国家标准补充了DMBOK，进一步融合了国内数据治理实践，实现了很好的本地化改造，对于推动数据治理行业在国内的整体发展大有裨益。然而，下沉到企业层面，还需客观多一些思考和实践，避免走入误区。例如目前已经得到 4 级、5 级认证的企业，早在 2010 年甚至是 2005 年以前便开始了数据治理相关工作，远早于编写DCMM国家标准的时间，由于企业长期投入而获得高等级认证，事实上这是对这些企业多年努力和成果的"追认"。企业不能认为在短期突击、贯彻标准后，其数据治理的实战水平就真的达到国内甚至世界顶尖水平。

（四）数据治理平台建设

"数据治理三分技术、七分管理""制度先行""服务与工具并重""咨询铺路、技术落地"这些理念已经在数据治理领域深入人心，现在很少再遇到"平台至上"的客户，更多客户已经非常理性，如果看不到数据治理落地见效的希望，那么就不会启动咨询项目，更不会开始平台采购。不过，数据治理平台建设作为切入点的实施策略，在很长一段时期内，曾是国内数据治理实践的主流思路。

↘ 二、更具创新的数据治理"新四化"

我们大致回顾了过去 10 年常见的数据治理实践策略，总而言之，以提升数据质量为目标，数据治理实践已经形成多种策略，这些策略在特定的行业背景和企业情况下发挥其作用，也相信这些策略在实践之中会得到进一步打磨和优化，逐渐形成适合中国管理文化的数据治理实践路径。然而，数据治理实践仍然存在一些困惑与挑战，数据治理实践的常见挑战有如下 4 点：

（1）驱动力识别不足，业务价值不明显；

（2）体系化规划设计与实际有待融合，组织和工作机制需要细化；

（3）落地切入点和路径选取不当，实际成效不佳；

（4）重标准建设、平台功能建设，应用场景不足。

为了应对现代企业的数据治理实践挑战，并且具有落地见效的能力，我们创新出不同于传统数据治理的新方法，其核心思想就是数据治理的"新四化"，即价值化、协同化、精益化和智能化。

（1）价值化：数据治理需坚持价值化的总体原则，用价值目标来驱动数据资产管理工作的决策，用价值实现来检验数据治理工作的成效，坚持以业务价值为先、以数据价值为根本。实现数据治理价值化的关键是聚焦业务场景和业务问题、评估数据问题的经济价值，筛选出最值得投入的业务问题和数据。

（2）协同化：注重数据治理各领域、数据治理各角色、数据生命全过程、数据供给与消费端到端的有效协同和融合治理，从单项提升到全面发展，实现综合效能提升。实现数据治理协同化的关键是开展数据权责管理，建立"人与数据"的权责矩阵。

（3）精益化：持续推动数据治理关键领域向细化和实用化"深耕"，完善与优化组织和技术保障，逐步建立数据治理的量化监测与反馈"细作"机制。实现数据治理精益化的关键是面向"价值化"业务场景、依据"协同化"权责关系，开展小范围、细粒度、敏捷型数据治理"微咨询"，以数据质量提升为目标，开展以周甚至是以天为单位的专项提升工作。

（4）智能化：广泛运用人工智能技术，减少数据治理的人工投入，创新数据治理工作方式，提升数据治理的智能化发现和决策水平。实现数据治理智能化的关键是构建基于NLP、机器学习、深度学习、知识图谱的智能化数据治理引擎，基于数据治理语料库与算法库实现对数据语义的智能化识别、理解和处理，进而辅助甚至替代人工进行数据治理工作。

↘ 三、跳出质量看治理

长久以来，提升数据质量几乎是数据治理的唯一目标，前文所述的诸多策略也都是围绕提升数据质量而展开的。经过多年的理论研究、引进与实践，数据治理方法与工具已经趋于统一和稳定，但其落地速度和实效显然不能让数据治理从业人员、业务部门和高层领导满意。于是，数据治理从业人员发出了"道阻且长，行则将至"的感叹。怎样才能让数据治理的推进工作更容易？怎样才能让业务部门和高层更容易理解、更愿意参与数据治理工作、更认可数据治理工作的效果？怎样才能找到合适的点、线、面，从而不断提高数据治理在各业务、各系统中的渗透率？如果我们仍然局限在数据质量提升的固定模式中，就很难有所突破。"他山之石，可以攻玉"，跳出数据质量来看数据治理可能会给我们带来新的视角和思路。

以提升数据质量为目标的数据治理之所以困难，主要有如下 4 个原因。

（1）基本概念不易理解：元数据、主数据、参考数据、交易数据、数据标准、数据模型、数据治理、数据管理和数据资产等术语的研读、宣传贯彻与再定义，可能占据了数据治理工作的一大半时间，这使得企业不愿执行、难以执行数据治理。

（2）业务价值的体现高度依赖业务场景知识：如前文所述，需要深入业务场景才能使业务部门感知到其价值，而聚焦到业务场景，就需要深度的业务技术诀窍，而数据治理团队对此并不擅长。另外，每一个场景都是个性化的、非标准化的，这为数据治理带来了更大挑战。

（3）数据质量提升需要多方协作、复杂度高：创造真正的价值，不仅需要改进数据，还需要改进技术团队的信息系统、改进业务团队的业务流程和职责等。推动改进的过程十分复杂，价值体现的闭环过程也会很漫长。

（4）外部驱动力的刚性不足：除了金融行业，其他行业尚无较强的行业监管驱动下的数据治理要求，近一两年来，有关数据要素、数字化转型、大数据产业发展规划等文件开始倡导"提供高质量数据、提升数据管理能力"，但目前大多数文件都是指引性的，有待提升其约束力。

既然找到难推进数据治理工作的原因，那么替代数据治理的方案也就不远了。保护数据安全已经成为数据治理的新目标与新内涵。

从法律法规层面上看，近几年国家和行业陆续出台了《中华人民共和国数据安全法》《中华人民共和国个人信息保护法》《关键信息基础设施安全保护条例》等一系列法律法规。在国际关系的大背景下，数据安全已经上升为国家战略，这些都为组织内部开展数据安全工作带来了强大的外部驱动力。

从专业认知度而言，安全解决的是"有无"问题，边界清晰；质量解决的是"锦上添花"问题，永无止境。数据安全更容易被各方理解，无须过多的概念解释和辨析。经过多年的网络与信息安全实践，安全的概念已经深入人心，数据安全更容易被理解和接受，也更容易调动各方参与度。

从业务依赖性而言，数据安全比数据质量更少依赖于业务场景，更少受制于对业务场景技术诀窍的理解，也就更容易形成标准化的管理机制、技术工具和整体解决方案，落地建设的效率更高。然而，深度的数据安全治理仍然要与业务场景结合，甚至延伸至业务安全，不过在实践初期，仍然可以依靠技术方案先行起步、逐渐业务化。

从主导方和参与者而言，数据安全对业务人员的参与度要求大大降低，数据安全更多由数据与技术团队主导，实践进程更为可控。不过从御数坊接触的部分客户来看，在数据安全治理工作中，可能还需要厘清"数据团队与安全团队"的分工协作关系。我们认为，基于对数据的业务理解，数据安全才能更有效地开展，数据团队才会更有优势。数据团队在数据治理、数据平台和数据应用工作中积累了深厚的数据理解，更合适去牵头开展数据安全的规划和策略设计工作，而安全团队则适合发挥其安全技术能力，配合好技术落地，做好日常运营过程中的应急响应及安全事件管理。无论分工如何，数据团队和安全团队都属于数字化部门，比需要横跨多个业务部门要更容易协调。此外，数据团队还应该建立好与法务部门的合作关系，综合法律能力与数据能力，助力数据安全治理。

从数据治理及数据工作的关联度而言，做好数据安全治理，需要优先厘清数据资产家底、确认数据资产权责，在此基础上进行数据资产分类分级以及后续的数据安全保护。

由此可见，数据安全方案的推行，能够拉动传统数据治理的专项能力建设。以保护数据安全为目的，进一步厘清数据资产，落实此前未能推动的数据权责，建立起协同化的数据工作机制，如果后续再出现数据质量问题，业务部门就更容易担负起其应有之责，问题也更容易得到解决。更进一步，数据安全治理可以与脱敏、防泄露、安全监测、风险评估、态势感知等众多业界已有安全能力整合，形成端到端的"大安全"解决方案，对企业数据资产形成全方位、细粒度、全流程的安全管控。因此数据团队就可以在前期已经建立的数据资产管理能力、数据质量管理能力、数据应用能力的基础上，具备新的数据安全治理与运营能力，实现数据团队能力进阶，为拓展数据资产工作建立起新的"护城河"。

03 | 第 3 章
零信任

零信任与办公安全

黄扬洋　信息安全工程师

本文先从用户的视角，提供一个业务场景，接着从防护功能的角度，粗略分析办公安全中应用的相关零信任技术，帮助读者了解某些场景中零信任的价值、实现方式和落地参考。希望能帮助读者在风险和资源投入的角逐中，获得一个更优解。

↘ 一、引言

随着技术的发展，在等保合规的要求下，传统的办公安全及相关内容已经到了过于饱和、趋于成熟、吞噬大量终端性能、互相重复的地步。根据实际数据，目前终端上比较完整部署的各类终端代理，包括但不限于杀毒软件、VPN、无线准入、DLP、软件仓库等，在新安装的计算机上，仅保持这些终端代理的基础运行就占据了 5%～10%的性能，若开始扫描检测等工作，则会进一步消耗计算机的性能。

除了要求终端上的安全产品，等保也对网络边界上进行用户访问审计、监视网络攻击等提出要求，这类需求可以通过上网行为管理产品解决，还能实现恶意网络识别和阻断、应用监控和禁止访问等功能。如果是使用串联或镜像流量的产品，在仅有一个办公场所时，依靠网络流量的设备就能满足需求，上网行为管理流量串联示意图如图 1 所示。伴随业务扩张、分公司的成立等原因，原先的解决方案将面

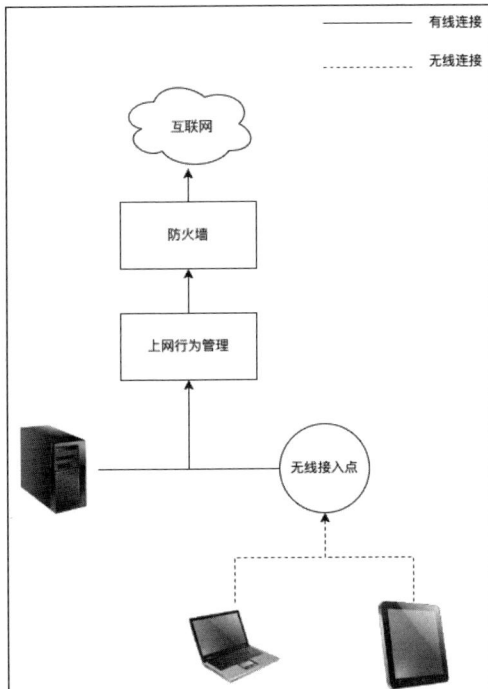

图 1　上网行为管理流量串联示意图

临成本高、管控不全和难管理等问题。

目前，根据业务属性和实际需求，有以下两种远程访问方式可以满足分公司的需求。

（1）以非技术人员为主、没有强互联需求的分公司依靠VPN即可满足需求。

（2）有强互联需求的分公司可以根据选择使用IPSec、SD-WAN、专线进行互联，其余则要求使用VPN。

以上两种远程访问方式都是基于设备的，先建立点对点的连接，再实现远程访问。

而零信任技术的出现多提供了一个选择，甚至可以降低新公司成立、产品迭代的成本，产生相同甚至更好的安全效果。

二、解决方案的发展及局限

（一）模拟场景的现状

试想一个模拟场景下的互联网企业，企业初期是to B业务，业务系统以B/S结构为主，该企业只有一个总部，在综合评估安全和IT需求后，该企业采购了如下 7 类安全产品。

（1）防病毒软件：满足等保要求下，基于终端主机安全要求，使用防病毒软件实现病毒查杀和域名管控。基于终端数据安全要求，对移动介质进行管控，只允许已登记且被授权的移动介质通过，终端主机可以读取、复制数据。

（2）VPN与准入：通过准入软件，限制只有满足要求的终端才可以通过认证、连入办公网中。针对于业务需要且经允许后需要使用VPN软件远程连接至办公网的终端，同样需要经过准入才被允许接入。在员工计算机安装客户端后，通过连接SSL VPN设备建立连接。

（3）桌面管理与软件仓库：根据软件使用管理规定，经过审批评估的软件才能被安装与使用。为了避免用户私自安装软件带来法律风险与安全风险，Windows域管理回收终端上的管理员权限，限制用户仅能通过软件仓库安装软件。

（4）DLP：根据数据管理制度，为了避免员工泄露公司信息资产，终端上安装了防泄露软件，通过白名单的方式限制外发的程序和域名，其余数据一律禁止外发。另外，在网络上部署了网络数据防泄露系统（NDLP），以此来检测流量中的明文信息传输。

（5）上网行为管理：在网络边界，对留存用户访问日志的行为进行安全审计，并借由该功能实现封禁部分类型站点、管控域名黑名单、管控娱乐应用访问等功能。

（6）MDM：根据数据管理制度，为避免移动端泄露公司信息资产（包括但不限于文件分享、保存至手机、截图分享等），可以使用MDM进行软件分发、VPN连接。

（7）日志管理系统：为了符合要求，日志管理系统可以存储上述产品的日志并提供分析功能。

安全产品的整体部署如图 2 所示。除了DLP需要相对较长时间的调试，其他产品都可以较快地落地，然后融入流程并上线使用。

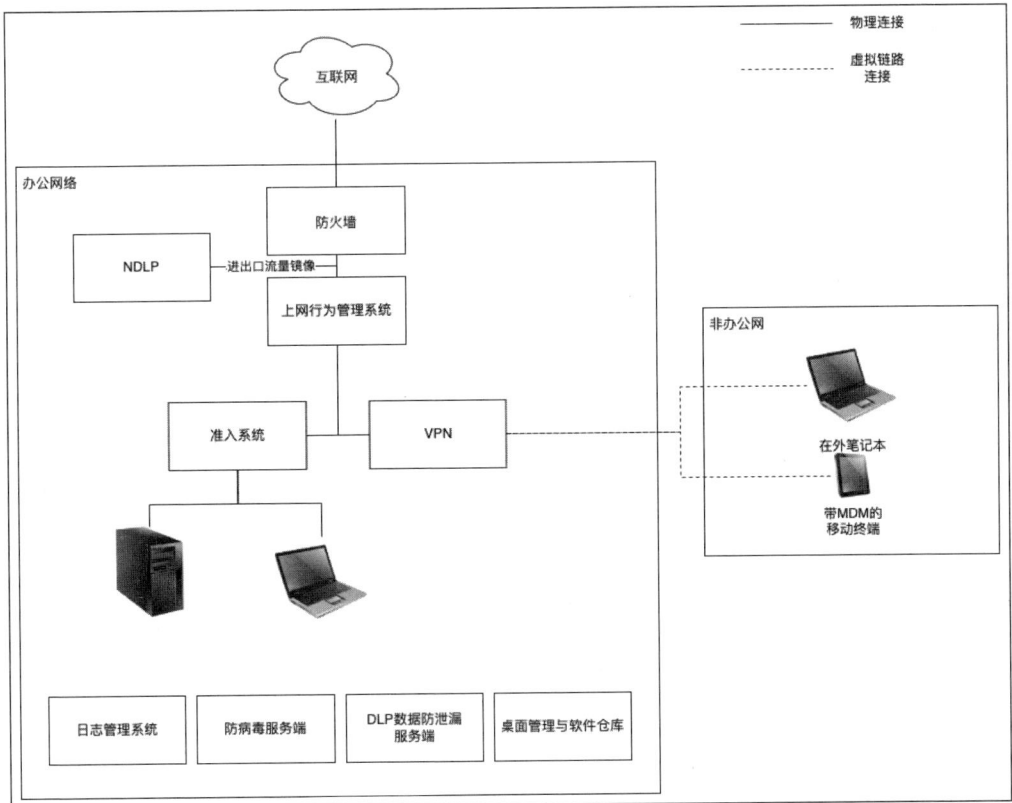

图 2　安全产品的整体部署

（二）当前方案的痛点

1. 分公司成立

随着业务的飞速发展，该企业成立了很多分公司，根据业务和安全的需求，分公司存在如下需求：

- 分公司的业务需要访问内部系统，但内部系统不能开放到公网；
- 以尽可能的低成本购置设备。

考虑到低成本要求，无法考虑购置新设备和SD-WAN，此时只能考虑只使用VPN，此时又会发生如下情形：

- 只依靠于VPN的话，需要回收员工在Windows系统上的管理员密码，一旦密码过期，设备又不支持登录Windows系统前弹窗输入VPN密码，就无法同步域控新设置的密码；
- 如果不管控员工在Windows系统上的管理员密码，那么员工可能因为随意执行管理器权限和安装软件，从而带来安全和法律上的风险。

2. 海外分部及海内外系统访问

随着业务的飞速发展，公司业务在海外不断扩张，推进海外发展。与此同时，公司开发了新业务，可以利用海外员工进行主机资源、实时性要求极高的设计类工作，但为了数据安全，数据不能落地，海外员工需要以远程RDP的方式进行业务连接和工作。

对于从事BS业务的海外员工，一方面需要访问国内系统，另一方面没有统一的办事处。为了解决这个需求，引入了POP点接入方式，可以通过添加IP白名单的方式，让海外员工统一在VPN连接后访问BS业务。对于从海外访问国内系统的业务，可以通过POP打通并连接内部网络。对于海外需要计算资源且数据保存在国内的业务，就需要通过RDP进行虚拟化桌面连接。RDP登录和数据存储的示意图如图 3 所示。

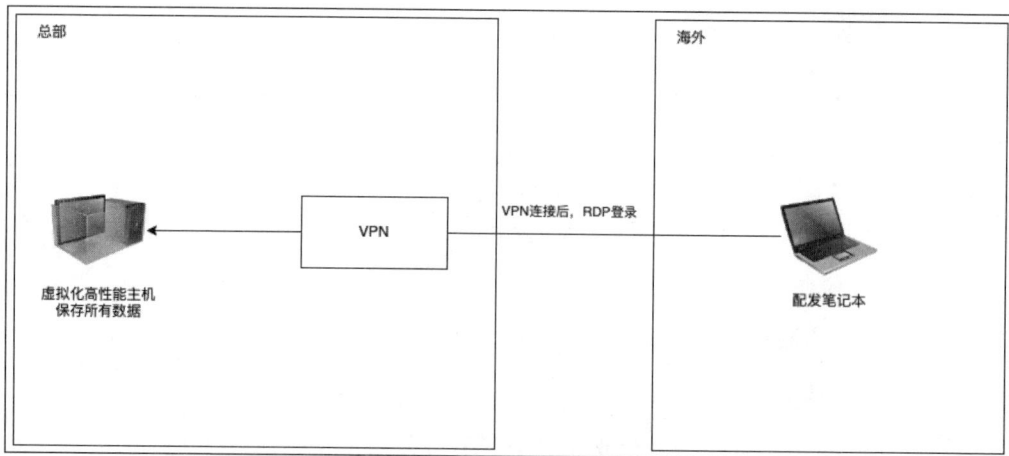

图 3   RDP登录和数据存储的示意图

在上线系统后，用户经常反馈VPN连接不上、RDP连接慢等问题。经问题排查后发现，部分地区由于网络问题，连接POP点会偶尔超时。而使用虚拟化桌面办公的用户对清晰度和延迟要求高，导致业务流量极高，很容易导致用户的体验感下降。

3. 办公操作系统多样化

随着用户的增多，越来越多的用户需要使用macOS操作系统、Linux操作系统。随着操作系统的不断更新，相关产品也需要适配更新。

4. MDM与DLP

因为MDM使用沙箱进行数据隔离，所以系统、软件的变化都可能影响IM软件的稳定性与兼容性。于是新用户初次安装IM软件时，可能会遇到各种问题，IM软件升级也需要花费大量时间进行测试。

NDLP的设计之初是为了识别HTTP流量及其他明文流量的，NDLP只能作为补充项使用。而终端为了准确地识别外发的域名，一般会在浏览器上加装插件，通过插件和代理通信，识别外发的域名和文件内容。依赖插件和代理会带来兼容性的问题，如更换浏览器、升级系统等，这些问题都可能导致插件无法正常工作。

业务人员与开发人员不再满足于公司分发的Windows笔记本计算机，纷纷要求自带苹果笔记本计算机入网。由于苹果笔记本计算机的权限管理功能，DLP代理读取文件数据需要磁盘访问权限。如果代理不具备锁定权限、日志记录和告警等功能，就会导致笔记本计算机脱离管控。

为了进行苹果笔记本计算机的MDM管控，在市场调研后，我们发现只能使用完整的MDM解决方案，才能解决强制和管控的需求。

5. 软件仓库与权限失控

管控会回收一般员工的系统管理员权限。作为回收权限后唯一的软件来源，软件仓库能进行软件权限分配与软件分发。但随着苹果设备的加入，安装权限的不可控性导致软件安装来源不再唯一，也就没有针对苹果的管控能力。

如果桌管软仓不具备检测和阻止盗版软件安装和使用的能力，那么软件安全管控的能力就会存在漏洞。

6. VPN精细化放行需求

纯网络层实现的VPN和连接也会有一些无法避免的痛点，即VPN依赖用户分组与网段划分。若VPN限制访问去向，则需要防火墙支持API等功能，自动化进行权限分配与放行。

7. 现有产品无法解决的问题

现有产品无法解决缺少全局水印的问题，如果网页水印全由业务方进行开发，就会费时、费力，而且容易被绕过。

三、零信任技术分类及解决问题原理

（一）All in one

以前是各个安全产品分别实现安全功能，于是现在就有了All in one的概念，把杀毒、DLP、上网行为管理、威胁情报、软件仓库、VPN都融合到一个客户端中。

多端融合得益于全面的收集数据，持续信任评估、动态访问控制这两大关键能力得以实现。

- 终端杀毒引擎信息：杀毒可以扫描终端病毒、检测进程、隔离文件和中断进程。
- 终端DLP信息：DLP可以扫描并检测本地上的敏感信息、扫描外发文件时文件内的信息、记录文件内容。
- 网络侧访问信息：由于接管了终端网络，威胁情报便可以结合上网行为管理，对员工的站点访问进行有效管控。对于使用VPN访问内部系统的请求，零信任安全网关可以在每次请求到达网关时，对用户的风险等级、访问权限等进行确认。

在拥有这些信息后，就对终端进行联动处置，也就是扩展检测和响应（Extended Detection and Response，XDR）。

（二）安全访问服务边缘与SSL VPN的总体区别

VPN是单点连接结构，这意味着在连接VPN后，需要通过路由的方式将请求转发到办公网，这种方式不够灵活。

安全访问服务边缘（Secure Access Service Edge，SASE）通过SD-WAN技术，在服务商构建底层网络后，以前依赖公网传输的数据都可以在底层网络上进行传输加速，然后根据需求转发给不同的接入点，从而实现灵活的控制。当SASE基于云服务和多租户时，其边际成本会大幅度下降。VPN与SASE的区别如图 4 所示。

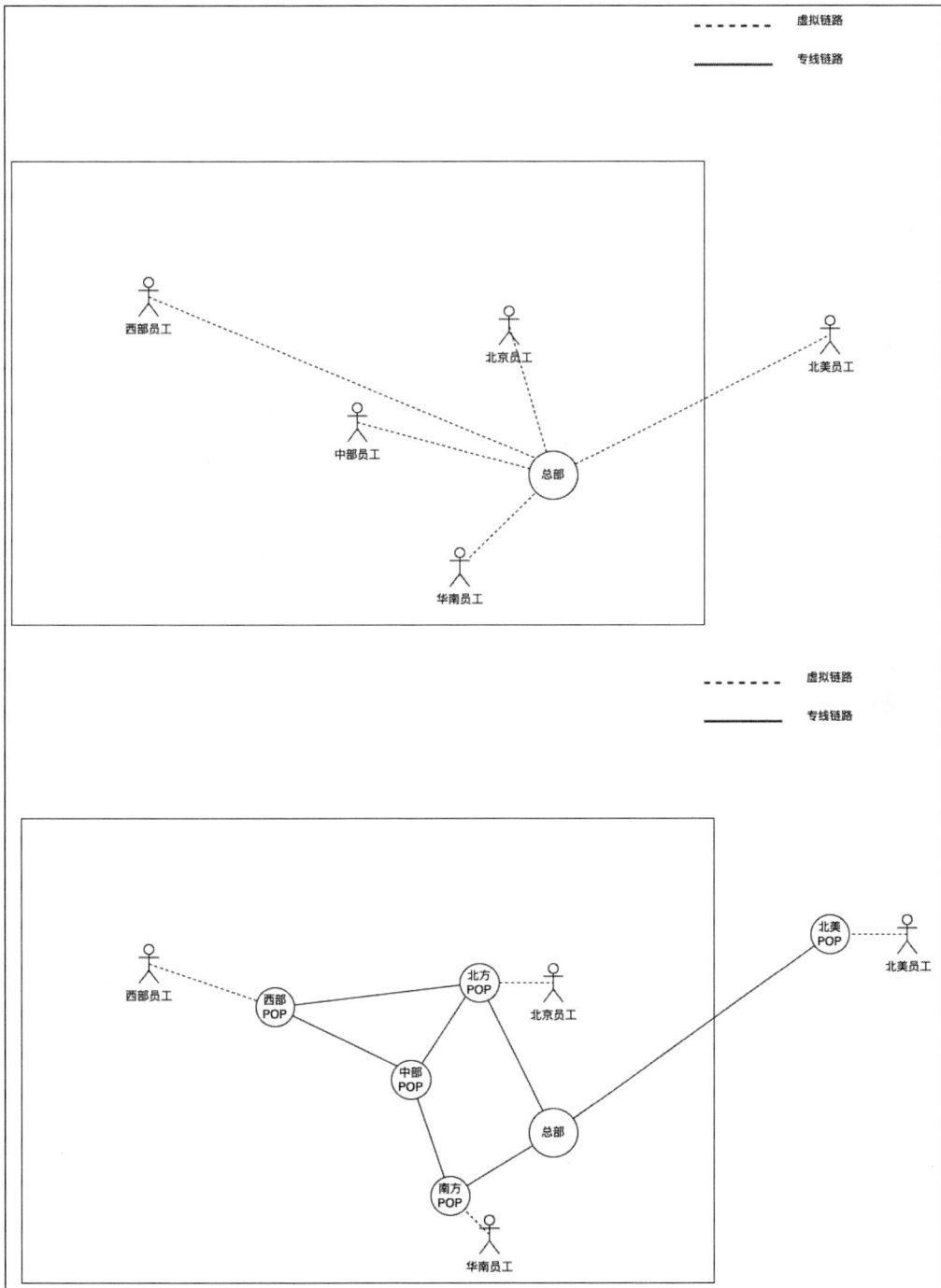

图 4　VPN与SASE的区别

在客户端连接的VPN上，目前使用较为广泛的是TLS VPN和SDP两种。在建立好TLS VPN隧道后，客户端会一直与服务端保持会话连接，并在终端处写入内网的路由和需要走VPN的路由，以此通过VPN来访问请求。

由于在认证和连接方面存在区别，SDP采用了SPA（Single Packet Authorization）技术，因此在成功连接后，VPN隧道不需要与客户端保持持续性的会话连接，只需要在内网有访问需要的时候，对数据包进行封装，并将其发送到POP点即可。在数据包到达POP点后，可以根据需要转发至实际业务POP点，再与实际业务服务器成功连接。基于路由与SDP的访问引流如图 5 所示。

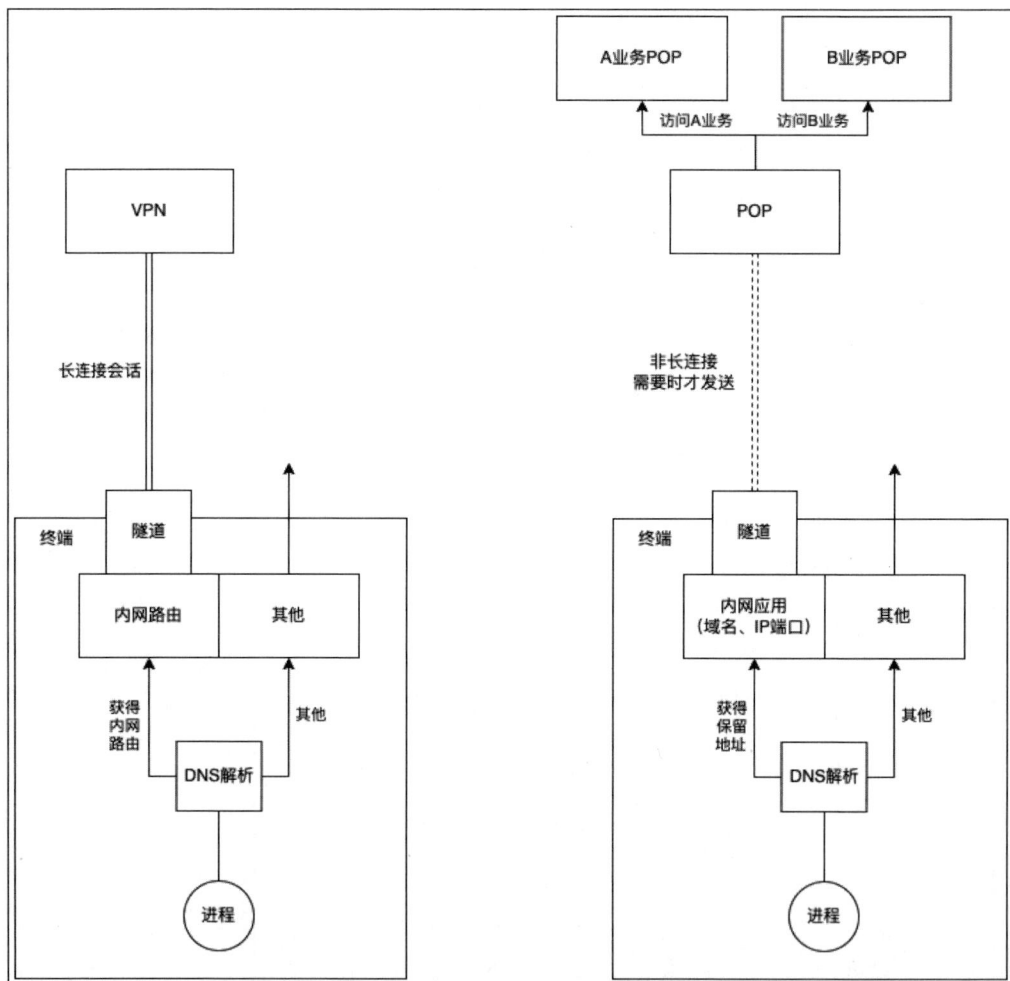

图 5　基于路由与SDP的访问引流

（三）沙箱隔离与DLP

如何较好地避免数据泄露？目前有两种方法，一种是逻辑划分一个区域出来，将数据存放在里面，不开权限就无法获取数据，从而保证数据无法泄露；另一种是将整个计算机断电防护，通过安装代理、磁盘加密等方式，由高权限代理控制进程文件的读写、限制外发地址等。

从用户体验和终端资源消耗来看，由于会从逻辑上隔离出一个区域，因此相对来说沙箱隔离是一种比较繁重的方案。

由于公司为每位员工配备了计算机，所以从用户体验和终端消耗来看，DLP是一种更轻便的选择。从管控强度来看，DLP提供了如下两种选择。

（1）利用NDLP通道监控：因为其证书可以解密SSL，获取到HTTPS中的请求内容，所以这种选择适合管控强度不是特别大的公司。

（2）利用终端DLP、白名单放行：这种选择需要精确到放行的类型和白名单，会读取文件内容和外发链接，可以在离开计算机前就实现识别和阻止。

沙箱隔离与DLP的区别如图6所示。

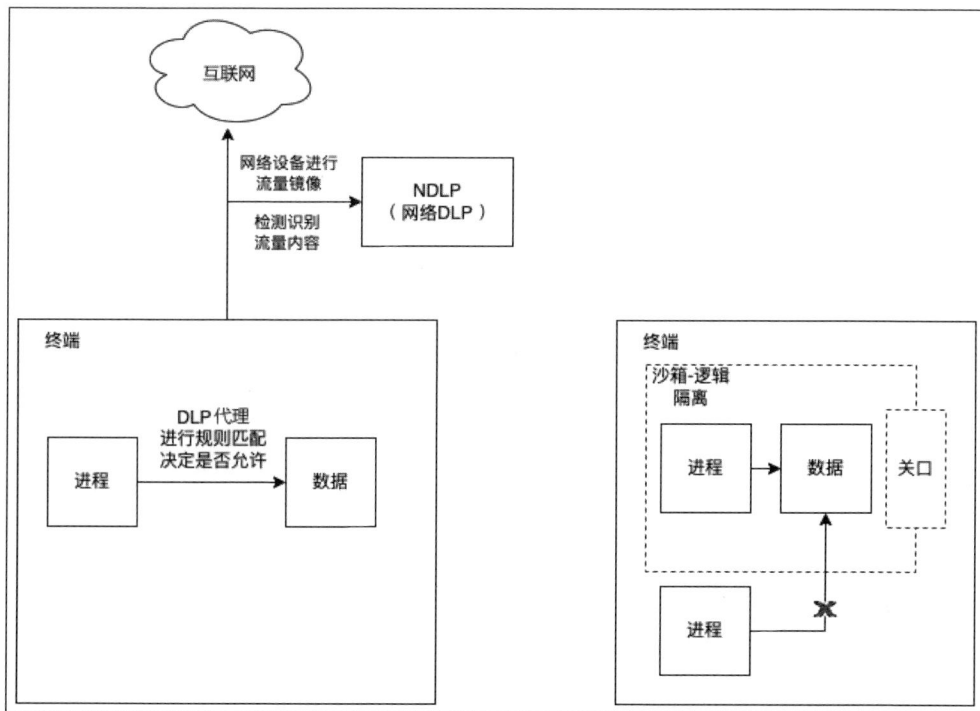

图6　沙箱隔离与DLP的区别

四、场景对比展示

（一）钓鱼投毒

在发现病毒后，杀毒软件会对病毒进行隔离和删除，然后将事件回传平台后，便基本结束了处理流程。不论安全人员有多少，病毒在被主动处理掉后，企业能做的基本就是询问员工是否打开过可疑网页，以及打开过的网友是否可能是钓鱼邮件等沟通。

在DLP、网络监控、威胁情报等功能的加持下，可以完整记录下很多内容，如一个文件从哪来、收发了什么内容、这个文件下载了什么内容、尝试读取了什么内容。

（二）作为跳板异常访问内部网站

一般因为工作内容和管理范围等原因，员工访问内部网站的时间是相对固定的。但如果某天突然存在大量访问内部网站的请求，且这些请求都是带有恶意命令的，而且还是在半夜发生的操作，那么此机器就很有可能已经成为跳板机器。在综合操作时间、内网访问情况、连接域名等情况后，若有一个相对较高的风险分数，则可以断开内网访问，等待安全人员上机检查。

（三）盗版软件

Windows操作系统中有绿色版软件，常见的禁止软件启动的方法是名字匹配，当匹配到禁止执行的软件名字后，该请求就不被允许执行。然而，macOS操作系统可以任意安装软件，因此无法控制盗版软件的安装。通过桌管软仓获取安装软件的清单，再进行人工排查、通知员工的做法并不能相对精准和治本，法务部门和老板也会质疑为什么仍然没有解决这个问题。

而当零信任的桌管软仓具备阻止盗版软件的安装功能后，一旦企业检测到盗版软件清单中的盗版软件，就可以进行网络隔离，阻止员工连接到办公网和VPN，直到员工主动卸载该盗版软件。

（四）最小化网络访问权限

如果是采用SSL VPN，不做额外的限制措施，那么基本上用户有了VPN连接权限就能访问办公网中的所有资源，不符合最小化权限的理念。

如果是在零信任VPN中进行限制，给定最小化网络访问权限，那么超出权限的请求，就会被默认禁止，这样实施起来就会相对简单一点。

五、结语

本文模拟了一个互联网企业可能存在的IT需求和安全需求，然后介绍了零信任是如何解决当前场景下的IT需求和安全需求的，接着从技术层面解释零信任是如何解决这些问题的，最后在几个场景下展示零信任的优势。

诚然，新技术总是能解决部分无解问题或需求，但是从落地实践来说，只有合适的技术，没有最好的技术。

零信任安全产品的变与不变

伏明明 上海飞越云科技有限公司CEO

一、背景

每当安全负责人汇报工作并向领导询问指示时，"不要出事""零安全事件""零事故"都是高频词汇。如何落实领导的类似指示，相信每位安全负责人的心头都比较沉重，因为大家都知道只靠采购、实施和运营碎片化的传统安全产品，必然是没有太足底气的。

笔者曾是快递行业市场占有率第一的企业的安全负责人，再加上笔者带领团队长期在零信任领域做了大量深入实践，从实践结果（不论是多年来实际发生的安全事件，还是在大型攻防演习中的实战表现）来看，我们都是行业领先的，同时安全团队的工作也得到了公司和行业监管机构的一致认可，因此深刻感受到了零信任安全产品是如何给足我们底气去努力实现"零事故"目标的。

既然零信任安全产品能体现这么大价值，那什么是零信任？零信任可以用在哪些场景？什么是零信任安全产品？这些年来零信任安全产品有哪些变化和不变？零信任的未来发展蓝图可能会是什么样的？笔者长期观察和研究全球范围内的零信任安全产品的发展现状以及零信任的发展趋势，试图通过这篇文章做一个简要概述。

二、零信任相关概念

众所周知，零信任是一种理念或者思想，其内涵是消除默认信任，构建自适应信任。从概念出发，零信任可以应用在所有涉及资源访问控制的场景下，这里的资源既包括IT资源（如网络资源、存储资源和计算资源等），也包括业务资源（如业务系统、财务报表和薪酬数据等），因此零信任理念可以覆盖整个IT架构，重构或者优化原有IT架构的资源访问控制方法、降低管理成本、提高访问效率、提升用户体验、增加灵活性和增强安全保障。

有人曾经说过，可以用互联网思维和技术重新做一遍传统产业，当前传统产业的数字化转型验证了这一点想法。笔者判断可以用零信任理念和相关技术组合重构或者优化现有IT架构下的诸多细分领域，如信息安全、网络、运维、开发等，并针对这些领域下的某些具体场景提出全新的解决方案。

在信息安全领域，零信任安全产品是指遵循零信任理念并提供零信任核心能力的安全产品。近几年零信任安全产品从概念到单点产品，再到更接地气的一体化产品，在产品力、产品形态、覆盖场景和用户范围等维度上，发生了非常大的变化，但在零信任理念所涵盖的底层核心能力方面，零信任安全产品始终维持稳定并持续增强其核心能力。

三、零信任安全产品的变

零信任安全产品的第一个变化是设计视角之变。过去厂商会基于传统的安全攻防视角来做一些孤立的碎片化安全产品，但是随着IT基础设施和IT服务的云化发展，为了更好地解决实际问题，厂商必须基于业务视角去设计统一的零信任架构，在大力建设身份底座的基础上，从办公零信任到生产零信任，推出端到端的一体化解决方案。例如过去一提到零信任，很多人第一时间想到的是替换VPN的SDP，实际上SDP是一个在攻防视角下被设计出的零信任安全产品，而SASE则是在业务视角下被设计出的、满足用户一致性体验需求的、统一网络和安全的零信任架构。

零信任安全产品的第二个变化是工作重心之变。零信任安全产品的工作重心从过去的以网络隔离为中心转变到现在的以资源保护为中心。传统的网络边界模型会在网络边界对业务流统一强制做层层网络隔离和过滤，这只是在机械地执行特定规则，并没有从上下文层面关心资源是否得到足够的安全保护。而零信任软件定义边界模型通常会在策略执行点执行两个动作，一是采集数据，二是执行策略，这两个动作跟每次执行动作时要保护的特定资源和此时的上下文强相关，零信任软件定义边界模型更关心资源的受保护状态。为了更好实现这个转变，零信任安全产品需要维护良好的资源层次结构，以便进行基于资源的安全访问管理，在谷歌、亚马逊和微软等公司的云平台技术白皮书中，都有以资源为中心的访问管理工具和服务。

零信任安全产品的第三个变化是从单点产品到一体化解决方案的变化。这里的一体化不仅是办公零信任中的终端安全一体化，还包括终端、网络管道、边缘计算和云资源编排的一体化。甲方安全团队的一大痛点就是安全产品过于碎片化，大量乙方公司在单点上进行红海竞争，却忽略了甲方真正需要的是什么。随着零信任安全产品覆盖越来越多的场景，越来越多的单点能力可以被打通，从而可以实现联防联控，甚至可以不局限于安全领域，延伸到整个IT架构中。从高层视角来看，就需要一个事实上的IT行业对接标准，如日志和API的标准格式规范，这样单一厂商就可以专注把自己的核心能力做深、做强、做宽，既方便把自己的核心能力开放给其他厂商使用，也可以方便引入其他厂商的核心能力，分工协作、搭建生态、提供整体解决方案。

零信任安全产品的第四个变化是交付之变。零信任安全产品的交付形态从过去的一个安全管理系统向安全服务转变，最终以最接近用户直接需求的服务去交付，产品形态包括私有云、公有云和混合云，商业模式包括订阅付费、一次性买断和混合模式。这个转变可以降低产品的使用和运营成本，减轻用户二次加工的压力、提升管理的效率。另外零信任安全产品的交付对象（即最终用户）也发生了变化，过去零信任安全产品可能只是给安全团队的小范围人员使用，但是现在还需要提供给运维、网络、开发甚至内部员工来使用，对产品力的考验不言而喻。

总体来讲，国内外零信任安全产品的产品力水平越来越高，解决方案的一体化程度也越来越高，进入门槛也越来越高。零信任安全产品从过去孤立的单点盒子产品正在向服务化、自动化和智能化的方向演进。如果大家对零信任安全公司关注比较多，就会发现一批零信任初创公司的零信任安全产品的产品力越来越强，逐步和一些传统的零信任安全产品拉开差距，特别是 2020 年左右创立的一些新公司（如 Tailscale、Perimeter 81、Axis等）的零信任安全产品越来越接近零信任的本质，越来越能完整体现零信任的核心能力。

↘ 四、零信任安全产品的不变

那零信任安全产品有哪些不变的底层核心能力呢？

第一个不变的核心能力是身份底座提供坚实的基础支撑。以泛在身份作为基础支撑，就可以用零信任理念构建安全的万物互联世界。这里的泛在身份是指活人身份（如员工、消费者、合作伙伴）和非活人身份（如设备、应用和API等）。事实上，身份部分往往得不到重视，当在数字化转型过程中发生业务流程效率低下、各类业务活动无法关联、安全事件无法快速定位等问题时，企业才会明白身份的价值。近几年国外身份类项目逐步增多，投融资也比较活跃，但国内做得好的身份类项目相对还比较少，可挖掘的价值空间依然比较多，比如在很多传统访问控制和管理场景中，都是使用IP作为身份，但在零信任理念中IP是不建议作为身份来使用的，仅从这一点来讲，零信任安全产品就有非常多的创新空间。

第二个不变的核心能力是运行时动态信任评估能力。在上述构建好的身份底座基础上，打造基于身份画像、实体行为分析、基线和业务场景的动态信任评估能力，并且真正应用到访问控制的策略中。动态信任评估在设计和实现上的难度都比较大，其关键在于需要在运行时体现动态性和实时性。

第三个不变的核心能力是基于一致性策略进行资源访问控制的能力。在上述身份底座和动态信任评估的基础上，需要设计一致性的策略语言，面向不同场景的不同资源全面实施基于策略的访问控制技术。一致性策略的控制粒度更细、更精准、更灵活，在统一的管理控制台上支持更广泛的场景，可以通过策略实现软件定义的安全服务，提供自动化和智能化的安全运营能力。

不变的底层核心能力才是零信任安全产品的灵魂所在。从底层架构开始就应用零信任理念设计的零信任安全产品才是真正的原生零信任安全产品，扎实打磨好这些底层核心能力，才能面向复杂业务场景解决好实际问题。

↘ 五、零信任的发展趋势

从长远来看，零信任理念势必会逐步融入整体IT架构的演进中，将呈现出平台化、体系化和生态化的发展趋势。基于类似SASE的零信任技术架构打造零信任开放平台，将核心能力开放出来，并嵌入各类业务场景中，然后基于业务视角构建零信任大安全体系。通过IT云化逐步实现IT、OT、IoT和ICT的融合，并将零信任理念融入数智化转型的底座中，结合底座和业务场景，提供灵活的、基于业务视角的安全防护，最后零信任生态逐步成长，使得数智化转型产业链的各方能更好地分工协作。

基于零信任的数据安全风险治理

周杰　杭州美创科技股份有限公司CTO

　　数据作为核心生产要素，在我国数字经济快速发展中扮演重要角色，但日益开放的网络环境、数据高频跨域流动共享，带来了一系列风险和挑战。传统构建安全边界的思路已无法满足数据安全防护的需求，因此开展面向数据安全风险的感知、理解、计算、预测和防范的全过程研究变得更为迫切。

　　本文通过分析数据安全的复杂风险与挑战，提出基于零信任的数据安全风险治理方案，结合风险治理六大维度，从合规认知、资产风险梳理、安全管控、风险监测和持续改进角度，实现全链路的数据安全防护。

一、数据安全现状与防御难点

（一）数据要素价值凸显，数字化转型必然要求以数据安全为基石

　　在数字化转型浪潮中，数据作为基础性资源和战略性资源，是数字经济高速发展的基石，也是"新基建"中最重要的生产资料。数据要素的高效配置，是推动数字经济发展的关键一环。但数据安全问题也随之而来，数据的开发利用离不开数据的安全保障。为了促进数据安全领域的产业发展，要从产、学、研、用的角度出发，加强数据安全问题研究和安全技术研究，落实商用密码应用安全性评估、网络安全等级保护、网络安全审查等网络安全制度，建立健全大数据安全保障体系，建立大数据安全评估体系。同时，采用安全、可信产品和服务，提升关键信息基础设施的安全保障能力，强化网络与数据安全攻防对抗的实战能力。

（二）"三法两条例"陆续出台，数据安全进入法治化的强监管时代

　　在数字经济时代，数据安全是国家安全的战略基石，与人们的日常工作和生活息息相关。近年来，我国数据安全相关的法律法规正在不断完善，《中华人民共和国网络安全法》《中华人民共和国数据安全法》《中华人民共和国个人信息保护法》

《关键信息基础设施安全保护条例》《网络数据安全管理条例（征求意见稿）》等法律法规相继颁布实施。由此可见，我国数据安全保护工作已进入法治化的强监管时代。

（三）数据流动共享颠覆传统防护理念，内外部风险挑战加剧

作为数字化转型的底座和基石，数据安全体系建设是技术发展趋势，也是业务保障的必要措施。然而，在新形势下，数据安全体系建设面临如下诸多风险和挑战：

- 数据流动加剧数据安全风险；
- 数据安全体系尚未健全；
- 黑灰产业链分工明确、隐蔽性极高；
- 数据交易安全风险加剧；
- 复杂应用场景面临身份管理挑战；
- 数据安全专业人才紧缺。

二、零信任理念下数据安全风险治理的思考

（一）零信任数据安全理念模型

零信任数据安全是美创科技整体数据安全产品方案的核心理念之一。2015年，美创科技正式形成了以"四大基本原则和六大实践原则"为指导的零信任1.0架构，经过5年的成熟实践，2020年，美创科技零信任架构升级为零信任2.0架构，形成以资产、入侵和风险视角为核心，以零信任、入侵生命周期和风险治理为理论指导的新一代数据安全架构体系。从零信任1.0架构到零信任2.0架构的变化如图1所示。

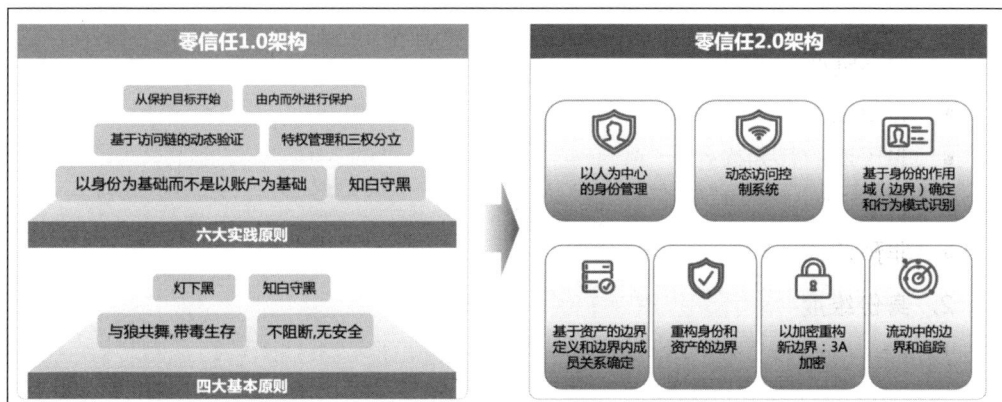

图1　从零信任1.0架构到零信任2.0架构的变化

在美创科技零信任数据安全的实践中，资产和身份是两个核心支撑点。一方面，美创科技从资产视角出发，以数据资产保护为核心诉求来规划防护体系，通过重新定义资产的边界来实现进一步的治理与管控。例如明确访问资产的行为，建立细粒度访问控制模型，定义访问策略，同时充分认识到数据流动已经成为主要的安全场景之一，采取相应的技术手段（如 3A加密），简化重要数据在不安全的网络环境中存储、计算和流动的管理难度。另一方面，在围绕资源建立了访问控制点后，改变传统基于位置和账户的认证和权限管理体系，结合人、终端、应用和账户 4 个要素，进一步实现以身份为中心的访问控制策略，从而进行持续信任评估和动态认证授权。

（二）数据安全风险治理的六大维度

基于多年的数据安全建设经验，美创科技主张从六大维度来进行数据安全风险治理和评估，并且按照严重程度、发生概率来构建风险评分系统，这六大维度分别是资产、身份、合规、行为、访问上下文和入侵生命周期。

1. 资产维度

资产维度是风险治理最好的出发点。资产离我们比较近，可确定性相对较高，从可确定性高的维度出发，建立安全基线的效果比较好。资产风险的衡量必须要和外部关联，或者要用状态变化来衡量不确定性和预期偏离，从而衡量风险。资产的风险来源于以下 8 点：

- 未知的资产；
- 没被管理的资产；
- 高危操作；
- 敏感资产的过度暴露；
- 非预期的高敏感数据访问；
- 非预期的行为操作；
- 非预期的上下文；
- 非预期的访问模式。

2. 身份维度

身份是一个边界，贯穿全域的身份治理可以形成一个动态虚拟边界，任何超越这个边界的行为都被视为风险行为。身份治理的核心诉求主要有以下两点：

- 确认用户身份的真实性；
- 确认用户的行为符合用户的真实意愿。

相对资产来说，身份的不确定性更高。身份一般会从人、设备、应用和账户 4 个维度展开，每个维度都用相关属性来描述，基于属性的身份描述可以确定身份的边界。身份属性可以使用ABAC或者PBAC来进行安全评估。

3. 合规维度

合规维度相对比较简单。由相关的法律法规作为支撑，在对资产进行分类分级之后，任何不符合法律法规的行为显然都是风险行为。合规是风险的一个重要来源，而且是最高优先级的，不合规就是高风险。合规也许比资产维度更具有确定性。

4. 行为维度

行为维度的风险由以下三点构成：

- 高危操作，任何时候都是风险；
- 误操作，显然也是非预期的行为；
- 偏离历史行为的操作，显然也是风险。

依靠机器学习建立行为基线模型是核心诉求，一旦有了安全基线模型，评估后续的行为偏离将会更容易，当然行为安全基线本身也需要被持续更新。

5. 访问上下文

访问上下文由环境上下文和操作上下文组成。

- 环境上下文：一般指发起访问的时空属性。
- 操作上下文：描绘指令序列或者拓扑。

无论是环境上下文还是操作上下文，都需要建模形成上下文基线，以此作为风险判断的知识库。每一次数据访问都应该在一个可控的上下文中，偏离就是风险。上下文也是实现动态策略管控的一个关键点，不同的上下文有不同的策略评估结果。

6. 入侵生命周期

入侵生命周期由多个阶段组成，如图 2 所示。入侵生命周期的每一个阶段都会有异常的特征，多个阶段的特征可以描绘确定的风险指标。在入侵过程中，每一步都会有风险产生，发现这些风险并且进行合并分析，就能展现整个入侵过程。同时因为黑客总是盯着高价值资产，入侵目标又可以作为资产治理的一个信息来源。

图 2　入侵生命周期的多个阶段

↘ 三、如何建设数据安全风险治理体系

风险治理、身份治理和资产治理是安全体系中的三大支柱。通过风险评估，可以暴露组织的安全问题；通过风险治理，可以降低组织面临的安全问题，在安全可控的前提下，让数据进一步释放其价值。

（一）"看见"风险

基于六大维度进行风险治理，所有的风险需要通过可视化的方式展现。任何事物只有看见了才能处理，看见是整个风险治理的基石，看见风险并且将其可视化地展现出来。

"看见"风险包括组织缺陷、制度缺陷、技术缺陷等多个维度。

（二）建立风险库

通过知识图谱建立各类风险的知识库。风险库的建立依赖于持续不断的风险评估以及安全基线，这是一个周而复始的过程。风险库的建立有助于预测组织内的风险。而风险预测可以更好地暴露安全问题，从而帮助企业提前实施安全措施。

（三）风险赋能访问控制引擎

访问控制引擎往往具有一个缺陷，即必须界定所有可能的语境条件组合，以满足现实世界中不断变化的条件。策略的配置不太可能兼顾到所有可能性，包括资产、身份、行为等。而持续的风险评估可以动态地描绘资产、身份等变化，通过信任评分、风险评分为访问控制引擎提供一个强有力的补充，让静态的访问控制引擎变得动态自适应。

（四）风险响应闭环

风险响应需要自动化，对于任何一个风险，如果没有响应，那么发现风险将变得毫无意义。自动化的风险响应需要对风险进行过滤并且处理。每一个风险都需要被看见、被处理。这就需要通过机器学习等技术来理解风险、处理风险。

资产风险为资产加固提供支撑，身份风险区分恶意身份、假冒身份等，行为风险为建立更加安全的行为基线模型赋能。

（五）风险全域治理

安全产品往往是场景化的、碎片化的，每一个安全产品只能看见组织内的部分风险。平台化的风险治理必不可少，通过中央平台进行风险的全域拉通，合并风险、分析风险。从局部看见整体，让局部的风险在一个更高的维度上展现出来，从整体把控风险，让风险的准确性更高，也更加容易进行风险响应。

（六）风险结构化

通常基于IOC（威胁情报）的模式往往依赖于经验积累，当然这也是很好的一种手段。零信任理念的其中一种思想就是在不确定的网络中寻找确定性的支撑点。确定性的支撑点可以帮助建立安全基线，例如资产的可确定性相对明确，无论是资产的访问模式，还是资产本身的重要度，都是相对明确的，那么非预期的资产访问显然都是风险行为。这种由已知知识去推导未知风险的方式可以称之为风险结构化，这在一定程度上能够弥补靠经验积累所得到的风险库的不足，因为经验积累总是依赖于时间，而且对于未知风险的检测并不是很理想。

四、结语

风险会让用户感知到安全的重要性。风险的治理需要用一种更加科学的方式来展现。从确定性支撑点出发，结构化地描述风险、暴露风险，同时对风险进行响应。科学的风险检测模型可以更加精确地识别风险、建立风险库，赋能访问控制模型，识别资产、身份、行为等现有风险以及未来会面临的风险。基于零信任理念，在资产、身份、行为等维度上展开持续的检测，实现动态实时防护效果，进一步提高数据安全的可靠性和准确性，让数据安全成为数字时代的基石。

零信任与身份安全模型研究

张泽洲　奇安信科技集团股份有限公司身份安全事业部总经理

零信任的本质是以身份为基石的动态访问控制，需要限制对数据和服务的未授权访问，强调细粒度访问控制的重要性。本文在遵循零信任全面身份化原则的前提下，提出零信任架构下的身份安全模型，实现对人、设备和系统的全面、动态、智能的访问控制。本文描述了基于身份安全模型的组件，以及相关的关键技术，并探讨了零信任与身份安全的联系，给出了身份安全在零信任推动下的未来发展趋势。

一、引言

零信任安全针对传统边界安全架构思想进行了重新评估和审视，并对安全架构思路给出了新的建议，其核心思想是：默认情况下不应该信任网络内部和外部的任何人、设备和系统，需要基于认证和授权重构访问控制的信任基础。零信任对访问控制进行了范式上的颠覆，引导安全体系架构从基于网络到基于身份，其本质是以身份为基石进行访问控制。美国国家标准与技术研究院（NIST）给出的零信任架构的定义是：提供一系列概念、理念、组件及其交互关系，以便消除信息系统和服务中执行精准访问决策的不确定性。NIST指出了零信任的首要目标就是基于身份进行细粒度的访问控制，需要解决的关键问题是消除对数据和服务的未授权访问，强调了细粒度访问控制的重要性。身份管理和权限管理为访问控制提供所需的基础数据来源，其中身份管理实现各种实体的身份化及身份生命周期管理，权限管理实现对授权策略的细粒度管理和跟踪分析。而企业中的身份识别与访问管理（Identity and Access Management，IAM）系统是现代身份管理平台一种具体的表现形式，IAM也成为零信任架构中的核心组件。

本文从零信任的身份安全能力出发，基于业内对零信任的理解所形成的架构进行了梳理，确定了身份识别与访问管理在架构中的重要地位，然后结合在业务、技术领域上对IAM的研究，提出了零信任架构下的身份安全模型，接着描述了基于该模型的组件，以及相关的关键技术，并探讨了零信任与身份安全的联系，最后对身份安全的未来发展趋势进行了展望。

二、背景

在Forrester的零信任扩展（Zero Trust eXtended，ZTX）生态系统报告中，零信任的能力支柱可以分为7个方面，即人（身份）安全、网络安全、设备安全、工作负载/应用安全、数据安全、可见性和分析、自动化和编排。其中，身份安全关注于使用网络和业务基础架构的人员的安全，并持续地认证、授权、监视用户活动模式，以便管理用户的访问和权限，同时保护所有交互过程，降低用户身份带来的威胁。由于身份的关键特性，Forrester将其视为"零信任的核心支柱"。

身份安全即身份识别与访问管理（也被称为身份管理），是一种访问资源的安全措施。在企业环境中，身份安全定义和管理了每个网络用户的身份角色及其所需资源的访问权限。根据网络用户身份角色的生命周期，身份安全对其所需资源访问权限进行动态管理。身份安全主要包括5点，即身份认证/实体认证协议、凭证、公钥基础设施、授权和访问控制。

NIST核心零信任逻辑组件如图1所示，从图中能够看到身份管理系统。身份管理系统负责创建、存储和管理企业用户账户和身份记录，包含必要的用户信息（如姓名、电子邮件地址、证书等）和其他企业特征（如角色、访问属性或分配的系统）。

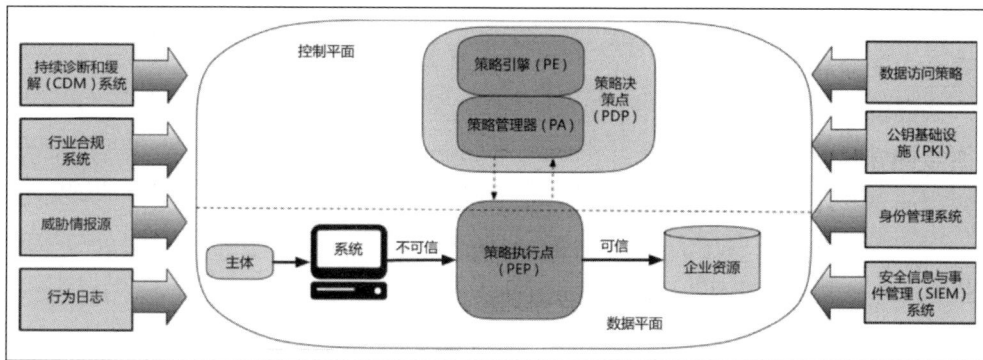

图1　NIST核心零信任逻辑组件

而在NCCoE的零信任架构中，更是提到身份和访问控制管理组件的作用。

NCCoE的零信任架构如图2所示。身份识别与访问管理组件包括用于创建、存储和管理企业用户（即访问主体）账户和身份记录及其访问企业资源的技术和策略等。

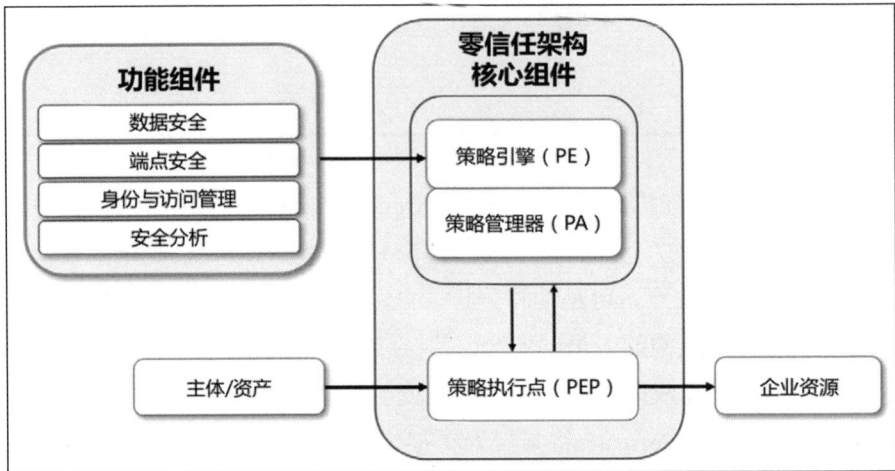

图2　NCCoE的零信任架构

在Forrester的零信任边缘（Zero Trust Edge，ZTE）报告中，介绍了零信任边缘模型如何利用零信任访问原理进行安全连接和流量传输。零信任边缘模型为本地和远程的工作人员提供了一个更安全的互联网入口。在Gartner的零信任网络访问市场指南报告中，提到当用户尝试访问网络时，零信任网络访问（Zero Trust Network Access，ZTNA）会首先验证用户的身份，并将该身份映射到企业系统的用户角色管理系统。在两个关键的ZTNA架构模型中，无论是由客户端发起的体系架构，还是由服务端发起的体系架构，都需要实现用户和设备的身份验证。身份定义安全联盟（Identity Defined Security Alliance，IDSA）在2019年的黑帽（Black Hat）大会上也给出了对零信任的理解。IDSA认为，身份定义的安全性是将身份识别与访问管理基础架构与企业网络安全技术集成在一起，提供了基于身份的实时数据和应用程序访问。身份定义的安全性是任何安全策略的基石。云安全联盟（Cloud Security Alliance，CSA）提出了软件定义边界安全模型，该模型利用基于身份的访问控制，应对边界模糊化带来的控制粒度粗、有效性差等问题，以此达到保护企业数据安全的目的。在谷歌的BeyondCorp落地零信任架构中，访问权限不再取决于用户所处的网络位置，而更加关注设备与用户凭证，对设备和用户都进行了安全识别，所有访问都要通过设备状态和用户凭证进行认证、授权和加密。所有受控设备都有唯一标识，会为每台设备签发特定的设备证书，相当于给设备完成了身份确定。在微软的零信任组件模型中，通过对用户身份源管理组件和设备库的管理，由安全策略引擎进行综合判定、身份认证，并授予对数据、应用、基础设施、网络的访问权限，这些同样离不开身份管理、身份认证和身份授权。

三、身份安全模型

（一）模型构建前提

身份是物理世界的人、物和系统等实体在数字世界的唯一标识，是物理世界的实体在数字世界的对等物。在零信任安全语境下，身份是为访问控制服务的。零信任作为基于身份（而非网络位置）构建的访问控制体系，首先需要为网络中的人和设备赋予数字身份，将身份化的人和设备进行运行时组合、构建访问主体。因此，需要对参与访问控制的主体进行全面的身份化（包括用户、设备、应用和接口等），建立唯一的数字身份，并为其设定该身份所需的最小权限。

事实上，在现代身份治理框架下，核心之一就是关注身份、账户和权限三个平面，以及其映射关系：为物理世界的人/物创建数字身份（并关联对应的身份生命周期）、梳理关联各业务系统账户和身份的属主关系、控制各个账户的权限分配，从而实现基础授权。身份、账户和权限的映射关系如图 3 所示。

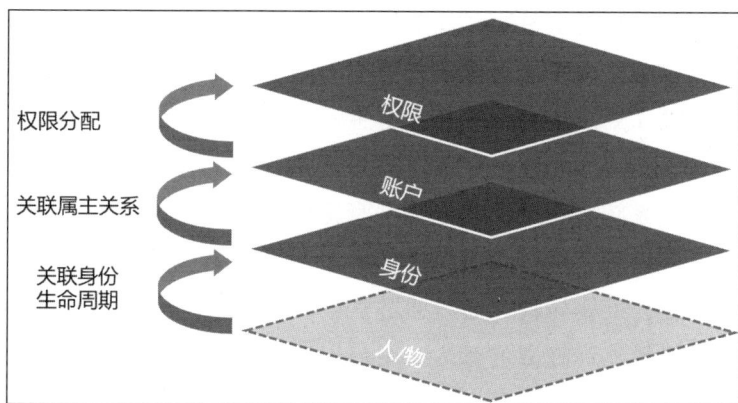

图 3　身份、账户和权限的映射关系

（二）模型及组件

在完成对访问主体（用户、设备和应用）的身份化后，访问主体具有了相应的身份属性，零信任即可基于属性的访问控制（Attribute-based Access Control，

ABAC），对访问客体（网络、数据）设定其所需的最小访问权限。

因此，身份化后的访问主体与身份识别与访问管理密切相关。也就是说，在零信任架构中，以身份管理和权限管理为主体的访问控制提供基础数据来源，使用身份管理可以实现对各种身份化实体和身份生命周期的管理，利用权限管理可以实现对授权策略的细粒度管理和跟踪分析。零信任下的身份安全模型如图 4 所示，包括身份管理、访问和身份分析三部分。

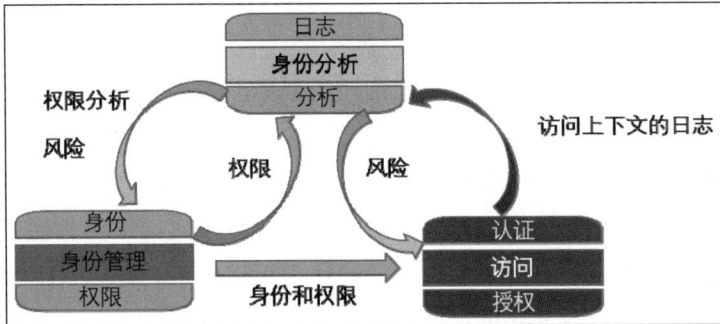

图 4　零信任下的身份安全模型

1. 身份管理

身份管理是指对身份数据和访问权限的管理。身份是指对设备、用户和应用等实体的全面身份化，通过与企业已有身份的源同步与聚合机制进行对接，形成统一身份库，并作为唯一权威身份源。权限是指主体与客体的访问关系，如为用户授予访问某个应用的权限。按照使用场景和管理的侧重点，身份管理可以细分为身份识别、用户分类管理、用户目录管理和身份生命周期管理。

2. 访问

管理员在身份系统中为用户建立数字身份后，用户会获取到访问账号，然后使用账号登录并访问资源。用户的访问过程可以分为认证和授权两个步骤。认证是指具有身份的主体在访问资源前，需要通过认证服务进行身份识别。授权是指对访问主体的身份指定资源访问权限的行为。用户、设备和应用只能访问具有相应权限的应用、服务和数据。

3. 身份分析

对访问上下文的日志，可以结合身份权限数据进行分析，评估当前身份数据是否存在风险、当前访问是否存在风险。身份分析内容可以细分为账号分析和权限分析。

身份管理、访问和身份分析相互联系。访问依赖于身份和权限数据，可以判断当前用户是谁、该用户是否有权限访问。身份分析会通过访问日志和权限数据作评估，分析风险并进行访问控制，如果发现当前访问是由攻击者发起的，就可以阻断攻击者的访问。基于分析结果，可以修改身份和权限数据，如果发现用户权限不合理，就可以撤销该用户的权限。如果发现用户账号被盗，就可以锁定该账号。

（三）模型关键技术

1. 基于全局统一的身份联合技术

在实际的用户访问过程中，往往会跨越多个域，每个域可能都有自己的身份供应方式、认证方式和访问控制方法。在这种情况下，如果没有一种统一的方式来实现身份管理和访问控制，就会出现系统不兼容的问题，同时也会使用户访问变得异常复杂。为了解决这个问题，我们采用了基于全局统一的身份联合技术，提供统一的身份管理服务。具体实现可分为以下三步。

（1）建立一个身份管理权威源：基于全局唯一身份ID，对所有访问主体（用户、设备、应用、服务等自然实体）实现身份化，在身份平台中注册并形成数字身份。

（2）确定身份基本属性：按照角色、组织、办公场所等属性，对身份进行多维度分类，为各类身份创建或关联适宜的身份生命周期管理流程，实现身份归一化管理。

（3）建立身份供应服务：提供访问主体权限信息（用户、属性、权限和应用）、策略配置管理，维护授权相关的规则、策略和属性信息，也提供外部授权信息接口和适配的协议。

企业在几乎不改变原有信息系统结构的情况下，通过企业身份目录与建立的权威源同步，用户就能使用既有认证访问策略访问原有服务，保持了企业内部在策略、处理方法和访问管理框架上的一致性。

2. 身份认证与登录代理技术

基于零信任身份安全模型，我们实现了CA证书认证、AD域认证、LDAP认证、RADIUS认证、邮箱认证、AppID/AppKey、二维码认证及多因子认证等多种组合认证方式和身份、身份认证审计记录和主密钥、审计密钥的加密存储，同时实现了身份信息和认证数据、访问数据的加密传输，确保了数据通信的安全性。零信任身份安全模型还隐藏了认证与登录代理服务的端口，将代理的应用访问业务隐藏在代理网关后集中授权，支持令牌传递，实现单点登录，并支持HTTP、RDP、SSH等多种传输协议代理。

3. 动态访问控制技术

采用了RBAC和ABAC结合的授权方式，既兼顾RBAC的简单和明确性，也具备ABAC的灵活性，实现了基于主体属性、客体属性和环境风险等因素的动态授权。动态访问控制技术会与身份分析联动，接收动态的信任评估结果，从而实时调整访问权限。

4. 持续信任评估技术

持续信任评估技术是零信任体系从零开始构建信任的关键技术。通过建立包含信任评估模型和算法的信任评估引擎，实现基于身份的信任评估能力。同时利用环境感知技术，获取终端环境及身份的信任评分，并结合身份属性信息，对访问的上下文环境进行风险判定，对访问请求进行异常行为识别、对信任评估结果进行调整，保证"运行态"的访问安全性。当访问上下文和环境存在风险时，需要对访问权限进行实时干预，并评估是否需要对访问主体进行信任降级。

四、零信任与身份安全相互影响

（一）身份安全对零信任的支撑作用

零信任基于身份（而非基于网络）构建访问控制体系，需要为网络中的人和设备赋予数字身份，将身份化的人和设备进行运行时组合、构建访问主体，并为访问主体设定其所需的最小权限。身份安全系统提供身份管理、认证和授权能力，作为零信任的基础组件之一，身份安全系统对应于零信任架构中的"身份识别与访问管理系统"，在统一身份管理、身份持续有效性验证、最小权限的授权、支持零信任架构实施动态和实时的访问控制等方面起到关键性的支撑作用，助力零信任安全架构的实施。

（二）零信任全面身份化拓展身份安全的对象类型

零信任通过身份安全实现设备、用户、应用等实体的全面身份化，采用设备认证、用户认证、应用认证等多种技术手段，从零开始构建基于身份的信任体系，建立企业的身份边界。为了适配新应用场景，身份安全将完成客观世界对象的身份数字化过程，特别是对支持设备互联的身份认证技术和进程、容器、工作负载等身份标识技术的使用，从而实现对不同类型数字化身份的属性管理。

五、未来趋势

从新数字业务模式和需求出发，身份安全模型的发展可以在两方面（支持企业业务增长、满足安全合规性要求）上更加敏捷，身份安全模型必须作为企业核心技术服务的组成部分。身份安全不仅可以作为零信任下保护数据、满足安全和合规需求的重要组件，同时也将提升整个零信任系统下用户的访问体验，为企业业务带来增长。

（一）身份安全的核心功能将涵盖安全与业务

客户体验与企业的业务收入呈正相关，客户体验越好，企业收入增长越高。如果要提供出色的客户体验，企业就需要投资有助于争取、留存客户的技术、系统和流程，而未来的身份安全就将提供平台与技术。身份安全将不会再完全局限于以安全技术为中心，会发展成为帮助企业理解和维系客户关系的重要工具。

只有当身份安全体系能够准确地完成客户验证、引流和识别，对客户的交互上下文行为、客户偏好熟记于心，在将所有客户身份整合到统一的身份数据源后，安全团队就可以使用这些数据来抵御网络威胁和回溯安全事件，同时业务和营销团队也能利用身份数据来增强客户关系，带来业务收益。而且现代化的身份识别与访问管理也能为企业员工提供适应性、安全的敏感数据访问，从而提高员工生产力，提升员工对任职企业的认可度。

（二）身份安全体系架构与技术将发生变革

随着企业越来越希望通过身份识别与访问管理的新技术在业务上创造新价值，那么身份安全体系的策略和架构就会发生变革，以此来支持新的数字业务模式和要求。身份类型将涵盖企业员工、供应商、合作伙伴和客户，甚至还有物联网设备，从而实现通过任何设备都可以对内外部任意应用程序和数据资源进行正确和可控的访问。这就将对身份安全体系架构、接口设计产生巨大影响。

未来身份安全技术将越来越广泛，具体列举如下：

（1）建立多身份源输入下的身份融合、属性关联技术；

（2）设计、研发支持云端、本地用户目录、应用程序等混合环境下的身份安全技术；

（3）基于API、面向微服务，提供松耦合的技术方案；

（4）在零信任框架中为数据和网络访问提供身份上下文信息的技术；

（5）无密码身份验证技术；

（6）生物行为识别与持续用户身份验证技术；

（7）采用基于区块链的自我主权、分散化的身份管理范式和技术；

（8）人工智能和机器学习技术；

（9）集成网络威胁情报技术。

六、结语

零信任与身份安全密不可分，零信任以身份为基石，实现了细粒度的授权访问控制，身份安全也将因零信任的推动而产生实现架构和技术上的发展与革新。本文明确了零信任与身份安全之间的联系，构建了零信任下的身份安全组件模型，实现了零信任身份安全的关键技术。接下来就可以在具体的应用场景下，开展广泛的零信任身份安全实践。

新目标、新战法，以零信任架构保护数据安全

张晓东　江苏易安联网络技术有限公司方案营销总监

↘ 一、引言

"十四五"规划将"加快数字化发展建设数字中国"作为重点方向，并首次提出"数字经济核心产业增加值占GDP比重"这一新经济指标，明确要求 2025 年我国数字经济核心产业增加值占GDP比重要由 2020 年的 7.8%提升至 10%。

在数字化变革浪潮下，各行各业对组织经营生产、研发创新、流程管理等方面的数据需求不断增长，促使企业在从生产到服务等多方面进行全方位变革，由此带来的大量且快速变化的数据安全威胁，成为企业数字化转型过程中亟待解决的问题。不断变化的网络威胁环境和网络攻击模式，使得企业无法在一个安全可靠的环境下持续响应数字化变革的要求，甚至会因此损失大量企业数据资产。正因如此，如何摆脱数字化变革中的被动地位、提前做好应对网络安全风险的措施，将成为企业数字化战略历程中最具价值的一环。

↘ 二、数字化变革带来新的安全挑战

组织在数字化变革过程中往往需要经历两个阶段，即产业数字化和数字产业化。产业数字化是将所有传统产业的生产信息、管理信息变成数据，利用数字化技术促进产出的增长和效率的提升。数字产业化是将这些流动的、实时的、有生命力的数据，最终转化为新的生产力，从而提升生产效率。数据将变得越来越有价值，数据在业务流程中的脆弱性也将导致数据泄露、数据破坏、数据滥用等数据安全事件频发。

（一）数据流动加剧数据安全风险

过去的业务模型都是"竖井式"架构，业务与业务之间是相对独立的，数据之

间也没有相互调用，数据往往是静态的，集中存放在服务器上。因此，过去数据安全的主要防护手段是对数据进行加密，利用这种单一的方式来保证数据安全。

在企业的数字化转型中，数据已经成为企业重要的生产资料，并且会在流动、交互的过程中创造出更大的商业价值。业务流程中数据不是静态存储在某个地方，数据流动性非常强，数据可以随时随地产生、随时随地被使用，数据在流转过程中需要涉及复杂的场景（跨部门、跨区域、跨网络、跨系统的数据共享和业务协同等场景），涉及的人员角色也比较复杂，系统、业务和组织边界将进一步模糊，难以梳理清晰数据出口边界，导致无法对数据出口进行安全加固和统一管理。

（二）数据种类繁多，传统方案难以开展数据分类分级

在数字化业务环境下，数据产生量极大，数据源非常复杂，数据会持续从业务中生产出来，因此数据至少可分为内部业务生产数据、经营数据、运维数据和外部供应链数据等类型。从各种渠道和来源收集的数据格式千差万别，数据存储分散、数据流量复杂、访问渠道繁多，这给数据分类分级工作带来了巨大挑战。

由于数据的多样性和业务流转的复杂性，往往很难界定数据的安全责任主体，这会产生数字资产统计不清晰、归属不明确、职责未定义等管理问题，无法对数据进行体系化的管理，同时大多数企业没有专职的数据安全管理部门，数据通常由网络部门来维护，缺少与技术部门和业务部门的协同办公，且对数据的关注点常常在网络层面的数据安全方案，缺少对业务的深入建设能力。

（三）单项技术的防护手段无法解决数据安全问题

传统防护通过在网络边界部署防火墙、IPS/IDS 和数据库防火墙等安全设备，以流量分析和边界防护的方式提供数据保护，侧重于单点防护。数据安全机制通常是围绕着办公环境开展的，常规安全技术有数据加密、脱敏、审计等，往往由多个厂商提供，厂商独立建设和运维安全技术，缺少情报共享、协同作战的能力。

数字化阶段的安全防护不再是单点的能力建设，而是要考虑到数据所处的各种业务场景，在数据产生、数据应用和数据销毁的整个数据流转场景中，部署相应的数据安全措施。

（四）缺乏动态持续访问控制手段

传统的数据安全管理方案很难在安全和效率中找到平衡，重管控、轻体验，导致项目往往难落地，安全策略也无法被有效地执行。在这样的背景下，组织对数据

安全的管控措施效果差，无法实现精细化的访问控制。

同时，传统访问控制方案中往往采用基于角色的访问控制方案，属于静态的、不可持续的管控机制，一旦用户拥有某个业务或某项数据的访问权限，那基于整个链条中涉及的终端、网络、应用等因素都无法去评估访问的安全性，于是很难有效地监测访问过程中可能发生的行为，也很难进行持续信任评估、根据信任程度动态调整访问权限。

（五）数据安全新目标和新战法

在 2022 北京网络安全大会中，首次提出"零事故"标准，"零事故"可以帮助企业以一种全新的视角来定义数据安全保护的目标（即业务不中断、数据不出事、合规不踩线）。

"零事故"要求"联合作战"。齐向东说，安全公司应与企业达成网络安全是一个技术体系的共识，单一的产品无法保障安全，需要构建纵深防御体系、建立全面监控的能力，实现高效协同。

三、零信任数据安全"零事故"防护思路

传统数据安全建设思路通常是基于数据全生命周期的各个环节进行风险评估，基于风险评估结果，构建相应的安全能力，但传统数据安全建设思路下的建设方案是一个巨大复杂的工程，落地周期长，建设费用也不菲，同时由于各个模块使用的产品涉及多个厂商，维护成本也很高。

以"零事故"为目标，从业务场景和风险视角帮助组织重新审视数据安全风险，基于IPDR理论来构建零信任数据安全防护体系，可以分为识别、防护、检测和响应4 个阶段，提供体系化的安全能力，从而实现数据安全的闭环防护。基于IPDR理论和零信任思想的数据安全防护体系如图 1 所示。

（一）识别阶段

识别阶段帮助企业发现整个数据流转过程的全貌，这个阶段需要梳理出组织的业务场景和数据流转全链路，包含数据流转过程涉及的主客体（比如组织的终端资产、账号资产、应用资产、网络环境等），这个阶段的工作重点是梳理业务场景，还要关注特权账号的梳理和敏感业务操作的定义，为防护、检测和响应阶段提供准确的数据支撑。

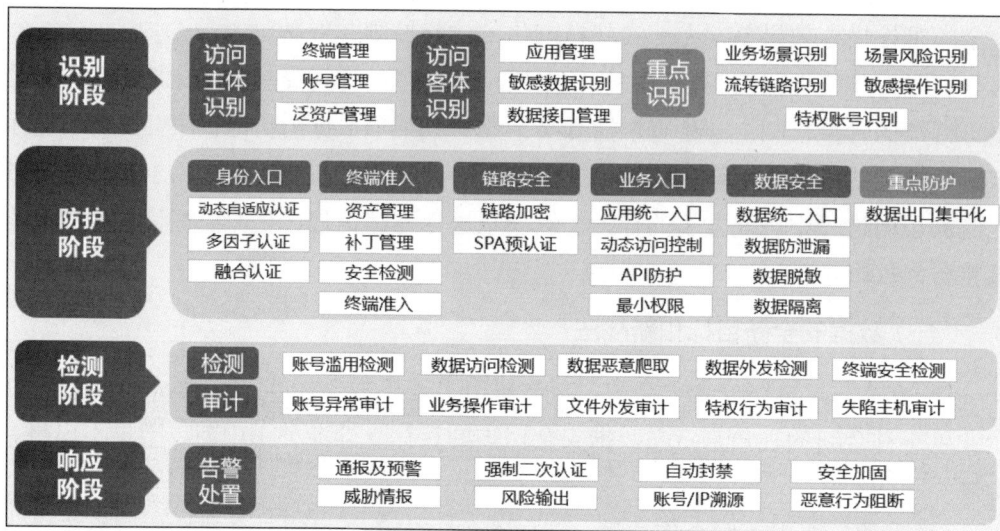

图 1　基于IPDR理论和零信任思想的数据安全防护体系

（二）防护阶段

防护阶段需要识别所有数据的出口，分析每个数据出口可能存在的安全薄弱点，并评估整改安全薄弱点的优先级，构建数据的统一出口（如基于协议构建应用资产、数据、API接口等多种数据出口），同时也要定义数据的访问入口，从身份、终端合规准入（包含泛终端）、系统调用等维度识别数据请求的发起人。

（三）检测阶段

类似于用户实体行为分析，检测阶段通过构建检测分析和审计两大能力，识别和审计账号滥用、数据恶意爬取和敏感数据泄露等行为。

（四）响应阶段

响应阶段主要通过策略执行点（账号、终端、网关等）来实时接收零信任风险评估引擎的威胁分析结果，执行零信任控制中心的安全控制策略，实现动态安全防护联动能力，对风险进行应急响应（如告警、强制二次认证、网络隔离、自适应控制等）。

四、零信任应对数据安全风险的关键点

组织可以采用SDP架构来构建零信任数据安全防护体系的基础框架，SDP架构

用软件定义的方式来制定各种动态ACL规则，以一种无侵入的方式与现代网络架构相结合，构建从身份、终端、网络、应用到数据多个维度的虚拟边界，将防护视角从网络层转移到数据层，通过重新构建基于身份和设备的逻辑边界，在数据前形成隔离的微边界，实现端到端的安全防护效果。利用零信任沙箱的能力构建安全的办公空间，搭配零信任网关提供的数据脱敏、水印、最小化授权等能力，在多个数据入口处实现安全保护。零信任数据安全防护平台架构如图2所示。

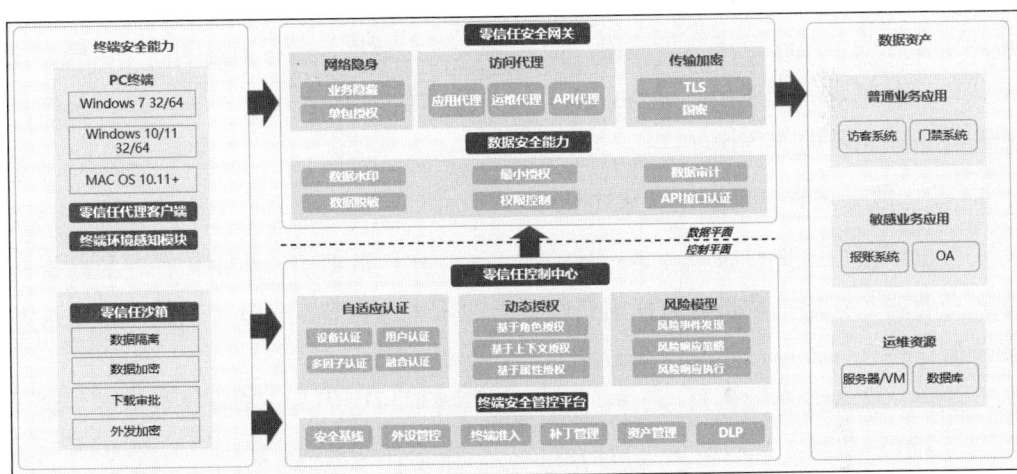

图 2　零信任数据安全防护平台架构

零信任作为一种新型的安全架构，以"持续验证，永不信任"为原则，保障身份和访问安全的同时，能够与传统安全相结合，实现数据全生命周期的安全保护。对许多企业而言，构建零信任的数据安全防护体系需要与业务全面融合，将零信任安全能力嵌入到业务流程中是一个循序渐进的过程，我们归纳了如下5个关键技术，将会保障组织在正确的道路上构建数据安全防护体系。

（一）场景化的数据分类分级和策略控制

企业应考虑的第一步是了解当前的数据资产，围绕业务场景，以数据安全合规监管和组织业务安全提升的需求为指导原则，对数据进行分类分级，梳理相应数据访问控制的参与方和安全风险。

数据资产分类可以根据业务环境和范围进行梳理，分析数据的内容、用途、来源和存储位置等信息。遵循法律法规的要求以及数据自身价值，定义数据的敏感度等级，以此来实现数据资产分级。

同时需要全面梳理数据传输和流转通道，对数据流转过程进行全要素识别。只有充分掌握了数据资产情况，厘清所有参与的访问主体和客体，才能对保护数据作出明智的决定，从而打造高效的零信任环境。

（二）构建持续验证的认证链

传统数据泄露的人为因素占比非常高，其原因就在于信任机制出了漏洞，以零信任的思想融合多种认证方式，提供统一认证服务能力，构建信任链条（包括身份、终端、访问环境以及上下文），可以通过零信任补充和增强身份验证的能力。场景感知主要是为了在这个环节关注用户接入的上下文数据，进行静态的安全校验、设备认证（包括设备的激活、准入、终端安全合规检测等），确保可信的身份使用合规的设备做正常的业务操作。

（三）收敛边界，数据出口集中化

数据的出口就像暴露于业务之外的攻击面，实现数据出口集中化管理的前提是掌握企业的数据出口数量和数据出口在业务流程中的位置，充分了解数据出口是保证零信任持续保护用户、网络和数据安全的前提。

建议从业务发布和访问接入两个维度构建数据出口的两大逻辑边界，统一通过零信任SDP方式接入，收敛用户访问入口；由零信任网关（4 层协议网关或 7 层协议网关），实现集中化业务发布入口、流量的代理和访问控制。这种架构方式可以对数据出口和用户访问入口进行统一策略管理，根据业务敏感等级和数据安全级别，实现分场景的接入和安全管控，同时提供业务及数据服务的隐身能力，从而避免自身漏洞被恶意利用。零信任网关还可以提供数据水印、脱敏等功能，综合保障数据安全。

（四）零信任沙箱实现数据防泄露

零信任数据安全防护体系将新一代零信任访问控制技术与数据沙盒技术相结合，体现"防御机制跟随数据流动而构建"的核心思想，数据流向哪里，防御机制就构建到哪里，为数据业务提供精细化的防护措施，搭建了从终端到数据整个链路的全面软件定义数据安全架构，同时解决了组织内部数据的静态访问控制问题、数据流动的动态安全问题。

基于零信任沙箱多虚拟工作域的安全特性，可以针对不同角色人员和不同敏感业务访问，在带来一致性体验的同时，保障敏感数据的安全，同时可以与DLP、文件加解密产品结合，在保障安全的前提下满足数据充分流动、充分共享、办公场景移动化等多样化需求，最大限度地保障组织数据的安全，赋能数字化转型时代的新型业务。

（五）风控管理，场景化的动态访问控制

如何做到持续信任评估是保障零信任发挥价值的关键点，构建针对各类风险场景的风险评估模型是实现持续信任评估的核心。通过对实时访问行为数据和风险基线库数据的综合分析，评估访问主体和访问客体的风险信任值，实时匹配风险评估等级，支撑动态决策授权，以此来保障数据安全。

模型参数包含但不限于访问主体、终端情况、物理环境以及访问客体的各类安全属性。风险场景包含异地登录、异常IP登录、异常时间登录、异常设备登录、用户仿冒、设备仿冒、数据越权访问、异常操作行为、脚本/机器人恶意攻击、资产指纹数据变更和端口开放异常等。

↘ 五、结语

随着企业数字化进程的加快，数据量会越来越大，数据的共享场景会更复杂，数据的使用会更加频繁，边界的概念会越来越模糊，数据价值和数据安全防护之间必然会出现冲突，数据安全的"零事故"目标为企业提出了更高的要求。零信任遵循的是"从不信任，持续验证"的原则，将安全策略和能力完全融入业务中，具备了基于业务数据流转的纵深防护能力，帮助企业解决数据安全问题，让企业能随时随地放心地使用数据。

04

第 4 章

云安全

勒索病毒事件频发，服务器安全防护刻不容缓

李栋　奇安信云与服务器安全PBU高级安全专家

近年来，勒索病毒攻击事件呈快速上升态势，大型企业、医疗、软件供应链成为重点攻击对象，Kaseya云、国内多家知名企业均遭受过勒索攻击并产生了严重后果。随着经济目标的转变，勒索的攻击目标也从终端逐渐扩展到服务器，定向攻击已经成为新趋势，不具备防护策略或者防护策略不严的服务器将面临严重的安全风险。

一、勒索病毒攻击分析

勒索病毒攻击可以分为病毒投放、病毒执行和病毒扩散三个阶段，每个阶段可以是多种攻击方式的组合，还可以绕过现有的监控及防御措施，"零日漏洞＋变种勒索病毒"攻击组合的危害尤其大。

1. 病毒投放阶段

根据奇安信云与服务器安全PBU的统计，常见的服务器勒索病毒投放手段有数十种，常见的勒索病毒投放手段如图1所示。

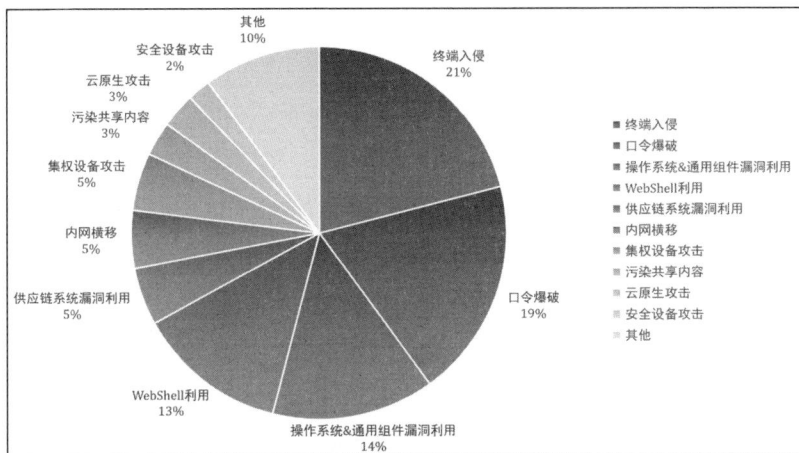

图1　常见的勒索病毒投放手段

终端入侵、口令爆破、漏洞利用、WebShell利用、软件供应链攻击、内网横移是目前勒索病毒最常见的入侵手段，除此之外，域控、堡垒机等集权设备、安全管理设备、物联网设备也成为高阶攻击者的新目标。同时，随着传统业务逐步向云原生环境迁移，也开始出现API攻击、容器镜像污染、编排工具利用等在云原生场景下的勒索病毒入侵方式。

2. 病毒执行阶段

目前对抗勒索病毒在服务器本地执行的常用方式是杀毒软件，但频繁变形的旧病毒和不断出现的新病毒都给通过特征查杀病毒的方式带来了巨大挑战。据奇安信统计，2022 年在国内活跃的勒索病毒家族有PolyRansom、CONTI、GandCrab、Stop、Wanna等，还会不断地出现新型变种病毒，因此即使部署了杀毒软件，服务器在被上传了新型勒索病毒后也依然存在被感染风险。在成功执行勒索病毒后，会进行大量的文件扫描，并对数据类文件、系统关键文件进行加密。目前还衍生出了一种无文件攻击的高级方式，即勒索病毒在本地无实体文件，而是以代码方式加载在Powershell等系统高权限应用中，通过被感染的应用实现文件加密的操作，进一步加大病毒检测的难度。

3. 病毒传播阶段

核心服务器一般被部署在内部环境中，不容易被直接攻破，因此勒索病毒首次感染的服务器往往是边界服务器或者终端（而不是数据库、核心存储等最终勒索目标），因此勒索病毒还需要通过自我增殖、横向移动的方式进行内网渗透，在渗透到目标服务器后，再进行加密勒索操作。

图 2 展示了常见的勒索病毒攻击链。

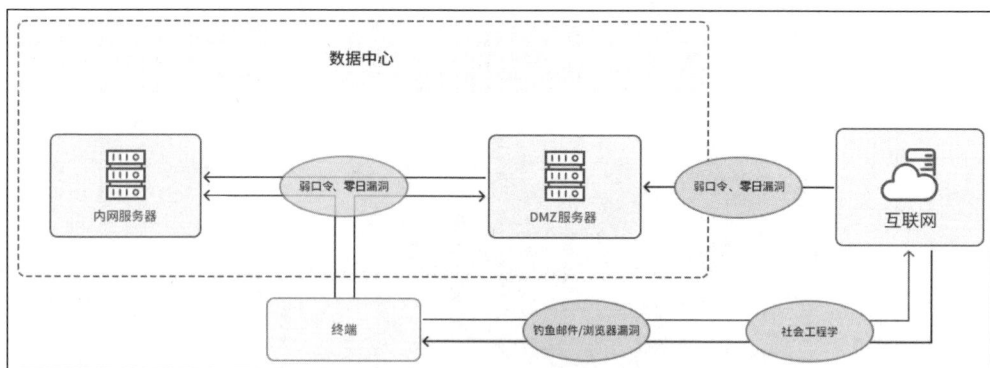

图 2 常见的勒索病毒攻击链

（1）利用弱口令、零日漏洞等方式直接入侵边界服务器，然后利用钓鱼邮件、浏览器漏洞突破终端边界，进一步渗透到边界服务器。

（2）成功入侵边界服务器后，利用弱口令、IPC横移等方式进行内网横向渗透，最终成功攻击目标服务器（数据库、核心存储等）。

↘ 二、服务器勒索病毒的应对方式

发现勒索病毒说明服务器已经被成功攻击，因此服务器勒索病毒的应对思路应该由"事后补救"转变为"提前防御"，奇安信椒图服务器安全管理系统（以下简称为椒图）可以从"病毒投放-病毒执行-横向扩散"的攻击链上层层切断勒索病毒的传播途径。

为了应对勒索病毒攻击链上的攻击，可以将防御思路归纳为三点：防投毒（端口、漏洞、弱口令管理）、防病毒执行（杀毒-已知病毒、白名单-未知病毒）和防扩散（微隔离）。勒索病毒攻击链及防御手段如图3所示。

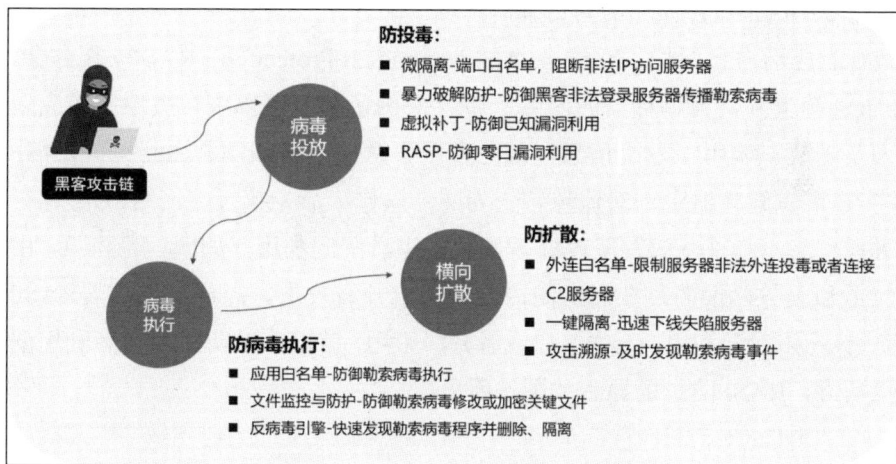

图3　勒索病毒攻击链及防御手段

（一）防投毒

防投毒就是要切断所有投放勒索病毒的渠道，防止勒索病毒落地。

策略1：屏蔽恶意扫描

端口扫描是黑客攻击的第一步，攻击者利用扫描器可以获取服务器、开放端口和服务进程，发现未修复的相关漏洞，从而发起漏洞利用攻击。基于椒图的防端口扫描功能，可以有效阻止漏洞扫描的端口探测和Web攻击行为。椒图的防端口扫描设置如图4所示。

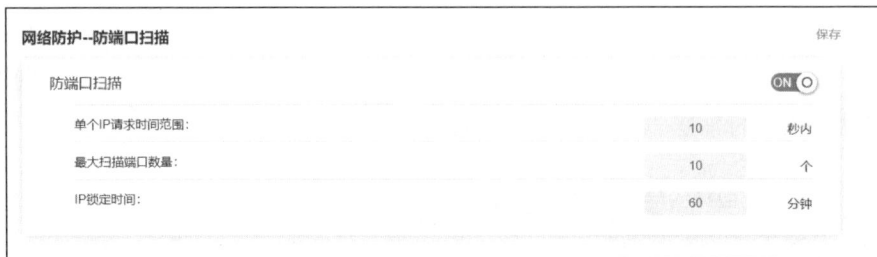

图 4 椒图的防端口扫描设置

策略 2：端口白名单-防危险端口暴露

椒图可以自动识别出暴露在互联网中的业务端口，帮助用户快速梳理整个业务信息系统的暴露面。椒图可以通过部署防护插件，配置端口控制策略从而进行管控。缩小企业暴露面，就可以降低受攻击风险。同时椒图支持用户自主添加端口，形成可信IP列表，从而对异常访问进行告警或阻断。

策略 3：RASP-防御Web类零日漏洞

运行时应用自我保护（Runtime Application Self Protection，RASP）工作于ASP、PHP和Java等脚本语言解释器的内部，通过Hook函数，可以细粒度地监控应用脚本的行为及函数，调用上下文信息，及时发现恶意代码和漏洞利用行为。RASP通过"插桩"在语言解释器中，对流量转变为文件操作、命令执行、网络I/O等运行时上下文进行检测，可以有效发现WAF规则外的零日漏洞利用（如Log4j漏洞）。由于涉及的应用和服务器很多，在短时间内难以完成升级攻击，因此通过部署RASP就能直接防御Log4j漏洞利用，无须重启或者升级引用，就能有效防止攻击者利用漏洞上传勒索病毒。RASP防护的原理如图 5 所示。

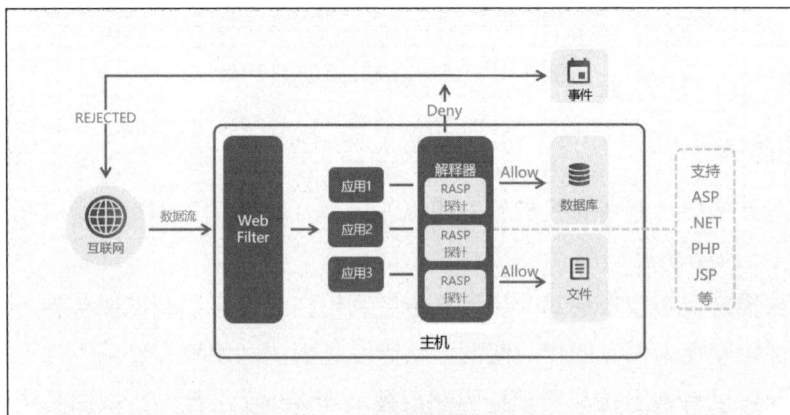

图 5 RASP防护的原理

（二）防病毒执行

在勒索病毒落地后，会对文件有三种操作：对文件进行大量读或写、创建同名但不同拓展名的文件、为大量文件增加扩展名。通过对这些行为进行实时监控和防护，可以有效阻断勒索病毒的执行。

策略 1：文件监控与防护

椒图的文件监控与防护功能可以保护整个目录、网页或文件不被恶意修改，支持监控和防护两种模式。椒图采用驱动级文件监控保护功能，即使用户拥有管理员权限，也无法实现恶意修改，权限的可细粒度配置包括文件的读取、写入、删除、创建、执行、重命名、链接等，可以有效限制WebShell和勒索病毒的落地。

策略 2：应用白名单-防勒索病毒执行

椒图会自动学习已启动应用清单，根据威胁情报、病毒告警等信息，可以快速识别出可信应用白名单。启用白名单防护策略后，勒索病毒和其他未知应用程序等非白名单应用将无法运行，直接避免了勒索病毒的落地。

（三）防扩散

防扩散就是要快速将病毒做隔离处理，将危害控制在最小范围内。防扩散有如下两种策略。

策略 1：外连白名单

椒图限制服务器的对外服务进程只能访问特定的IP或域名，当服务器中勒索病毒后，可以连接C2服务器传输数据，或者进一步横向移动。

策略 2：端口暴露控制

椒图可以一键禁止服务器的内网或外网访问，快速隔离失陷服务器。

↘ 三、产品优势

奇安信椒图服务器安全管理系统（云锁）是依据云工作负载保护平台CWPP框架而打造的，是一款负责攻击面管理和运行时防护的实战型服务器安全产品。基于资产与风险管理，椒图可以提前发现安全薄弱点，实现对攻击面的有效管理。通过In-App WAF探针、RASP探针、内核加固探针等运行时防护技术，可以有效检测与抵御木马后门、暴力破解、无文件攻击、漏洞利用攻击、SQL注入等恶意攻击，在服务器端构筑事前加固、事中对抗、事后溯源的全程防线，实现网络层、系统层和应用层的一体化防护，有效保护服务器、虚拟机、云主机、容器等工作负载免受黑客及恶意代码的攻击，满足实战攻防的要求。

除了实现其自身的防御及监控功能，服务器安全产品也是整个安全系统在服务器端的"眼睛"，逐步实现了与奇安信威胁情报、态势感知、零信任、终端等其他优势产品的协同联动，为客户提供更全面的整体安全方案。

通过不断的功能完善与产品创新，椒图在服务器安全领域实力领先，广泛应用于能源、运营商、金融、制造和互联网等领域，成功打造了多个千万级行业标杆，以服务器安全为目标，为国家各类重要项目、关键基础设施的网络安全保障贡献力量，成为服务器合规建设、安全运营和攻防对抗中必不可少的可靠伙伴。

零事故之路：用RASP防护云上应用安全

董毅　悬镜安全COO

近年来，网络攻击事件越发频繁、攻击手段愈发多样。随着"上云"成为各大企业的发展趋势，云解决方案和SaaS应用程序使用量的不断增加，企业的网络应用攻击面也进一步扩大。然而，很少有企业拥有专业的安全运营团队，攻防差距明显。总体来看，网络安全仍处于"敌强我弱"的状态。因此，如何让企业以最低的成本开展最强的防御手段、尽最大可能减少事故，成为当前的热点话题。

本文将从现代数字化应用带来的安全挑战、RASP的优势与应用和基于RASP的应用安全解决方案三个方面，阐述基于RASP的零事故之路。

一、拥抱变化：现代数字化应用变化带来的安全挑战

（一）架构模式的变化

相比之前的应用，现代数字化应用的整体架构模式更加复杂。例如以前用户会从页面访问商品，从请求到前端服务器处理，再到后端与数据库交互，然后返回和展示数据，整个过程体现出单体应用架构的简单。

当应用走向云原生，转变为微服务架构之后，后端提供多元化服务（比如支付、存储、库存、商品展示等模块的拆分）。

这种架构模式的转变会增加安全的工作量。在单体应用场景下，只需要通过简单的黑盒测试去扫描漏洞，或者通过人工检测去发现业务逻辑漏洞，这些方式比较透明和简单。而在云原生场景下，出现了微服务应用的API安全、代码层面的安全等问题，这表明安全的视角随着架构模式的转变也发生了变化。

（二）开发模式的变化

开发模式也在发生变化。在早期的瀑布式开发中，当开发人员进行开发时，测试人员和运维人员都在等待，等待开发完成后，再进行功能测试和性能测试。而当

测试人员进行测试时，开发人员处于等待Bug反馈的状态。这样的开发流程会使得开发不够敏捷。

敏捷开发意味着在整个开发过程中，既能快速完成每一项计划内的工作，又能迅速响应从需求端反馈而来的新需求。随着基础架构的升级和业务的发展，开发模式需要转型为敏捷开发或者DevOps。

DevOps打破了开发和运营的原有壁垒，并将开发和运营有机地结合在一起。运维人员会在项目的开发阶段就介入，了解开发人员使用的架构和技术路线，从而制定适配的运维方案。在系统部署过程中，开发人员也会提供优化建议。DevOps促使更多部门参与到开发过程中并相互配合。

（三）安全模式的变化

架构模式和开发模式的变化使得安全模式也发生了转变。早期微软的软件安全开发生命周期（SDL）是基于软件开发生命周期（SDLC）提出的一种安全方案，其最终目的是保障软件开发的整个过程，使开发出的应用存在尽可能少的漏洞。

SDL的核心理念是将安全集成到软件开发的每一个阶段，从培训、需求、设计、实施、验证到发布，每个阶段都有相应的安全手段。但是在这个过程中会有大量人工介入，一旦发布新版本的频率加快，就会给安全工作造成巨大压力，从而影响软件发布的周期。因此，对应用开发生命周期进行保护的安全模式就演进到了当下的DevSecOps。

DevSecOps是一套基于DevOps体系的全新IT安全实践战略框架，最早由Gartner在2012年提出，近些年DevSecOps在国内有了很全面的实践应用，无论是推行速度还是应用效率，都在不断提高。DevSecOps的核心理念是安全需要贯穿业务生命周期的每一个环节，是开发、测试、运维、安全等团队成员的责任。DevSecOps的一个思想是，安全工作需要前置嵌入现有的开发流程体系中，做好应用上线前的安全检测工作和上线后的安全防护工作。DevSecOps更加强调自动化和敏捷化，这也是其在全球范围内大受欢迎的原因之一。

随着上述这三大变化，应用上云后的安全风险面也发生着改变，其核心是如下两部分。

（1）自研代码的缺陷：包括微服务相关的API安全、OWASP Top 10 中的Web通用漏洞，以及容器与基础设施结合过程中的合规需求、安全配置等。

（2）开源或者第三方组件的漏洞：除了需要在开发流程中进行安全活动，应用安全防护也需要在风险面管控上作适应性改进。

↘ 二、技术革命：RASP的优势与应用

基于以上变化，Gartner在 2012 年提出了RASP的技术概念，RASP是一种新型应用安全保护技术，该技术将防护功能"注入"应用程序中，与应用程序融为一体，使应用程序具备自我防护能力，当应用程序遭受到实际攻击时，RASP能实时检测和阻断安全攻击，不需要进行人工干预。2021 年年底爆发的核弹级"Apache Log4j 2"安全漏洞事件后，RASP的能力更是受到了广泛认可，RASP在应用安全防护方面也有着显著的突出作用。

（一）极高的兼容性和覆盖面

RASP能适应Java、PHP、Python和Node.js等运行环境，也能适用于Tomcat、JBoss、Weblogic等中间件。RASP能通过动态插桩、应用漏洞攻击免疫算法、运行时安全切面调度算法等关键技术，将主动防御能力"注入"业务应用中，借助强大的应用上下文情景分析能力，捕捉、防御各种绕过流量检测的攻击方式，提供兼具业务透视和功能解耦的内生主动安全免疫能力，为业务应用出厂的默认安全带来新发展。

（二）防御为主，以退为进

RASP支持防御Web通用漏洞（如SQL注入、命令执行、XSS等漏洞）、第三方框架及开源组件的漏洞、零日漏洞等。RASP的覆盖面广，可广泛应用于（包括但不限于）金融、能源、电商、泛互联网、汽车制造等行业的DevSecOps敏捷安全体系建设、软件供应链风险治理等体系场景中。

在应用纵深安全的场景中，RASP可以和WAF等结合，进而对威胁产生告警和拦截。例如在 2021 年年底的Log4j 2.x漏洞事件和 2022 年年初的Spring框架事件中，RASP是能够发现和拦截这些零日漏洞的，再结合WAF形成纵深防御，便能增强应用对零日攻击的防御能力。通过有效的攻击溯源，可以在一定程度上还原攻击者的攻击路径与攻击手法，将所有攻击以及攻击特征等信息记录下来并加以分析，通过列表、数据图标等可视化方式进行展示，将攻击特征信息转换成防御优势，针对性地抵抗网络攻击。

（三）RASP如何工作

没有一款安全产品能解决所有安全问题。从Web客户端到内部应用服务器，还有防火墙、IDS/IPS、WAF等一系列安全设备，但是这些安全设备都位于边界上，HIDS监控程序也没有作用在应用上，这些安全设备只是不断地给应用添上"抗寒的衣物"，并没有保障应用本身的安全。

RASP并不依赖于Web的防护策略，只是不断地提高应用本身的"免疫力"（悬镜称之为RASP的应用自免疫能力）。应用将请求发送给RASP引擎，后者分析请求将攻击溯源并进行可视化展示（如攻击时间、攻击类型、攻击地址、攻击次数等）。依托于插桩模式，RASP还具备一些扩展能力（如运行时组件分析、API梳理等）。

↘ 三、防护到底：基于RASP的应用安全解决方案

应用架构模式和开发模式的转变要求新兴的安全能力一定要适用于现代新型场景。企业开始逐步引进DevSecOps的思想，同时采用RASP技术实时保护正在运行的应用，为安全开发、安全生产、安全运维、安全使用保驾护航。

悬镜安全在IAST和RASP的大量实践过程中发现，可以将它们的探针与Tomcat等中间件结合，也可以与容器结合，从而整合基础环境、代码和安全能力，共同打造云原生安全场景下的应用防护能力。同时，也可以把探针左移到上线前，进行应用安全检测。

基于上述实践经验，悬镜安全提出了"One Agent"（即探针一体化的应用安全方案），使得探针不仅可以作用于RASP的积极防御，还可以作用于IAST的灰盒检测和SCA的开源组件检测。总而言之，在应用开发生命周期中插入探针，就能实现很多安全防护能力。即便在容器化环境中，利用单探针插桩，也能实现对第三方开源组件、应用本身的漏洞、上线后的恶意攻击进行告警和拦截。

以悬镜安全在金融行业的某标杆案例为例，用户在部署云鲨RASP后，通过单一的轻量级探针，就能将IAST、SCA、RASP等能力体系化地集成到数字化应用开发流水线中。

每当遇到需要紧急上线的项目时，安全团队便能够很好地利用云鲨RASP提供的运行时安全防护与虚拟补丁功能，允许项目在存在安全漏洞的情况下打上虚拟补丁后快速上线，随后再在规定的时间内完成漏洞修复，实现安全团队的无忧运营，

与开发团队之间达成共赢。云鲨RASP通过运行时插桩技术可以对已上线环境的漏洞下发代码级热补丁，让研发人员精准地看到漏洞所在位置，精确到代码调用栈的检测结果，也为研发人员下一步修复安全漏洞提供了极大的便利性。面对当前用户最为关注的开源组件风险管理问题，云鲨RASP还融合了悬镜安全独有的运行态SCA引擎，能够精准地识别应用系统实际运行过程中动态加载的第三方组件及依赖，对运行时的应用程序进行深度且有效的威胁分析，深度挖掘组件中潜藏的各类安全漏洞和开源协议风险，更进一步地保障应用程序的安全运行，从RASP的角度出发，解决用户重点关注的开源治理难题。

此外，悬镜第三代DevSecOps智适应威胁管理体系不仅能应用于DevSecOps敏捷安全场景中，还能应用于云原生安全和软件供应链安全两大典型安全场景中。

↘ 四、结语：从RASP开启云上应用安全防护

网络安全作为互联网的底层基座，如今显得愈发重要。随着数字化经济的发展，越来越多的企业享受着数字化转型带来的红利，云解决方案、SaaS等应用程序市场不断扩张。当然，随之而来的就是更为复杂、更为重要、更为迫切的应用安全防护问题。

面对应用现代化，需要推动安全战略从"传统基于边界防护的安全"模式向"面向应用现代化的内生安全"模式转变，RASP作为降低应用风险的一项关键技术，必将加快企业的数字化转型，推动产品创新、供应链优化、业务模式创新和用户体验的提升。

悬镜安全，作为DevSecOps敏捷安全领先企业，在当前架构复杂化、开发敏捷化的背景下，通过特有的"All in one"探针，融合代码疫苗技术，化身应用的"最佳防守员"，将防守做到极致。同时，持续赋能金融、互联网、能源等行业用户，为各大企业筑起适应自身的安全防御体系，竭尽所能地为企业的数字化业务铺设"零事故之路"。

云原生时代：安全该何去何从？

孙立鹏　奇安信科技集团股份有限公司云安全管理事业部负责人

容器、微服务等技术的应用重新定义了云上的开发运营体系，加快了业务上线和变更的速度，云的使用也比以往更加便捷、高效。云原生在给企业带来敏捷性的同时，也引入了全新的安全风险和挑战。与传统的安全防护能力不同，云原生安全需要紧密结合安全能力和云原生平台，安全必须集成到持续集成和持续开发流程中，真正地成为内生安全。现在很多人将云原生安全称为"云安全的下半场""云安全的未来"，足以见其重要程度。云原生时代，安全该何去何从？

↘ 一、现实：两成用户无云原生安全防护能力

2022 年 7 月，中国信息通信研究院发布了《云计算白皮书（2022 年）》，数据显示，中国云计算市场在 2021 年仍保持高速增长，市场规模达 3 299 亿元，同比增长54.4%。《"十四五"数字经济发展规划》的发布、《上云用云实施指南（2022）》编纂工作的启动等，都为政企深度上云用云提供了政策性指引，形成了 2021 年中国特色云计算产业发展的大背景。

从技术方面来看，2021 年的突出特点在于云原生正通过改进企业的IT技术和基础设施，持续加速企业IT要素的变革，这成为企业用云的新范式。具体表现在云原生生态的日趋完善、能力模型的日渐丰富、与企业IT建设目标和要素深度融合三大方面。

针对中国云原生技术的实际应用情况，中国信通院云原生产业联盟（CNIA）连续多年以问卷、访谈结合的形式对多行业用户进行了调查，从《中国云原生用户调查报告（2021 年）》中，我们能够看到以下 4 个云原生应用的重要趋势。

- 混合云部署增长明显：仅 15.74% 的用户没有多云、混合云的计划。
- 容器技术在生产环境中的用户采纳率再创新高：接近七成用户在生产环境中使用了容器技术，45.48% 的用户已将容器用于核心生产环境中。

- 微服务架构获得用户普遍认可：超八成用户已经使用或计划使用微服务架构，54.81%的用户已经使用微服务架构进行应用开发。
- 无服务器技术持续升温：近四成用户已在生产环境中应用无服务器技术，18.11%的用户已将Serverless技术用于核心业务的生产环境中。

或许是因为有云安全等级保护等合规的基础，云原生技术在中国市场大放异彩的同时，云原生安全也没有被忽视。《中国云原生用户调查报告（2021年）》显示，近七成用户对云原生技术在大规模应用时的安全性、可靠性和连续性心存顾虑。企业最关心的云原生安全问题如图 1 所示，其中，容器逃逸、微服务和API安全是企业最关心的云原生安全问题。近六成企业表示，容器及其编排系统的安全问题已成为最突出的云原生安全隐患。

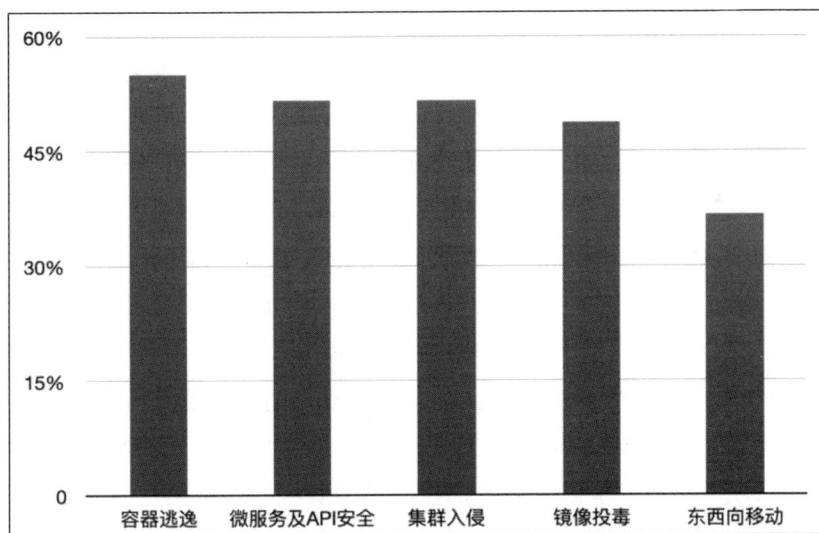

图 1　企业最关心的云原生安全问题

中国用户普遍已经开始对云原生安全产生担忧，但从安全投入和能力建设角度来看，云原生安全的现状仍显不足，甚至可以说尚在起步阶段。《中国云原生用户调查报告（2021年）》显示，仍有约两成用户目前无任何针对云原生技术的防护能力，仅有四成用户具备对镜像的漏洞扫描能力和容器运行时的入侵检测能力，不到五成的用户具备对云原生集群的安全监控与审计能力。在企业人员架构层面，仅有12.04%的受访者表示所在企业有单独的信息安全部门来处理云原生安全问题。这就是 2021 年中国云原生和云原生安全不容乐观的大致现状。同时，这也给了云服务商、传统安全厂商和初创安全厂商在云原生安全方向发展的空间。

二、云原生的安全，还是安全的云原生化

在网络安全产业的某一细分领域中，如果在领域定义、市场需求、产品类型等方面都不够明确和统一的情况下，哪个领域有更大的话语影响力，哪个领域就能占据更多的主动权。10 年前的工控安全、目前的云原生安全，都是处于这样一个形势下。

观察当前云原生安全市场的情况，更多都是从互联网公司起家的云服务商、安全厂商两方的市场角力。安全厂商又可以分为两类，即传统安全厂商和专注于云原生安全赛道的初创云服务商。

两方的观点和优势也是非常鲜明。

云服务商的优势在于全栈的云服务技术架构、丰富的云服务产品以及广泛的客户基础，更强调安全与云原生基础设施的深度融合。通过将安全能力与自家技术架构、服务产品的深度绑定，强调云原生安全不再外挂、随云而动，拥有更灵活、更细粒度的安全能力和更好的安全体验。对于云服务商而言，云是大局，安全的云是核心。

传统安全厂商则不然。当前云原生技术的应用和推广不是迭代式的，相对的云原生安全在未来数年大概率还只是云安全市场的重要补充。同时，对于有一定体量、规模的安全厂商，业务一般会涉及云安全之外的其他领域。所以，传统安全厂商的核心优势在于安全能力、专业人员和服务流程的积累，更强调安全的目标和保护对象。所以，对传统安全厂商而言，云原生安全更多是面向云原生环境和应用的安全。

此外，云原生安全与当前的云安全有着明显的区别和必然的联系。无论是因为安全的特殊属性，还是为了规范市场、拉齐能力底线，合规也是云原生安全必然的发展方向。换言之，合规的缺位也是当前制约云原生安全市场快速发展的重要因素。

通过研究 2019 年发布的等保 2.0 系列标准中针对云计算的安全扩展要求，不难发现，虚拟化环境是当时被主要考虑的因素。从安全角度做好对云原生环境中容器、微服务等技术，以及贯穿云原生应用全生命周期的DevSecOps支持，而不局限于某个特定云服务商的技术与产品体系，更加合理地应对客户越来越多的混合云（不同云服务商参与）部署场景，是传统安全厂商在理解云原生安全时更多考虑的因素。

三、制衡与内生：奇安信云原生安全关键词

作为成功实现北京 2022 年冬奥会和冬残奥会网络安全"零事故"的全线安全

厂商，奇安信对云原生安全理念可以归结为两个关键词：制衡、内生。制衡与内生都不是新词，但是在云原生时代有了新的安全内涵。

网络安全工作的制衡，无论是通过技术手段还是管理手段，其核心都不是制约而是平衡，目的是要保障网络安全零事故目标，即业务不中断、数据不出事、合规不踩线。

云安全的制衡，主要体现在云服务商、云上租户和安全厂商三者之间。业界耳熟能详的"云计算安全责任共担模型"，如图 2 所示，最能体现云安全三方制衡的理念。该模型在IaaS、PaaS和SaaS三种服务模式下，剖析云服务参与主体需要承担的安全责任，对应中国信通院牵头制定的行业标准——《云计算安全责任共担模型》（YD/T 4060—2022），该标准已于 2022 年 7 月正式发布施行。

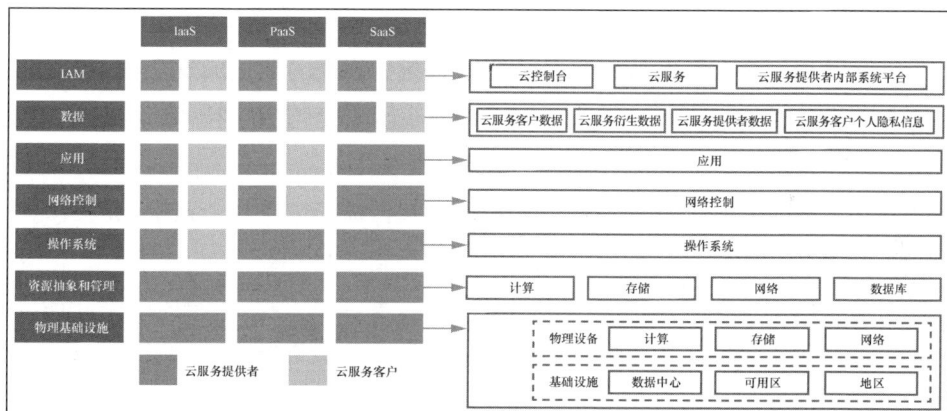

图 2　云计算安全责任共担模型

在发生勒索、挖矿、数据泄露等安全事件后，最终遭受财务和声誉损失的是云服务客户。所以对云服务客户而言，明确自身责任内云安全能力的真实建设情况与实际运营效果，应该成为合规外的重要驱动力。这不仅有助于真正降低云安全事件发生的概率，还有助于产生经济损失后的定责。

为了实现此目标，客户可以根据自身需求和实际市场情况，自由选择云安全能力提供方进行采购。但是既然责任整体一分为二，那么承担另一部分责任的云服务商理应避嫌。这样能让责任边界更清晰，方便客户对供应商进行管理；也能体现"共担"这一业界共识，体现"共担"背后的重要意义。

但我们看到的市场现状是，部分云服务商在部分安全项目上大包大揽，云原生安全亦是如此。设想如果云服务客户的安全责任也全部由云服务商或和其有利益关系的安全厂商承担，一旦出现安全事件，客户能否第一时间得知真实详情？事后又该如何保证定性、追责的客观性?

当然,一个开放的生态需要云服务商、安全厂商和客户三方的积极参与和务实合作,才能让客户云安全工作的管理有抓手,云上安全事件的应对有保障,对关键业务系统、核心生产环境的上云用云真正放心。

如果说信息化时代的安全处于伴生的位置。在数字化时代,安全应保持与新技术应用的"同步",做到内生。

中国信通院发布的《中国数字经济发展报告(2022 年)》显示,2021 年产业数字化规模达到 37.18 万亿元,占数字经济规模的 81.7%,占 GDP 的 32.5%。可以说,产业数字化已经成为数字经济发展的主引擎。

在实体经济的数字化转型中,数字化基础设施是关键底座。云计算的发展进程已经成为我国数字基建的"晴雨表"。

统筹发展与安全,是发展数字经济的核心指导思想。要达成安全与业务系统同步规划、同步建设、同步运营的目标,便是要实现安全与数字技术、与数字业务的深层次融合。云原生技术作为云计算的"新人""红人",更应在推广应用的早期,就围绕云原生技术和其支撑的业务系统,建立起自适应、自主、自生长的云原生安全能力,助力客户实现"保护云原生应用安全"这一目标。

奇安信是内生安全理念的提出者和坚定践行者。2021 年,奇安信与 Gartner 联合发布了《数字化转型需要内生的安全框架》报告。该报告指出,基于中国网络安全建设的现状,需要构建一种更具中国特色、切实有效的网络安全建设体系。

内生安全框架由系统工程方法论结合内生安全理念形成,包括网络安全能力体系、规划方法论与工具体系、能力化组件模型、建设实施项目库(即"十大工程、五大任务")、网络安全部署和运行体系参考架构等多个组件,目的是引导政企机构规划和建设网络安全,使其从外挂走向内生、从"走形式"转向"实战化",从而适应数字经济的发展。在北京 2022 年冬奥会和冬残奥会中,奇安信圆满完成网络安全保障任务,成功实现"零事故"目标,这便是内生安全框架在奥运场景下的最佳实践。

要实现云原生环境中的内生,奇安信认为云原生安全的设计规划需秉承以下三个原则。

一是安全左移。安全要从开发阶段介入,尽早暴露容器等云原生技术在应用过程中的风险,降低在运行时阶段再进行修复的代价。

二是全生命周期覆盖。云原生安全应该以保护云原生应用为中心,安全能力应该覆盖云原生应用的全生命周期。

三是原生融合。云原生安全体系与架构应该能与云原生技术环境融合，从外挂式的割裂走向内生。

在云原生安全建设思路上，奇安信认为，云原生安全应从云原生制品安全、云原生基础设施安全和云原生运行时安全三个维度入手。当前云原生安全能力应覆盖云原生基础设施安全、制品安全、容器安全和微服务安全等。

针对云原生应用的安全防护，Gartner发布的《CNAPP创新洞察》报告认为，云原生应用保护平台（CNAPP）解决方案涉及基础设施即代码（IaC）扫描、容器扫描、云工作负载保护（CWPP）、云安全态势管理（CSPM）等跨越开发和生产环境的关键能力。通过将这些能力工具集成在统一平台，CNAPP可为云原生客户提供端到端的云原生应用保护，提高云原生应用的安全可见性、改进兼容性、加快风险识别能力、实现风险和合规检测的自动化。

基于多年云安全市场的积累与深耕，奇安信目前能够提供包括容器安全、软件供应链安全、CWPP、CSPM、API安全、RASP（运行时应用自防护）等面向云原生技术的安全能力及CNAPP平台产品，稳定、可靠地支持国内所有主流云服务商的云原生环境。奇安信具备专业、高成熟度的云原生安全能力，已获得中国信通院的云原生安全成熟度（云原生基础架构安全域L4）、CNAPP云原生应用保护平台五方面能力（代码安全、镜像安全、网络微隔离、云工作负载保护和环境适配）的权威认定。

正如云原生能在极大程度上改变云的使用方式和效果一样，云原生应用保护平台和相关云原生相关能力也将从根本上重构未来云安全的市场格局。

↘ 四、结语

云原生安全的建设应以云原生应用为中心，覆盖云原生应用全生命周期，贯穿一个体系（DevOps）、两个方向（安全左移与安全右移）、三个环节（构建、部署和运行）和四个目标（面向开发、面向云原生基础设施、软件定义和全流程一体化安全运营）。

当前，国内云原生安全市场的主要企业各有所长，但相较于帮助云服务客户实现构建能力成熟完备、责任边界明确、服务灵活高效的云原生安全体系这一目标，仍有一定距离。

随着客户对云原生技术理解的不断深入、对云原生安全服务能力的需求与评价愈加明确、第三方调研机构和科研单位在该领域的深度参与，以及相关报告和标准的出台，云原生安全有望成为中国云安全市场高速发展的核心引擎。

05

第 5 章

安全运营

揭秘NGSOC如何助力冬奥安全运营中心的
标准化运营

奇安信科技集团股份有限公司安全运营PBU

一、"磨刀不误砍柴工"，标准化流程才能高效运营

北京 2022 年冬奥会安全运营的最大挑战在于，2020 年以来我们实现了北京 2022 年冬奥会项目所有安全产品的交付、部署和多次升级，团队人数在不断增加，如何才能实现高效运营？实际上，早在初期规划阶段，考虑到北京 2022 年冬奥会项目的复杂性和重要性，团队已经预测了可能出现的问题，并制定了完整的安全运营方案，但在方案执行过程中还是发现了不少问题。

2020 年冬奥安全运营中心还只有四五个监控人员，到了 2021 年监控人员的人数扩增到二十多人，加上所有测试赛、场馆的驻场人员，一线团队多达两百多人。随着人员的增多，原有流程难以有效保障工作流程的运转，仍有团队成员搞不清安全事件的处置流程，沟通过程中难以凸显重点，从场馆到总部的跟踪、汇报流程也众说纷纭。

在问题日益凸显和北京冬奥组委开始提升赛时要求的背景下，高效运营迫在眉睫。于是在 2021 年初，奇安信团队成立专门的小组，调动集团作训部专家、安全服务部门的咨询专家、攻防专家和奇安信态势感知与安全运营平台（NGSOC）事业部人员共同制定北京 2022 年冬奥会标准操作程序（SOP），主要包括安全运营流程、安全运维流程和应急响应流程。这一标准详细划分了监控岗、分析岗、运维岗、处置决策岗等不同岗位，明确了各个岗位的详细工作内容和工作标准。此外，为了保证流程的高效执行，NGSOC产品团队也进行了一系列的测试。

第一轮测试从 2021 年 2 月初一直持续到 2021 年 4 月底，这也是第一次将安全运营SOP投入使用。第一轮测试的过程并没有想象中那么顺利，团队成员在短时间内很难快速熟悉并严格执行安全运营SOP，同时，流程中也还有不少问题要解决。

随着不断的测试和演练，以及对所有一线人员进行培训和考试，到了 2021 年 8 月，安全运营SOP才算是真正形成。

虽然从初期交付部署到 2021 年年底测试运营，梳理标准化流程很烦琐，但是因为有了SOP，到 2022 年 1 月 23 日进入北京 2022 年冬奥会准赛时阶段后，整个团队反而轻松下来了。所有团队成员都能熟练掌握SOP，明确自己的工作内容，指导该如何汇报、如何处置，对NGSOC平台操作也高度熟练。虽然团队人数多，但是整个团队高效协同、有序处置，绝大多数的安全事件都可以通过标准化流程解决。而且各个岗位的犯错概率也大大降低，安全事件处置不再完全基于个人技术，而是靠人、工具和流程进行高效而有序的运转。

二、"工欲善其事，必先利其器"，安全运营需要工具协同

在北京 2022 年冬奥会的安全运营中心项目中，标准化流程的运转离不开人和工具的紧密配合，而NGSOC作为冬奥安全运营中心的核心安全监测平台，如何与安全运营团队紧密结合，从而保证SOP高效落地？

（一）实用、易读和美观的可视化大屏

NGSOC平台的监控覆盖到了网络中心、数据中心、云上系统和众多场馆，所以如何呈现不同组织的安全状态，让安全运营团队更快发现并且流畅处置安全事件，也是摆在NGSOC事业部冬奥项目组面前的问题，所以在做可视化设计的时候，团队提出了三个关键词：实用、易读和美观。

经过多次的改版优化，逐渐形成了综合网络安全监控大屏、各场馆网络安全监控大屏和实时监控大屏。NGSOC-综合网络安全监控大屏如图 1 所示。

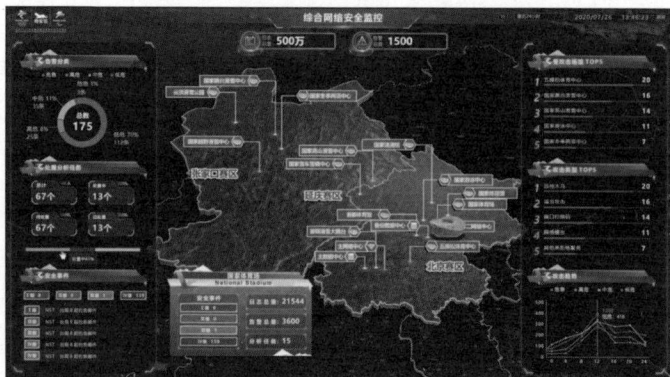

图 1　NGSOC-综合网络安全监控大屏

　　实时监控大屏为冬奥安全运营中心的实时监控工作带来了最直观、最及时的呈现，监控人员可以实时地看到最新的告警数据和告警处置状态。当告警发生时，大屏会通过告警提醒声音、屏幕特效方式，为 7×24 小时的运营工作带来及时、有效的提醒，做到实用和高效。NGSOC-实时监控大屏如图 2 所示。

图 2　NGSOC-实时监控大屏

　　可视化大屏从场馆和应用系统维度，对面临威胁情况、事件情况、数据趋势情况作了直观的展示，满足了冬奥安全运营中心的使用需求。为了更好地呈现展示效果，奇安信可视化团队投入了巨大的人力，对竞赛场馆做实地勘察，在短短两个月内实现了所有竞赛场馆的 3D 建模，最终实现了实用、易读和美观的可视化呈现。NGSOC-场馆网络安全监控大屏如图 3 所示。

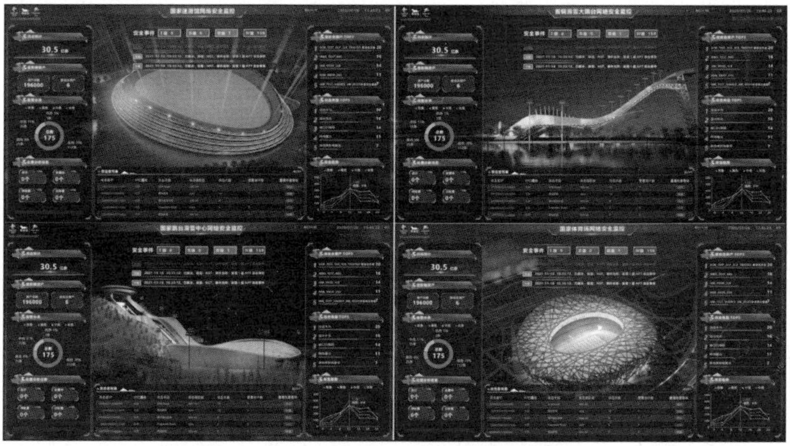

图 3　NGSOC-场馆网络安全监控大屏

（二）云上、云下全覆盖，全面提升监控能力

在冬奥安全运营中心项目中，NGSOC平台共计接入云上和云下的 1 000 多种数据源，涵盖终端、服务器、网络设备、安全设备、应用系统和业务系统等核心资产。NGSOC平台拥有超过 80 种日志，日均有 35 亿条日志，存量日志达千亿级。

为了实现对冬奥云上服务全方位、无死角的持续安全监测，结合云上服务的安全架构设计，NGSOC平台共采集了云上网络、主机、数据和监控审计这四大部分的 18 类数据源、30 余类日志，设计了 60 多个安全监测场景。

（三）接入、协同、联动奇安信全产品体系

2021 年 8 月，奇安信冬奥项目组紧急成立联合项目组，其目标是以NGSOC为核心，集成各个产品日志和流量分析能力，解决北京 2022 年冬奥会现场的常态化安全运营与应急响应问题，实现了八大产线（NGSOC、椒图、天眼、天擎、威胁情报、锡安、SOAR、天狗）产品的联动研发，完成了所有安全产品的日志接入和解析工作。

时间紧迫，各产品线都在争分夺秒。到了联调阶段，因为NGSOC研发人员有限，团队及时调整应对策略，从开发方案到对接联调，形成了一对多的联调模式（一个人并发对接多条产线）。NGSOC事业部冬奥项目组所有人员日夜奋战，积极推动各产线的工作进展，只要发现阻塞性问题，就立即想办法解决，团队的工作得到了各产品线和北京冬奥组委的高度认可。

除产品联动外，还有打通安全场景这一重要任务。针对八大应急安全场景、40个常态化运营场景，团队一并完成了需求拆解、方案设计、开发、测试和交付上线工作。最终，NGSOC首次实现了与奇安信全产品体系的集成。从各设备的日志接入、数据的集中呈现、关联分析到安全能力的协同、联动，安全运营人员只需要通过NGSOC，即可实现一站式监测、调查和响应闭环，无须在众多的安全产品之间来回切换。

正是这样一支富有冬奥精神的团队，秉承着艰苦奋斗、披荆斩棘的信念，完美地按照计划完成了"零事故"任务。

（四）设计上千个威胁检测场景

冬奥项目中的NGSOC预置有 448 条规则，在北京 2022 年冬奥会开幕式之前，规则已经达到了 958 条，而且在赛时也会有新增的场景需求和补充的规则，在北京

2022 年冬奥会结束时规则达到 1043 条，覆盖了云上、云下所有核心资产的威胁、异常和违规监测场景。小到场馆的办公机、服务器上部署的业务组件，大到数据中心的业务系统、安全防护系统，几乎是有 IP 设备、有提供服务的系统就会采集其日志，有分析、监测价值的日志就会有对应的监测场景。

既有监测外部入侵、社工钓鱼、恶意破坏、恶意软件的威胁场景，又有监测内部人员违规、异常操作的场景；既有针对突发漏洞、安全事件的持续监测，又有针对日常运营期间各系统、服务运行状态的持续监测。在整个北京 2022 年冬奥会值守期间，外部入侵场景共监控到 1118 次告警，违规、异常操作场景共监测到 7 起内部人员操作不当事件，常态化运营场景共监测到 3 起设备断电事件、6 起数据断流事件。

在北京 2022 年冬奥会项目中，规则的优化达到 145 条，由于之前存在大量（业务触发的）误报让监控人员疲于分析，到现在日均告警量不超过 427 条，日志告警比为 7860974:1，达成了无安全事件遗漏的目标。

（五）设计、运营能支撑多人高并发访问的系统

根据北京 2022 年冬奥会项目对 NGSOC 平台的设计要求，须支持 50 多人的并发访问，这种规模前所未有。这种并发访问量对系统的整体压力特别大，会导致系统负载急剧提高。对此，NGSOC 研发团队主要的优化方案包括如下两点。

（1）利用瓶颈节点进行集群部署、节点优化：识别出瓶颈节点后，对集群的部署方案作出调整，资源向瓶颈节点倾斜，例如 ES 集群在高并发的情况下性能损耗非常大，集群规模要保持在合适的量级下。

（2）优化数据库：调研北京 2022 年冬奥会的运营场景，对数据库配置进行针对性优化，通过性能监测工具排查所有耗时的数据操作，并逐一进行设计与优化，最终 NGSOC 平台在日均 35 亿条日志的高吞吐和 50 多人并发的运营条件下，实现了安全而平稳的运行。

三、结语

在"人 + 工具 + 流程"高效运转的支撑下，冬奥安全运营的实战效果有目共睹。

标准化流程安全运营 SOP 的制定充分保障了业务正常运转。安全运营 SOP 大大提升了团队信心，使得团队成员明确了解自己的岗位职责，避免因为事实不清而造

成的处置不当。这样比赛现场的业务系统就可以更加高效地运转。

NGSOC平台的多重功能极大提升了安全运营效率。对安全运营人员来说，实时监控大屏的使用频率最高，这块大屏被投放在冬奥安全运营中心的正中间，每30秒刷新一次，一旦出现高危告警，大屏就会出现闪动、发出警报，所有人都可以看到告警情况，以便及时追踪、解除警报。告警TOP 5可以直观地提醒安全运营人员哪些规则可能有问题，当告警每天都处于TOP 5时，可以在NGSOC平台上查看告警的规则解释，极大地方便了运营人员查阅是基于哪条规则产生了告警，方便威胁建模工程师优化规则，直接解决了告警冗余的问题。告警的高级筛选功能特别强大，通过预置的告警筛选器，每个监控值班经理可以看到不同的告警内容，极大地提高了处置告警的效率。

通过NGSOC平台，能发现所有安全事件、完成所有操作，这要归功于NGSOC平台的高并发、全产品体系联动和对告警的妥善处置。监控岗、分析岗、处置岗等数十人同时在NGSOC平台上进行相关工作，这对NGSOC平台的并发要求很高，但是NGSOC平台在整个冬奥赛事期间的运行一直很流畅。NGSOC平台接入了奇安信全产品体系，其监控范围覆盖了云上和云下所有业务，平台需完成所有的监测、分析和处置工作，需要与安全运营SOP进行紧密结合。此外，除了安全事件回溯，平台还可以回溯告警处置人员、处置过程、处置结果，可以总结出每条告警的处置结论，所有近似告警都可以通过往期告警进行关联，从而快速分析研判，不需要重复进行监控处置流程。

如果说冬奥安全运营中心是奇安信得以兑现"零事故"承诺背后的重要保障，那么安全运维和应急响应就是安全运营中心的保障。

目标和方向的确立，直接关乎企业网络安全运营的成败

——揭秘广电运通网络安全运营的探索实践

李学军　广电运通高级副总经理、运通奇安董事长

　　无论企业规模大小，在网络安全运营中，总会面临着人员和安全技能缺乏、经费不足、工具和流程不足等问题，但这些问题都可以被逐步解决。网络安全运营的关键在于企业必须确立一个清晰的目标和方向，否则，就会缺乏全局、全域的思考。

　　广电运通创立于 1999 年，是一家成立了 23 年的国有控股高科技上市企业，连续 14 年在国内金融智能终端市场占有率第一。近年来，广电运通加速从金融终端制造向人工智能方向转型，已发展成为国内知名的人工智能解决方案提供商。

一、企业网络安全面临多重挑战，目标缺失是深层原因

　　企业数字化转型是一项同时具有长期性、复杂性和系统性的工作，需要夯实 4 个转型基础，即技术基础、管理基础、数字基础和安全基础，其中安全基础是数字化转型的前提。目前，在企业数字化转型过程中，主要暴露的网络安全问题有 4 个方面，分别是缺乏顶层设计、资产信息不清、工控系统问题和数据安全挑战。

　　从更深层次的角度来看，造成这些问题主要有三个原因。

　　第一个原因是企业缺失安全建设目标。没有目标和方向，就只会解决眼前的紧迫问题，在建设过程中缺乏全局、全域的思考。目标缺失的背后其实是认知不够。如果管理层停留在传统认知，那么企业数字化转型也不会重视安全运营方案的建设。

　　第二个原因是"重业务轻安全"。目前企业数字化转型的关注点仍然在业务，安全建设工作并未引起足够的重视，导致企业没有投入足够的资源来满足业务发展对安全的需求。

　　第三个原因是对安全队伍能力建设未予以足够重视。RSAC 2020 的主题是"人是安全要素"，在全球范围内都能充分意识到人在网络安全中的关键作用。然而国内企

业的安全队伍能力建设现实是"请不起专业安全人才，也不愿意培养专业安全人才"。

在很多人的意识里，桌面运维和网络运维人员兼任安全人员，在一些中小企业中，出现了"一人安全团队"的现象。但事实并非如此，即便是在规模较大的企业，或者管理权限和范围很大的企业中，安全人员短缺的情况也非常严重。这样会导致企业频繁遭遇勒索攻击、恶意软件入侵、数据泄露等安全事件，甚至可能被主管部门多次通报。然而，由于安全人员数量不足，该企业只能将责任往下传递，由下属企业自行处置安全事件，再遇到类似安全攻击事件时，也只能重蹈覆辙。

基于大量的企业案例分析，结合实际建设过程中的问题，广电运通总结出"四个保障，一个持续"，其核心是与业界优秀的企业或成熟的安全标准进行对标，通过选取关键任务来确定关键指标，并进行循环运转，从而达到持续提升效果、达成指标的目标，其中持续提升涉及指标对标、安全规划、安全建设、定期演练和评估整改等。

在整个过程中，最难的是结合现状，选取指标进行对标，而后续的环节都是对前期方向选择正确与否的验证，如果指标选取的方向错了，或者不切实际地选取指标，那么后面的环节也难以达成效果。

↘ 二、推动安全运营，将问题处理渗透到"肌肉记忆"

对大多数企业来说，要落地"四个保障，一个持续"，离不开建立完善的企业安全运营机制。

企业安全运营为何有如此大的价值，我们可以用飞机驾驶来举例，飞机驾驶员都有一个飞行手册，在飞机起飞前的准备过程中，机长和副机长都会拿着一份清单逐项进行确认。在平时训练中，飞行驾驶员也会有一套标准化流程，将飞行中可能遇到的安全问题的处理流程要点规范化，并持续进行演练，确保当问题出现时，能以最快的方式解决问题，无须更多思考和讨论的时间。

与飞机驾驶类似，企业网络安全运营工作也需要将解决问题的流程规范化、最简化，形成所谓的"肌肉记忆"，这样才能在最短的时间内解决问题。当出现新的问题和新的解决办法时，及时将其补充到流程和知识库中，从而形成正向循环，不断帮助企业从流程化、规范化的角度，推进安全工作的落地。

安全运营可以显著提升安全工作的工程化能力。通过安全运营，企业可以借助相应的平台工具，将安全工程师的这种能力转变成自动化的安全监测能力，通过安全平台进行应急响应和处理，让不具备这种能力的安全人员也能成为对抗攻击者的力量，这是开展网络安全运营工作的另一优势，可以将工程师的经验沉淀为企业的安全知识，真正实现知识的复用。

↘ 三、企业开展网络安全运营要从"补短板"开始

很多企业深知网络安全运营的巨大价值，然而这项工作看起来比较复杂，导致企业不知道该从何入手。基于长期的实践，我们给出的破解之道是"补短板"，即从最容易受到安全威胁的薄弱环节入手，进而开展网络安全运营工作。

以广电运通为例，作为智能金融终端提供商、轨道交通智能设备提供商，我们会和供应链环节中上下游的很多伙伴打交道，攻击者会利用我们和供应商、代理商、软件合作伙伴的信任关系，通过钓鱼邮件或软件合作伙伴的开源软件漏洞，开展长期潜伏的APT攻击。由于防御战线被拉得很长，很难避免某个环节不存在疏漏，从而导致攻击者乘虚而入。

为此，广电运通的具体实践方法是和奇安信这样的专业安全运营托管服务提供商合作，通过如下三个步骤来补齐短板。

（1）通过部署能有效应对此类安全威胁的安全产品和工具，开展长期的监测和动态预防，对相关数据进行定期分析和研判，及时发现并清除威胁。

（2）不定期开展模拟钓鱼邮件渗透演练，在内部公布中招结果和影响范围，并将演练结果与各部门负责人的关键绩效指标挂钩，从而提升员工对网络信息安全的主动意识。

（3）通过培养企业自己的安全运营队伍，对标企业安全工作成熟度标准，争取在两年内通过国内企业级数据安全成熟度的最高级认证。因为核心的数据安全责任还是需要企业的队伍来负责，不能认为有了合作的网络安全运营托管公司，企业就可以高枕无忧。

在这个过程中，广电运通和奇安信实现了很好的优势互补。其中，广电运通在数字化转型方面走在了前列，为安全运营提供了广泛而丰富的实践场景。奇安信拥有强大的安全智库，具备网络安全态势感知能力，奇安信不仅是安全产品的提供商，还拥有相当先进的安全理念，在实践层面引领数字化转型时代的网络安全体系建设。

奇安信所倡导的内生安全、零信任，以及基于北京 2022 年冬奥会网络安全保障工作总结出的"有事件、无事故"理念，具有相当的技术前瞻性，在广电运通推进企业数字化转型的过程中，奇安信微公司总部及下属企业整体安全运营水平的提升提供了规划思路，这也使得广电运通和奇安信的合作越来越紧密。

高效化、精细化、懒惰化的漏洞管理架构

伍雄　某金融公司安全工程师

叶海鹏　奇安信科技集团股份有限公司安全工程师

企业安全运营的本质是漏洞的管理能力。准确地挖掘自身漏洞、管理外部公开漏洞，对企业安全运营来说至关重要。本文将对高效化、精细化的漏洞管理架构进行详细的阐述，介绍如何建设出一套可靠的、高效的漏洞管理框架，用更少的人力成本做更精细的运营。

由于企业人力成本有限，以及系统资产的复杂性，往往企业发现漏洞的能力比较弱。那么如何做到在企业中高效地挖掘漏洞？在安全测试人员挖到漏洞以后，如何才能更加高效地跟踪、修复和归档漏洞？这些都非常重要。

一、漏洞的提交

目前对于漏洞的管理有很多成熟的方式，CVE、CNVD等都是公开的漏洞管理方式。企业需要有一套自己的漏洞平台，这对提升效率来说是有必要的。一个漏洞管理表单示例如图1所示。

图1　一个漏洞管理表单示例

漏洞管理表单的具体项目说明如下。

- **漏洞编号**：漏洞编号由平台自动生成，后续的漏洞跟踪都会关联到此编号，后面的标题会根据系统和漏洞类型自动产生。
- **系统或组件**：所涉及的系统或者组件。
- **关联版本**：漏洞所影响到的版本。
- **优先级**：根据漏洞的严重性和影响面来进行评估优先级。
- **漏洞状态**：漏洞状态可分为打开、关闭和延期。
- **漏洞类型**：权限失陷、配置错误、任意文件读取、远程代码（命令执行、Getshell）、SSRF、SQL注入、XXE、信息泄露和其他漏洞。
- **修复人员**：由内部通信工具（如企业微信、钉钉等）导入，当提交漏洞的时候会自动发送消息给修复人员，提示有新的漏洞需要被修复。
- **到期日期**：按照现有的法规确定漏洞到期日期，对即将到达到期日期的漏洞给予提示，例如低危漏洞需要在 14 天内修复，那么系统会在漏洞出现的第 1 天、第 3 天、第 13 天给予提示。如果到达指定日期前还没有修复好漏洞，那么漏洞的等级将会被提升。
- **漏洞详情和修复措施**：为开发人员提供漏洞详情和修复建议。

二、系统与访问关系的关联

在企业中，监控和把握访问关系非常有必要，需要合理地设计访问关系的管控措施，这对实现后续批量的自动化扫描会更加准确和高效。访问关系的部分设计结构如图 2 所示。

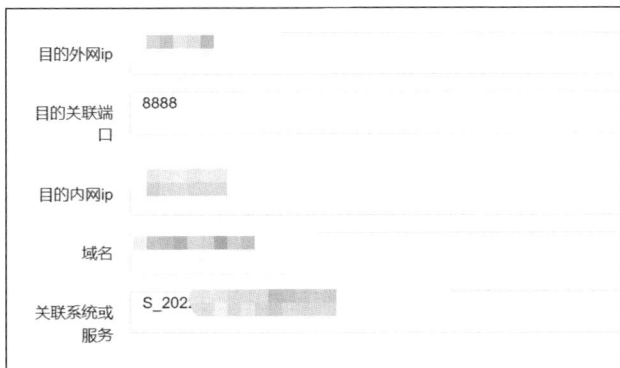

图 2　访问关系的部分设计结构

在通过容器或者机器创建流程的时候，可以调用安全平台的回调接口，根据第三步访问关系的IP和域名，使用nmap或者其他IP端口扫描工具进行扫描，确认访问关系是否正确。如果发现有新的端口，那么通过企业微信或者其他工具自动告知开发人员。不过这里需要注意的是扫描工具需要部署在不同的网段中，不同的访问关系需要调用不同网段的扫描工具，如果只关心外网的端口开放情况，那么就不需要对此太过在意。

↘ 三、系统与组件的关联

软件的开发流程可以简单地分为需求与设计、开发、测试和集成上线阶段。如果想要把系统与系统中的组件关联起来，那么可以在测试人员提交提测单的时候进行自动化扫描。当然也可以在其他阶段关联系统与系统中的组件。当测试人员提交提测单时，代表基本可以开始测试，此时进行组件的扫描，可以让开发人员尽早地知道、替换有漏洞的组件，以免影响开发。因为最开始版本的漏洞多，所以需要等功能测试稳定后，再开始黑盒和白盒的代码扫描。提测单回调接口如图 3 所示。

项目编号	P_2022_1223(在线商场系统改造项目)
开发负责人	
测试负责人	
安全负责人	
关联自动化测试用例	商场用例1
安全扫描状态	正在等待

图 3　提测单回调接口

提测单的具体项目说明如下。

- **项目编号**：由项目管理工具生成的唯一编号。
- **开发负责人**：负责系统的功能开发，由项目创建人员指定。
- **测试负责人**：负责系统的功能测试，由提交测试人员指定。
- **安全负责人**：负责系统的安全测试，由安全人员指定。
- **关联自动化测试用例**：需要进行关联自动化测试的用例。
- **安全扫描状态**：安全扫描的排队状态。

当测试人员提交提测单时，会将任务推送给mq，安全管理中心读取mq队列、拉取代码，然后依次进行扫描，完成后将代码删除。扫描后通过接口反馈给提测中心来修改状态，并且发送漏洞扫描信息给开发负责人、测试负责人和安全负责人。这里采用mq的方式，充分利用的mq的补偿机制，在遇到意外的情况下，也可以保证所有的项目都进入安全管理中心。测试管理平台与安全管理中心的通信如图4所示。

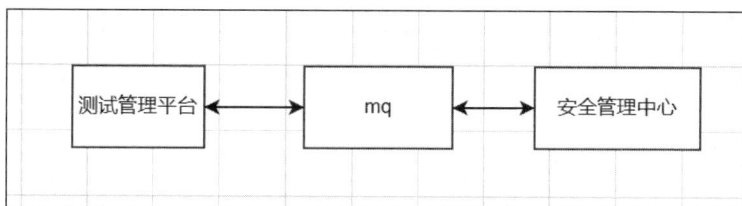

图4　测试管理平台与安全管理中心的通信

目前市面上主要的三个软件成分分析应用有OWASP dependency-check、Dependency-Track和OpenSCA。这三个应用均为开源应用，可以对其进行改造，获取每个系统对应的系统组件。对于同一系统，每次进行新的扫描，就会替换掉旧的组件记录。如果下次出现漏洞时，可以非常方便地查看哪些系统对应哪些组件，安全组件列表如图5所示。

系统编号	开发语言	组件名称	组件版本	开发负责人	是否存在漏洞
S_2022_32(聚合支付系统)	java	gson	2.9.1		否

图5　安全组件列表

对于实现了DevOps的企业，此处的扫描也可以放到CI/CD工具（如Jenkins）中。在开始进行扫描的时候，项目的编号和系统编号也需要被带入，可以通过写入特定文件、设置环境变量等方式来进行。

如果是采购项目，就需要安装HIDS或者自行编写代理来采集三方组件、进行组件的关联。

四、黑盒漏洞的自动化扫描

在系统上线之前，需要进行漏洞扫描。市面上有很多好用的扫描器，如Xray、Nuclei等。对于扫描通用漏洞的需求，这些扫描器大致是可以满足的。Xray可以进行主动式和被动式的扫描。在测试环境下可以接入Xray，需要注意区分不同的测试环境，比如在性能测试环境中，开发环境就不需要接入扫描工具的被动测试，只需要接入UAT环境即可。Nuclei也是大致差不多的情况，而Nuclei提供了更丰富的POC。

对于扫描一些深入业务的漏洞，市面上的扫描器没有办法做到，还是需要开发适用内部业务的扫描器。笔者设计了一款基于Netty的开源被动式扫描器，性能优秀，企业可以进行自定义的扫描。对于企业的越权检测，笔者认为还是采用黑盒方式更加实际，所以开源的被动式扫描器完全可以被定制化、具有非常强的可塑性，比如会对某些项目的字段进行加密和签名，那么企业可以将加密算法、签名算法集成到被动式扫描器中，进行越权扫描。

当项目进入UAT时，即可通知黑盒工具进行扫描。如果验证结果存在漏洞，要么记录下请求包，后续会将其与灰盒工具的扫描结果进行对比，以此来判断这个漏洞的准确度。如果灰盒工具中不存在此漏洞，那么黑盒工具需要重放此漏洞。如果业务对黑盒扫描比较反感，那么需要对数据加上一个特定的标签（如UA），这样方便人员后续业务人员删除数据。黑盒流转的流程如图 6 所示。

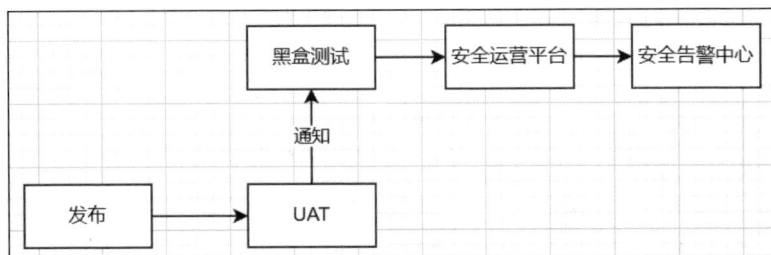

图 6　黑盒流转的流程

通过黑盒扫描出来的漏洞，会提交并通知给对应的开发人员。

五、白盒扫描

市面上比较知名的代码扫描工具有CodeQL、Fortify和SonarQube。SonarQube属于免费产品，可以集成现有的规则（已经包含常见漏洞的规则），也支持企业自己编写规则（难度大），一般企业的代码扫描也能取得较好的效果。CodeQL和Fortify在企业中应用需要收费，但是效果好、支持语言多，规则容易编写。白盒扫描工具具体放置在哪里、怎么做的效果才能最好，这些需要根据企业自己的实际流程来决定，白盒扫描一般有以下两种方式。

（1）在UAT提测时，拉取代码，进行异步扫描。第一种方式下白盒流转的流程如图7所示。

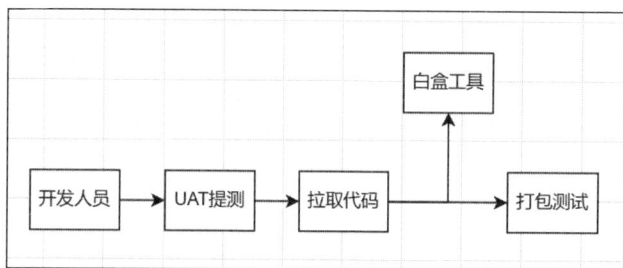

图7　第一种方式下白盒流转的流程

（2）当开发人员进行代码提交后，进行一次异步扫描，这样能够进行更及时的反馈，但是消耗的资源较多。第二种方式下白盒流转的流程如图8所示。

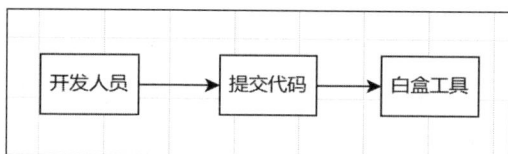

图8　第二种方式下白盒流转的流程

白盒扫描的结果列表如图9所示。

项目	系统	漏洞类型	开发人员	漏洞详情	是否修复
支付系统(一期)		sql注入			是

图9　白盒扫描的结果列表

白盒扫描的结果会保存到安全运营平台中，在完成扫描以后，扫描结果会通过通信工具通知给开发人员，方便开发人员对其进行修复。如果遇到误报的情况，就需要安全人员进行确认，在部署人员进行上线流程时，安全运营管理平台会提供接口给流转平台（比如OPS或者confluence等），自动给出此系统的漏洞数量，方便安全人员或者评审人员审批。如果经过判断确实存在问题，那么就阻断上线流程。工单审批图如图10所示。

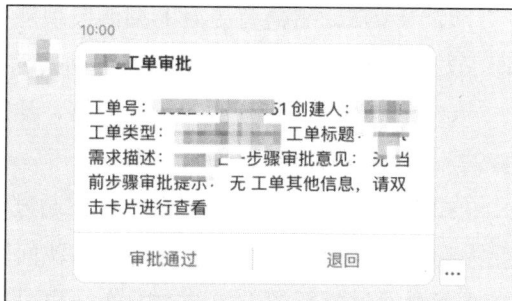

图10　工单审批图

↘ 六、灰盒扫描

灰盒扫描一般是指IAST，因为IAST的测试需要依靠测试的流量，所以IAST的测试需要放在UAT之前。

IAST主要有如下 4 点缺点。

（1）IAST需要被不断优化：在性能测试的时候，需要企业按照自己的业务要求作适当的优化，否则会产生大量的垃圾数据，严重影响性能。

（2）误报问题：在排除写错规则的情况下，各个业务方会对输入进行校验，各个开发人员也会有各自的校验规则，所以需要不断排除误报情况。

（3）漏报问题：在排除规则不全的情况下，流量没有覆盖到特定的接口或者走到对应的代码逻辑分支。如果有多个if条件分支，A分支不存在漏洞，但是B分支存在漏洞，测试人员只测了A分支的情况，这样B分支的漏洞就检测不出来，这样就会产生漏报问题。对于一些逻辑漏洞（如越权、组合利用等），还是需要半自动化的人工来识别。如果是简单的越权利用，那么采用黑盒工具，再结合自动化的分析，就可以取得不错的效果。

（4）IAST部署麻烦：IAST需要给应用安装代理，如果在代理出现升级或者漏洞的时候，那么就需要替换代理，这样有点麻烦。而代理的降级方案可以在代理出现问题时，及时卸载代理，不对业务造成影响。

IAST主要有如下 3 点优点。

（1）IAST比白盒有更低的误报率，并且IAST的效率也比白盒的效率高很多，漏洞可以先过白盒，然后再过IAST，IAST可以作为白盒的补充，也可以将IAST发现的漏洞与白盒发现的漏洞进行对比，降低白盒的误报率。

（2）IAST比黑盒有更好的漏洞发现能力，如发现SQL注入。IAST可以通过一次请求发现漏洞，并且IAST是基于被动式的扫描，可以减少很多垃圾数据的产生。

（3）目前IAST有开源的解决方案，开发人员可以对此进行自定义开发。灰盒流转的流程如图 11 所示。

如果集成了DevOps，那么可以在通过镜像打包时直接加入代理，这样启动速度会大幅提高。如果代理或者服务器出现问题，那么需要及时地移除代理，最简单的方式就是通过打标签的方式来发布，也可以根据自己的需求定制代理绕过方案。

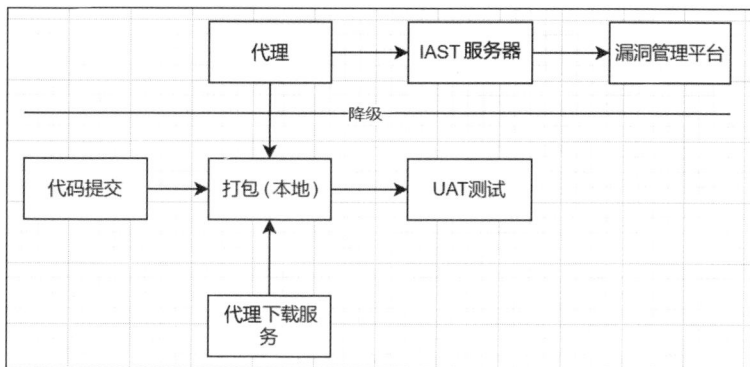

图 11　灰盒流转的流程

可以将IAST发现的漏洞自动集成到安全运营平台中，这些漏洞在经过安全人员筛选以后，会通知给对应的开发人员，然后提交漏洞。

自动化漏洞发现列表如图 12 所示。发现的漏洞会自动被打上标签，例如灰盒和黑盒都发现了这个漏洞，那么这个漏洞就会被同时打上"黑盒"和"灰盒"标签。

项目	系统	漏洞类型	开发人员	标签	URL
支付系统(一期)				黑盒, 灰盒	

图 12　自动化漏洞发现列表

七、安全开发培训

安全开发培训可以从本质上减少漏洞的产生，漏洞少了，安全人员的运营压力就会小很多。除了培训一些基本、常规的漏洞，也需要设计一些贴合业务的逻辑漏洞，可以加深开发人员对安全的理解。每个季度需要对已发现的漏洞（包括白盒、黑盒和灰盒发现的漏洞）进行梳理、汇总和归纳。针对近期出现的安全问题，设计对应的开发题目进行考试，加深所有开发人员的印象。针对未来可能涉及的业务，预先出题或者参加评审会，提前防范可能出现的问题。

八、漏洞修复

一般漏洞修复需要按照一定进度来进行，如表 1 所示。

表 1 漏洞等级与其对应修复进度

漏洞等级	漏洞确认时间	漏洞修复时间
超危（严重）	12 小时	24 小时
高危	24 小时	3 × 24 小时
中危	36 小时	7 × 24 小时
低危	72 小时	14 × 24 小时

某些漏洞的修复是非常棘手的问题，于是可以对发现的漏洞以及修复情况进行评分，对于一直难以修复的漏洞，随着时间的推移，评分也会逐步减少，此评分会记入最终安全人员的年终考核参考。

对于系统的安全健康程度，可以使用监控大盘进行公示，安全人员可以实时看到系统的健康程度。健康程度会根据漏洞的修复情况进行动态的调整，如果此系统目前没有漏洞，那么健康得分为 100 分，每出现一个严重的漏洞，那么就扣一定的分数，因此可以根据不同的等级来显示系统的健康程度。漏洞修复列表如图 13 所示。

部门	小组	开发负责人	健康程序	得分
支付业务部	清算小组			

图 13 漏洞修复列表

九、结语

面对越来越复杂的安全运营体系，笔者基于现有的经验，简述了一套高效化、精细化、懒惰化的漏洞管理架构，在减轻了部分人力成本的同时，让漏洞报告更加准确。各位读者可以在此基础架构上，结合自己企业的实际需求，设计出符合企业实际情况的安全运营体系。

如何保障北京 2022 年冬奥会上万终端"零事故"

奇安信科技集团股份有限公司终端安全PBU

终端是数据和应用的重要载体，具有数量多、弱点杂、易被利用的特点，终端能深入内网，一直以来都是黑客攻击的重点目标。2019 年 12 月，奇安信正式成为北京 2022 年冬奥会和冬残奥会官方网络安全服务和杀毒软件赞助商，承担完全的、彻底的、端到端的安全责任。在短短两年的时间里，北京 2022 年冬奥会业务和网络安全从 0 开始建设，面对北京 2022 年冬奥会系统建设周期短、生命周期短的艰巨挑战，面对涉及 306 个场馆及服务设施、62 个业务系统、37 家开发商、10 000 多台终端的复杂形势，奇安信最终圆满完成网络安全保障工作，实现北京 2022 年冬奥会"零事故"的目标。那么，作为北京 2022 年冬奥会网络安全最重要的一环，奇安信又是如何在有限资源和时间内保障上万终端"零事故"的呢？

一、三个一定——终端安全形势有多严峻

2020 年东京奥运会、2018 年平昌冬季奥运会、2016 年里约热内卢奥运会……历届奥运会都是网络攻击的目标，无论是以经济利益为目的的黑客组织还是国家级黑客，都会利用各种手段发起攻击。北京 2022 年冬奥会也不例外，而北京 2022 年冬奥会涉及的终端共计 10 000 多台，包括办公终端、运维终端、赛事终端、IoT终端、打印终端和证件查验等多种类型，对黑客而言就是 10 000 多个暴露面。因此，这些终端一定会被攻击。

每台终端都发挥着重要作用，例如办公终端承载着整个北京 2022 年冬奥会的办公业务系统，运维终端负责各类后台业务系统的维护，证件查验终端负责处理人和车的顺利通行，赛事终端（如OVR 终端、解说员终端、信息查询终端等专用终端）则关系到比赛的正常进行和全球直播。因此，终端在攻破后就一定会出事故。

终端分散在 5 张大网、90 多张小网的 306 个场馆及服务设施中，一旦出现事故，就不可能是悄无声息的，安全人员也没有足够的时间去慢慢解决问题。例如OVR终

端承载着现场成绩处理系统，面向全球直播，所有比赛的比分、进展都在这个系统里作呈现，如果 OVR 终端被攻破，那么比分就可能被篡改，比赛可能会被终止。因此，只要冬奥终端出事，就一定捂不住。

↘ 二、迎接实战——终端安全保障有多困难

要想把分散在 306 个地点的 10 000 多台不同类型的终端真正保护起来，并不是一件容易的事，这对防御能力和运营保障有着极为严苛的要求。北京 2022 年冬奥会是全球热点，必然会遭遇多类威胁攻击，甚至是外部攻击与内部威胁并存，再加上北京 2022 年冬奥会的特色又是"科技冬奥"，人工智能、物联网、5G、云计算和大数据等新技术的大量应用，使得网络环境更加开放，也更追求数据的集中与共享，实现了多国、多地、多机构、多业务系统和多架构的连接。因此，只要任何一台终端没有保护到位、任何一类威胁没有防御到位、任何一种隐患没有排查到位、任何一个策略没有执行到位，那么就有可能导致终端被攻破。

由于终端数量多、类型杂、分布广、连续性要求高，一旦出事就必须做到分钟级响应，因此，有 200 多名终端安全运营人员分别在云端、技术运行中心和各个场馆等处进行值守，他们各司其职，共同对终端安全负责。然而，这些运营人员的知识背景和实战能力各不相同，遇到的问题也是千差万别，对同一安全问题的分析和处置能力也不可能完全相同。因此，如果提高不了终端安全运营工作本身的效率和效果、降低不了运营过程对个人经验的过度依赖和人为失误的产生概率、完成不了安全事件的高效闭环处置，那么终端的安全依然无法得到有效保障。

↘ 三、多重挑战——如何实现终端"零事故"

面对整体环境复杂、严峻、困难的挑战，终端安全仍然做到了安全"零事故"和服务"零事故"。在安全"零事故"的背后，是成功防御了 5 847 次恶意软件攻击、423 次恶意 DNS 攻击、326 次非法终端接入攻击等各类攻击；在服务"零事故"的背后，是 200 多名运营人员对 6 600 多次事件反馈的高效处理。结合整体实践来看，奇安信在项目中所应用的终端安全新思路是行之有效的，而且能够切实解决终端的安全问题。

"体系化防御，数字化运营"，这是奇安信倡导的终端安全新思路，以确保各类

终端"可信、合规、安全"为核心目标，通过"体系化防御"健全终端安全能力，运用"数字化运营"保障终端安全效果，从而确保终端安全能力的持续有效和稳步提升。

在终端安全保障中，"体系化防御"由注重实效的一体化终端安全解决方案奇安信天擎V10实现，在安全能力全覆盖、安全管理全统一、安全响应全协同的基础上，支撑起终端安全的四层防御体系：第一层集成了QCE云查引擎、OWL特征引擎、QDE AI引擎等多款防病毒引擎，能够有效检测与清理已知恶意代码；第二层基于六合引擎实现高级威胁精准防御；第三层利用天擎EDR，完成行为采集、威胁检测响应和溯源；第四层则利用第三代安全引擎天狗实现零日漏洞防护。

在"数字化运营"方面，数字化终端安全运营支撑平台（奇安信ESOP）则是重要支撑。基于北京 2022 年冬奥会自身的业务特点和严苛的安全需求，奇安信梳理了 1 000 多个任务和 100 多个流程，并通过奇安信ESOP进行了落实，在基础数据集中化、运营目标数字化、运营过程标准化、运营效果可视化的基础上，实现了安全状况可衡量、安全责任可分配、安全效果可呈现。

体系化的防御、数字化的运营是终端安全的未来，北京 2022 年冬奥会"零事故"充分证明了这一点，在新思路的指导下，奇安信终端安全防御系统交出了满分答卷，整体能力又上了一层新台阶。

四、创新引领——终端安全的下个时代在哪里

北京2022年冬奥会"零事故"，彰显着以奇安信为代表的网络安全龙头企业的综合实力和竞争力，让行业有了新的认知，引发行业对未来终端安全的思考。

随着安全风险的持续性变化，终端安全防护也需要向持续化运营的方向转变。在终端资产管理的过程中，有必要加入运营的思路，满足合规化部署与持续化管控的双方面需求。应用持续检测和响应的手段，可以构建快速的主动防御体系。与平台化产品形成联动，可以提供持续化的安全运营服务。

经过实战检验，在北京2022年冬奥会这样极端的复杂环境和严苛的安全要求下，奇安信的终端安全新思路（"体系化防御，数字化运营"）依然交了"零事故"的完美答卷，未来奇安信还将持续完善、落地，为更多政企客户解决各类终端安全问题。

数字城市网络安全运营成熟度分析

裴智勇　奇安信行业安全研究中心主任

↘ 一、危机四伏的数字城市

数字经济的发展推动了现代城市进行持续不断的数字化转型。市政、交通、金融、医疗、教育等行业和领域，对数字化的依赖程度都在持续提高。调研显示，在某些比较发达的城市，平均每年计划投入城市数字化建设的资金规模已经超过了2021 年 GDP 总额的 5%，最高可达 8.7%，这还不包括企业及民间资本的投入。对很多城市来说，数字化建设已经成为城市加速发展的基石。

城市数字化进程的高速发展，使得网络安全问题的影响不断凸显。以勒索、挖矿、APT 等为代表的新型网络攻击活动的持续活跃，引发了全球每年数以千计的重大网络安全事件。数字化的城市正面临着网络安全的重重危机。

2021 年 2 月，美国佛罗里达州水处理系统遭黑客攻击，攻击者试图将氢氧化钠的浓度从 100% 更改为 11 100%，幸好操作员及时发现了异常吗，这才及时阻止了一场 "灾难"。

2021 年 5 月，挪威公司 Volue 遭到勒索攻击，挪威国内 200 座城市的供水与水处理设施的应用程序被黑客关闭，影响范围覆盖全国约 85% 的居民。

2021 年 5 月，美国最大的燃油管道商 Colonial Pipeline 公司遭到勒索软件攻击，导致该公司暂停了所有的管道作业网络，并关闭了一条主要的燃料传输管道。美国运输部被迫采取紧急措施，放宽了 17 个州的公路运油限制，避免了各地燃油短缺。

2021 年 7 月，伊朗铁路系统遭遇网络攻击，攻击者在全国各地车站的显示屏上大肆发布关于火车延误或取消的虚假信息。

2021 年 10 月，伊朗国有天然气分销企业 NIOPDC 公司疑似遭到网络攻击，全国各地的加油站出现软件故障，无法正确计费和收款。NIOPDC 公司因此临时关闭了加油站，这使得司机排长队等待加油。

未来数字城市，如何应对网络战的冲击？国内城市运营是否有能力应对真实网络战环境下的严峻挑战？

二、怎样评估数字城市的网络安全

在数字城市中，信息化网络将各行各业、每一个个体都联结在了一起。但整个城市的网络安全建设水平，并不能简单等同于每一个联网个体网络安全建设水平的加和，因为城市中的任何一个重要信息系统或关键信息基础设施被攻破，都有可能给整个城市带来灾难性的后果。数字城市的网络安全建设，不仅需要科学的顶层规划、有效的基础建设，更需要实战化的安全运营能力。

目前，长沙、广州、德阳、宜宾、宜昌和宿州等多个城市已经开始进行城市级网络安全规划与建设工作，取得了很多阶段性成果。但是，我们应该以何种方式、何种标准来评估一座城市整体的网络安全建设与运营水平，目前仍没有统一的共识和可信的参考分析模型。这就使得很多城市在数字化建设过程中，在网络安全问题上无所适从，重新陷入补丁式安全建设，难以发挥实效。

有很多研究机构曾经对企业的数字化建设、网络安全建设、网络安全运营等工作的成熟度提出了有效的参考模型。

2012 年，美国能源部首次提出网络安全能力成熟度模型（C2M2），该模型提供了描述性的（而非说明性的）网络安全能力指导，模型内容以较高的抽象级别表示，因此可以由不同类型、不同结构、不同规模和行业的组织来解释。

2020 年 8 月，赛迪顾问发布《2019 中国安全运营中心调研分析报告》，首次提出企业级网络安全运营中心的成熟度模型，该模型通过 5 个等级来描述企业级安全运营中心的成熟度，为政企机构建设安全运营中心提供了指导方向。

2021 年 4 月，在奇安信行业安全研究中心与中国信息安全研究院联合发布的《2021 中国企业数字安全建设白皮书》中，首次提出了企业数字安全建设成熟度模型，如图 1 所示。通过战略和组织、流程和监管、技术与服务、人才和能力、合规建设 5 个维度和 5 个等级，对企业的网络安全建设成熟度进行分析和描述，并以此模型为基础，展开了社会调研和行业对比。

在安全建设与运营方面，尽管上述各类模型都提出了非常实用的模型架构，但是这些模型基本上都是企业级的，并不适用于城市级的网络安全成熟度分析，无法满足复杂、异构、跨行业、多源大数据环境下的数字城市网络安全建设与运营需求。

企业数字安全建设成熟度模型

成熟度	战略和组织	流程和监管	技术与服务	人才和能力	合规建设
王者【5分】	安全投资占比（20%以上）有数字化安全建设5年整体战略规划	全流程自动化 数字化办公 有明确指标	威胁发现能力 部署安全设备20款以上 本地安全防护 云安全/混合云 威胁态势感知 其他安全设备	有200人以上的运维团队+管理领导 参加攻防演练 自建团队参与	有100个以上通过等保三级以上的系统 有信息化设施
钻石【4分】	安全投资占比（11%-20%）有1-3年数字化安全建设战略	核心流程自动化 数字化办公 有明确的制度 有明确的指标	威胁发现能力 部署安全设备11-20款 本地安全防护 云安全/混合云 威胁态势感知 其他安全设备	有51-200人的运维团队+管理领导 佣外包团队参与	有50-100个通过等保三级以上的系统 有信息化设施
黄金【3分】	安全投资占比（6%-10%）有数字化战略但着眼于短期	核心流程已自动化 有明确的制度	威胁发现能力 部署安全设备2-10款 本地安全防护 云安全/混合云 威胁发态势感知	有11-50人的运维团队+管理领导 参加攻防演练雇佣外包团队参与	有10-50个通过等保三级以上的系统 有信息化设施
白银【2分】	安全投资占比（1%-5%）没有明确的网络安全规划目标	流程尚未自动化，但正在努力进行数字化转型 正在探索制定制度	部署安全设备不超过2款 本地安全防护 云安全/混合云	有2-10人的运维团队+管理领导 被动参加攻防演练但没有人支持	有2-10个通过等保三级以上的系统 无信息化设施 未过等保
青铜【1分】	无安全投资（小于1%）	大多数流程都是线下手动 没有制度	无技能 无企业安全设备部署	不足2位运维人员 无主管领导	有2个以内通过等保三级以上的系统 无信息化设施

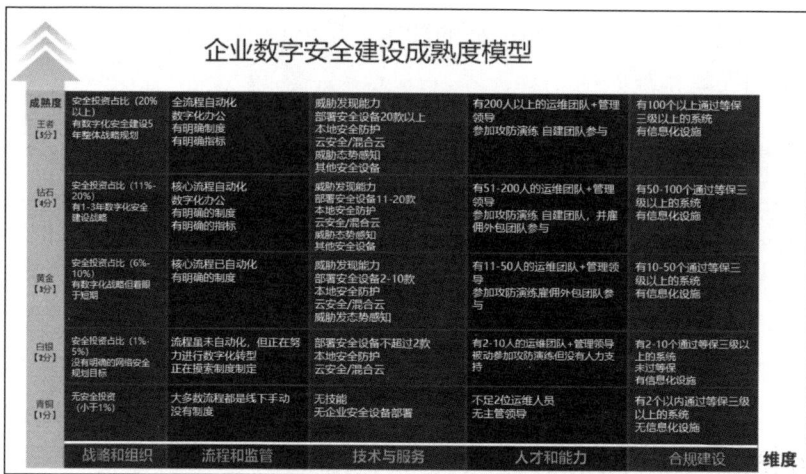

图 1　企业数字安全建设成熟度模型

2021 年 5 月，奇安信正式成立区域发展中心。自中心成立以来，已经与 50 多座城市达成战略合作，协助这些城市进行城市安全运营中心建设。在长沙市委网信办和长沙市数据资源管理局等监管机构的指导下，结合区域发展中心实践经验，吸纳以往各类成熟度模型的设计方法，我们首次系统性论述了数字城市网络安全运营成熟度模型（之后简称为成熟度模型），并以此模型为基础，对国内不同发展程度的 40 座典型城市（含直辖市、特别行政区）进行了全面调研，取得了丰硕的成果。

三、成熟度模型的分类与定级

构建数字城市的网络安全运营成熟度模型，需要从分类和定级两个方面考虑。

所谓分类，就是要把一座城市在网络安全建设的方方面面进行分类汇总，选出具有共性、代表性、必要性、可以验证的因素进行分类归纳，形成指标，综合分析。所谓定级，就是对分类后的指标进行级别评定，这是一种相对粗略的定量分析方法。如果没有恰当的分类，模型研究就无从下手；如果没有定级或定量分析，就无法形成有价值的分析结论。

需要特别说明的是，分类指标可以进行定量的验证，是指标选择过程中必须重点考虑的因素。我们必须确保一个指标是可以通过技术手段或调研手段获得的，并且是可以被定量分析的，此时这个指标的选择才是有意义的。

从现实角度出发，作为一项应用研究，某些指标的定量研究可能是非常困难或成本极高的。例如一座城市的所有政企机构在网络安全方面投入的具体人力和物力成本等。尽管这些因素理应作为数字城市的网络安全运营成熟度的模型指标，但相关指标数据的获取成本太高，所以我们也只能遗憾地将这些指标从模型中去除。

在实际操作上，我们更倾向于选择那些既能反映城市的网络安全建设水平，又可以通过公开资料或定向调研就能够获取到的分析指标。

四、数字城市网络安全运营成熟度模型

基于上述分析和考量，我们最终选择了 5 个维度（战略和规划、流程和监管、技术和服务、人才和经验、合规建设）和 5 个级别（基础、入门、进阶、精通、专业），构建了数字城市的网络安全运营成熟度模型。

（一）战略和规划

战略和规划反映的是一座城市对网络安全工作的重视程度，例如是否制定了清晰明确的战略、是否采取了匹配的政策措施和物质资源等。具体来说，战略和规划又可以分解为网络安全投入、重视程度、规划目标、监测范围、管理规模、政策发布等多个方面。科学、清晰的战略与规划，是数字城市实现高水平网络安全运营的前提。

（二）流程和监管

流程和监管反映的是一座城市在网络安全建设与运营过程中，是否有清晰的流程和机制、是否有明确的监管机构、监管是否到位等。具体来说，又可以分解为是否有明确主管机构、是否有清晰的管理制度、管理指标、通报机制、规范文档等方面。流程和监管的完善程度，是数字城市实现高速、高效、高质量的网络安全运营的制度保障。

（三）技术和服务

技术和服务是一座城市网络安全内在硬实力的体现，反映的是城市自身能够提供的网络安全技术能力与服务能力，具体包括网络安全的态势感知能力、本地安全机构或安全企业的数量、对重大网络攻击的独立溯源能力、网络安全应急响应能力等。一座城市具备的技术能力和服务能力越强，城市能够独立应对网络安全风险的

能力也就越强。反之，如果完全需要依赖外部力量来解决城市自身的网络安全问题，那么该城市对于网络安全风险的预防能力和处置能力就比较差。

（四）人才和经验

人才储备与人才政策是一座城市网络安全能力建设的关键。具体来说，又表现为网络安全从业人员的数量、专业学校的数量、政府对网络安全人才的补贴政策等多个方面。实战化运行经验则是数字城市实战能力的重要参考。经常组织和参与网络安全实战攻防演习的城市，应对网络安全风险的能力通常都会大幅提升。

（五）合规建设

《中华人民共和国网络安全法》《网络安全等级保护条例》等法律法规对企事业单位的网络安全建设与运营提出了很多具体的要求和指标。我们一般将企事业单位按照相关法律法规进行的网络安全建设与等级评定称为合规建设。一座城市整体的合规建设水平，能够相对客观地反映出一座城市网络建设的规范化程度。在通常情况下，合规建设水平越高的城市，网络安全运营的整体能力也越强。不过想要系统地分析一座城市的合规建设水平是比较困难的。在我们的研究模型中，仅以相对容易获取的4项指标来比较和分析不同城市的合规建设水平，包括城市关键数据中心的灾备恢复能力、报送等保评级的单位数量、通过等保三级以上测评的关键信息基础设施数量，以及开展合规检查工作的情况等。

数字城市网络安全运营成熟度模型如图2所示。

	战略和规划	流程和监管	技术和服务	人才和经验	合规建设
专业【5分】	网安投入占数字化超过20% "十四五"规划明确提及网络安全 有5年网安整体建设规划 城市级安全运营中心，成熟经验 重点管理200家以上单位 近2年发布过网安相关政策 市委有网络安全方向重要发言	网络安全工作有明确的主管部门 有明确的网络安全运营管理制度 有城市级事件处理机制 有城市级重要信息规范文档 网络安全监管力度很大	落户本地网安机构10家以上 成熟安全应急响应指挥平台，24h应急响应能力，2h内到现场 具备攻击溯源能力 城市级安全态势感知能力	网络安全从业者在200人以上 培养网安人才本地高校20所以上 专项补贴要高于一般人才 多次组织参加实战攻防演练	两套及以上灾备恢复系统 报送等保评级单位超过100家 等级三级以上单位合规超过80% 一年多次大范围合规检查，且有严格的奖惩机制
精通【4分】	网安投入占数字化10%~20% "十四五"规划明确提及网络安全 有1~3年城市级数字化网安规划 跨行业网络安全溯源与运营 重点管理101~200家单位	网络安全工作有明确的主管部门 有明确的网络安全运营管理制度 有城市级事件处理机制 有城市级重要信息规范文档 网络安全监管力度很大	落户本地网安机构6~9家 24小时应急响应，2h内到现场 具备攻击溯源能力 城市级安全态势感知能力	网络安全从业者为51~200人 培养网安人才本地高校11-20所 专项补贴略高于一般人才 多次组织参加实战攻防演练	两套及以上灾备恢复系统 报送等保评级单位51~100家 等级三级以上单位合规50%~80% 一年多次大范围合规检查
进阶【3分】	网安投入占数字化5%~10% "十四五"规划明确提及网络安全 有短期数字化网安措施 行业级网络安全溯源与运营 重点管理51~100家单位	网络安全工作有明确的主管部门 有明确的网络安全运营管理制度 有城市级事件通报处理机制 有城市级重要信息规范文档 网络安全监管力度一般	落户本地网络安全机构3~5家 有应急响应团队但不超过24h响应 具备攻击溯源能力 行业或地区网安态势知能力	网络安全从业者为11~50人 培养网安人才本地高校6-10所 专项补贴与一般人才差不多 组织参加过一次实战攻防演练	一套灾备恢复系统 报送等保评级单位21~50家 等级三级以上单位合规30%~50% 一年一次大范围合规检查
入门【2分】	网安投入占数字化1%~5% "十四五"规划中未关注网络安全 制定城市级网络安全规划目标 部分关键基础设施可监测与运营 重点管理11~50家单位	网络安全工作有明确主管部门 正在探索城市级安全管理制度 网络安全监管力度一般	落户本地网安机构不超过2家 能够处置一般性网络安全问题	网络安全从业者为3-10人 没有本地高校培养网安人才 没有网络安全人才专项补贴政策 没有任何实战攻防经验	没有灾备恢复系统 报送等保评级单位11~20家 等级三级以上单位合规10%~30% 没有开展过大范围合规检查
基础【1分】	网安投入占数字化不足1% "十四五"规划中未关注网络安全 没有城市级网络安全规划 不具备城市级安全监测能力 重点管理10家以下单位	网络安全工作没有明确主管部门 网安流程主要靠线下手动完成	不具备独立的技术与服务能力	网络安全从业者在2人以下 没有本地高校培养网安人才 没有网络安全人才专项补贴政策 没有任何实战攻防演练经验	没有灾备恢复系统 报送等保评级单位在10家以下 等级三级以上单位合规10%以下 没有展开过任何合规检查

图2 数字城市网络安全运营成熟度模型

↘ 五、成熟度模型的应用与结论

以数字城市网络安全运营成熟度模型为基础，我们对如下 40 座典型城市（包括直辖市、特别行政区）的网络安全运营现状展开了深入调研。

- 国家中心城市（7 座）：北京、上海、重庆、成都、广州、武汉、郑州。
- 中心城市（16 座）：鞍山、长春、长沙、德阳、贵阳、合肥、济南、柳州、洛阳、南京、南宁、青岛、沈阳、苏州、无锡、宜宾。
- 非中心城市（17 座）：香港、澳门、安庆、抚顺、阜新、锦州、辽阳、聊城、南通、平顶山、通辽、宿州、扬州、宜昌、玉溪、枣庄、淄博。

中国数字城市网络安全运营成熟度评级分布如图 3 所示。调研结果显示，国内一半以上城市的网络安全运营成熟度均处于较低水平，仅能达到"基础"和"入门"级别。暂无城市能够达到最高等级"专业"级。这也意味着，中国的数字城市网络安全运营工作还有很长的路要走。

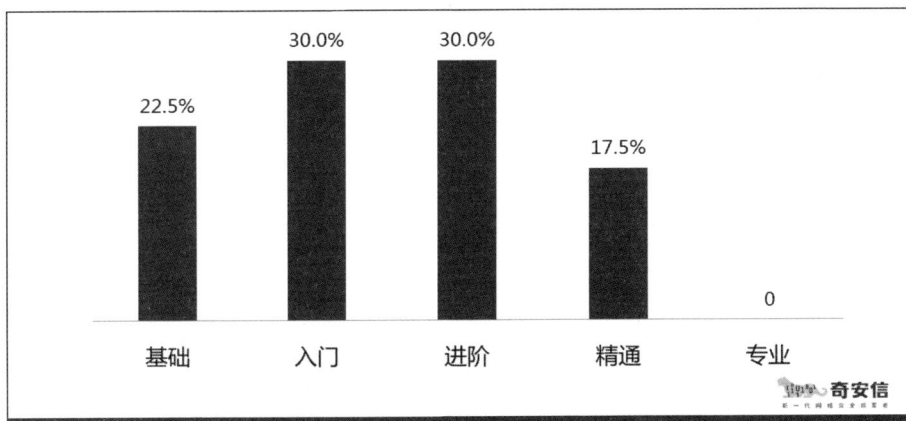

图 3　中国数字城市网络安全运营成熟度评级分布

中国数字城市网络安全运营成熟度不同维度评级分布如图 4 所示。从成熟度模型的 5 个维度来分析，可以得到如下两点结论。

（1）"战略和规划"是国内几乎所有城市的能力短板，没有一座城市能在这个维度上达到最高的专业级。

（2）在"流程和监管"方面，有 50% 的城市可以达到"精通"和"专业"水平，这也是近年来国内各地持续不断加强网络安全监管力度所取得的重要成果。

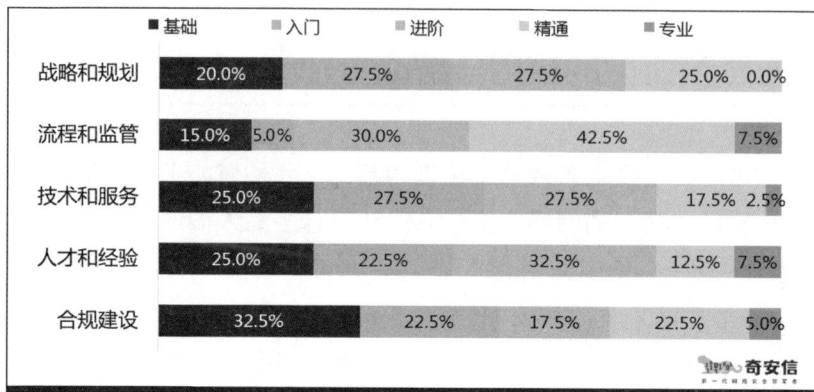

图 4 中国数字城市网络安全运营成熟度不同维度评级分布

中国不同类型城市网络安全运营成熟度不同维度评分对比如图 5 所示。总体来看，数字城市的网络安全运营能力发展非常不平衡，不同类型城市之间的成熟度差距非常大。中心城市的网络安全运营能力比国家中心城市的网络安全运营能力落后很多，而非中心城市的网络安全运营能力又比中心城市的网络安全运营能力落后很多。

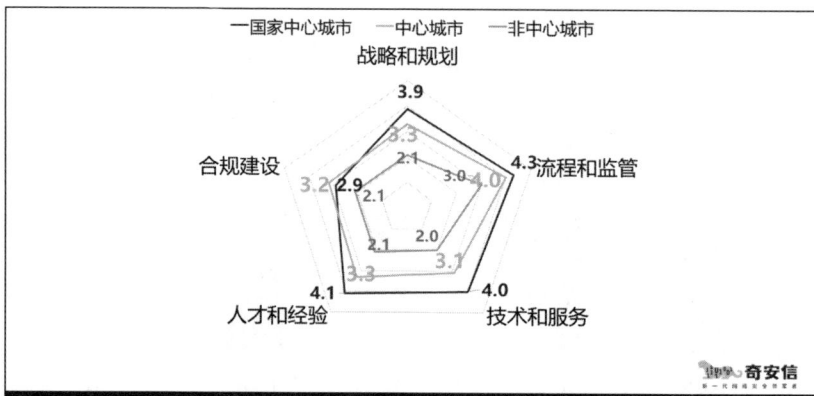

图 5 中国不同类型城市网络安全运营成熟度不同维度评分对比

↘ 六、结语

城市的网络安全建设与运营是一个复杂的、动态的系统工程。只有通过不断的科学规划、扎实建设和实战化运营，才能实现持续的、有效的安全保障。数字城市网络安全运营成熟度模型可以帮助数字城市进行自我诊断，快速找到短板和差距，实现数字城市网络安全的综合、全面、有序建设与快速发展。

06 第 6 章

人才培养

网络安全人才能力分析

刘川琦　奇安信行业安全研究中心安全专家

当前，我国人才资源总量达到 2.2 亿，比 2012 年增加了 1 亿。一支规模宏大、素质优良、梯次合理、作用突出的网络安全人才队伍正在加速集结。

一、百年大计，教育为本

人才培养归根结底要靠教育，教育质量决定了人才培养质量的高低。全面提高网络安全人才培养的质量，是建成科技强国的坚实地基。

党的二十大报告中指出，我们要坚持教育优先发展、科技自立自强、人才引领驱动，加快建设教育强国、科技强国、人才强国。党的二十大报告首次将教育、科技、人才工作进行系统化、一体化的统筹部署，体现了三者相辅相成、协同发力、强劲支撑社会主义现代化强国建设的重要战略地位。

二、如何评价网络安全人才能力

近年来，网络安全行业各大政企机构对安全岗位的人才需求愈发精确，所需求的能力也愈发精准。这使得企业能够更好地根据行业和企业的需求招聘更"对口"的人才，学校能够更好地结合就业市场需求与学生能力水平设置合适的网络安全人才培养计划，网络安全人才能够更好地根据自身兴趣、优势与市场需求，在扎实自己的能力的同时，找到更适合自己的岗位。很多新晋网络安全人才只掌握高校课程中的技能，这是无法完全满足岗位要求的，网络安全人才需要通过自学、实践，积累更多的职业技能，这样才能在找工作的过程中拥有更大的优势。应该通过什么方式去学习网络安全职业技能，这是值得网络安全人才、高校和企业论证与思考的一个问题。

为了更好地评价和判断网络安全人才能力现状，本文基于学习方法推荐度、技能岗位普适度、高效教学普及率和人才技能掌握率 4 个维度综合分析，对高校网络安全人才培养给出定性的参考建议。

（1）**学习方法推荐度**：指对某一技能的不同学习方法的推荐程度。通过调研，学习方法推荐度由安全专家给出。

（2）**技能岗位普适度**：指某一技能在网络安全岗位中的普遍适用情况。比如一共有 100 个网络安全岗位，其中某一技能在 80 个岗位中都需要被掌握，那么这个技能的普适度就比较高。再比如在 100 个网络安全岗位中，某一技能只有三个岗位需要，那么这个技能就偏向"小众"，学习该技能的必要性就没那么紧迫。

（3）**高校教学普及率**：指与某一技能相关的课程在高校教学中的普及程度。也就是说，除了看该人才是否掌握某技能，还要看这些技能在高校教学中的安排是否充分。比如 80% 的高校都会开设与这个技能相关的课程，那么该技能的高校教学普及率就比较高。

（4）**人才技能掌握率**：指在现有的网络安全市场当中，网络安全人才对某一技能的掌握程度。如果大家普遍都掌握一个技能，那么这个市场是偏饱和的，那么人才技能掌握率就比较高。

我们可以通过上述 4 个维度，对网络安全人才市场需求进行分析，也可用来判断网络安全技能掌握情况，评估网络安全教学投入现状与人才技能掌握情况，为高校教学的发展提出建设性意见。

通过技能岗位普适度、人才技能掌握率和高校教学普及率这 3 个维度，可以对相关课程进行定性的评估。

通过比较技能岗位普适度（A）与人才技能掌握率（B），可以看出某一技能在现阶段是否存在人才缺口。

通过比较技能岗位普适度（A）与高校教学普及率（C），可以看出某一技能在现阶段的教学投入是过度、适度还是不足。

综合来看，通过定性分析，我们可以对高校教学发展给出简单的参考建议，高校可根据对应的关系对某一技能开展特定的教学策略，有关高校教学发展的定性分析和参考建议如表 1 所示。

表 1　有关高校教学发展的定性分析和参考建议

当前状态	高校教学发展的参考建议
A＞B & A＞C	存在人才缺口，应努力提升教学普及率
A＞B & A＜C	存在人才缺口，应重点提升教学质量，而非教学普及率
A＞B & A≈C	存在人才缺口，但应谨慎提升教学普及率

续表

当前状态	高校教学发展的参考建议
A<B & A>C	人才供过于求，应谨慎提升教学普及率
A<B & A<C	人才供过于求，教学投入过度，应适度减少投入
A<B & A≈C	人才供过于求，教学投入适度，可适度减少投入
A≈B & A>C	人才供求平衡，可适度提升教学普及率
A≈B & A<C	人才供求平衡，应谨慎提升教学普及率
A≈B & A≈C	人才供求平衡，教学投入适度，保持现状

对于某些技能岗位普适度较低的技能，高校还应参考具备此项技能的人才的市场价值，谨慎地开展高校教学。在多数情况下，求职者很难通过高校的教学获得综合能力，必须通过长期的工作实践与经验积累才能掌握该技能。

三、网络安全人才金字塔

先需要理解一下网络安全人才普遍都需要哪些能力。

根据网络安全人才需要的能力，本文整理了"网络安全人才能力金字塔"，如图 1 所示，自下而上可以分为 4 层，依次为基础知识、专业技能、工程实践和综合能力。

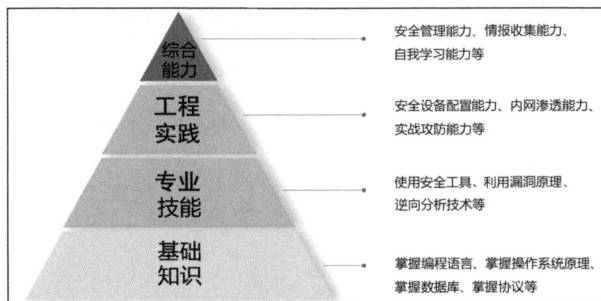

图 1　网络安全人才能力金字塔

在网络安全人才能力金字塔中，第一层是基础知识，指的是相应岗位人才为完成工作任务应具备的基础知识水平，主要包括基础计算机知识与对应基本理论。大多数网络安全岗位都需要以基础知识为基础，没有一般计算机方向基础知识的沉淀，很难进一步掌握第二层的专业技能。

第二层是专业技能，指相应岗位人才应掌握的通用知识，如安全工具使用、漏洞原理利用、逆向分析技术等。网络安全专业技能需要以计算机基础知识为基础，然后进一步细化，学习专业技能。

第三层是工程实践，指相应岗位人才在实际工程与项目推进中应具备的经验。如果想进入安全攻防方向和一般安全管理层，还需要掌握第三层的工程实践能力，如安全设备配置能力、内网渗透能力和实战攻防能力等。掌握了网络安全人才能力金字塔基础的三层能力，便可以胜任一般日常运维、研发测试与部分安全攻防方向的网络安全相关岗位。

第四层是综合能力，指相应岗位人才为完成工作任务应具备的行为特征和综合素质。如果想要尝试安全管理方向（如安全合规、安全评估、安全规划、风险管理等）的职位或其他方向的高级管理岗位，就需要更高的综合能力，如安全管理能力、情报收集能力、自我学习能力等。虽然这些岗位需要这样的综合能力，但这些能力不一定要在学校里学习，也可以通过自学或到企业工作后，再培养综合能力。

四、应用与结论

基于上述定义，奇安信行业安全研究中心通过调研问卷进行了一次针对性调研，调研对象为网络安全人才、不同方向的网络安全专家以及高校教师，如下列举了部分调研结论，供读者参考。

1. 从企业对不同技能的学习方法推荐度来看，不同技能都有更适合的学习方法

对于一部分基础知识或专业技能，最快速的学习方法是由高校统一组织学习，图 2 展示了在校学习推荐度前 5 的网络安全技能，其中，53.9%的岗位负责人表示更推荐在校学习编程语言，38.5%的岗位负责人表示网络安全人才需要在校掌握Web安全相关知识。

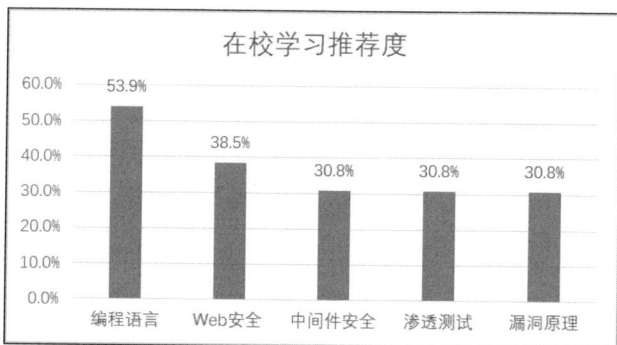

图 2　在校学习推荐度前 5 的网络安全技能

对于一些较容易理解的基础知识或个别综合能力，行业专家推荐以自学的方式学习。图3展示了自学推荐度前5的网络安全技能，其中，46.1%的岗位负责人认为TCP/IP协议是可以通过自学掌握的，38.4%的岗位负责人认为对技术难题的独立解决能力可以通过自学掌握。

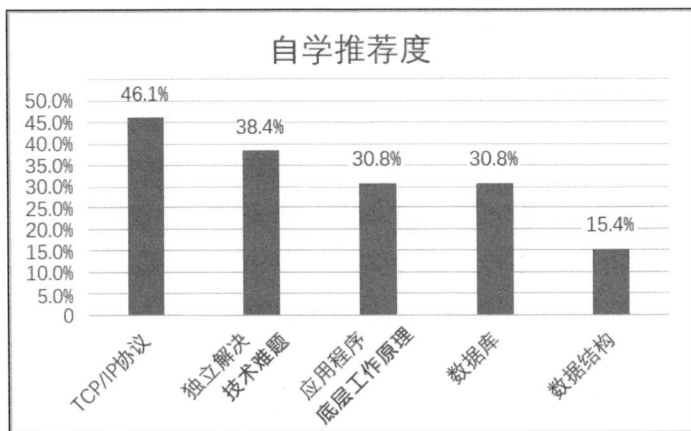

图3 自学推荐度前5的网络安全技能

如果求职者具有一定的专业背景、掌握一定的专业能力，那么足以应对一部分实际问题。但一些岗位对行业趋势前沿技术、法规政策标准等综合能力和工程实践能力的要求，却很难通过在校学习或自学掌握，或者通过在校学习或自学需要花费大量的时间和精力，于是行业专家更推荐通过企业实习来掌握这一类能力。图4展示了企业实习推荐度前5的网络安全技能，其中，69.2%的岗位负责人表示了解行业发展趋势、前沿技术的能力更推荐通过企业实习来掌握，46.1%的岗位负责人表示更适宜通过企业实习来掌握法规政策标准。

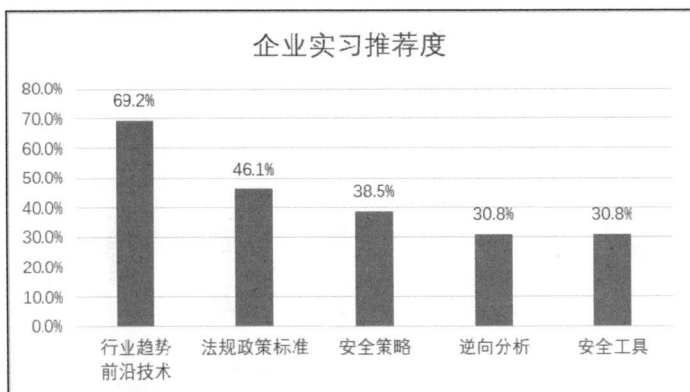

图4 企业实习推荐度前5的网络安全技能

2. 从技能岗位普适度、高校教学普及率和人才技能掌握率综合来看，网络安全技能培养存在严重失衡

根据调研和统计，不同类型网络安全技能的培养现状如图 5 所示。我们发现设备配置、应用程序底层工作原理等技能的人才供过于求，教学投入过剩，应适度减少投入；溯源分析、主流开发框架等技能存在人才缺口，教育投入明显不足，应努力提升教学普及率。相比之下，软硬件系统开发技能处于供需平衡状态，各大高校可以保持现有投入情况。

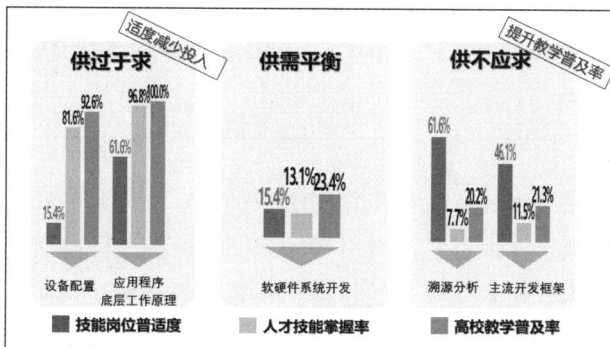

图 5　不同类型网络安全技能的培养现状

由此可见，在网络安全人才的学科建设中，投入过剩与投入不足同样明显。各类技能的供求关系不平衡，一方面，意味着学生需要在高校课程之外自学掌握大量技能，才能适应用人单位的需求；另一方面，意味着高校对网络安全人才培养的课程设计还有很大的提升空间。

五、功以才成，业由才广

网络安全行业只有拥有一流的人才资源，才能拥有科技创新的优势和主导权。建设人才强国，建设规模宏大、素质优良的网络安全人才队伍，就要坚持创新，紧跟市场，合理规划人才结构，培养多方向、高水准、勇于创新、善于创新的科研型与技能型人才，实现人尽其才、才尽其用、用有所成的目标。

有关涉网犯罪取证实战人才培养机制的探索

刘伟华　中华全国总工会中国职工电化教育中心双创事业部主任

一、始终把握"一个方向"，确保涉网犯罪取证实战人才的培养方向正确

涉网犯罪取证是打击违法犯罪工作的组成部分，工作任务光荣、岗位职责重大。因此，人才培养必须自觉地将打击网络违法犯罪、保护人民群众合法权益、守护网络家园清朗环境作为学员毕生奋斗的目标。要教会学员树立网络安全的国家观、大局观和整体观，并引导学员在学习和工作中树立崇高的使命感、正确的价值观、健康的成才观，将个人追求自觉融入国家网络安全事业中，努力抓住时代机遇，在奋斗中报效党和国家，获得事业的成功与生活的幸福。

二、认真做好"两个端口"，畅通涉网犯罪取证实战人才就业、成长的路径

（一）围绕加强人才队伍专业化的需要，做实"入门端"的教育培训和人才考核

围绕涉网犯罪取证实战人才专业化的需要，从人才培养目标、课程设置、考核实施，以及认证证书、推荐就业，到走上工作岗位后的复训轮训。我们要在"入门端"进行全方位的设计，在培训实施、实训实习的各个环节精心实施，确保学员能够入好门、起好步，走好职业生涯的第一步。同时，我们要与奇安信科技集团股份有限公司密切合作，从个人应知应会的法律法规知识、通用技术能力、专项取证技能、客户接洽规范、文书撰写能力以及技术队伍管理能力、实验室管理能力等多个维度、多个方面积极探索和完善涉网案件电子取证人才的能力体系，确保我们培养的人才能够具备适应网络犯罪取证的、比较完整的实际工作能力，有效缩短从培训

到就业的路径，提升人才输出的质量和效能。

（二）尊重人才成长规律，做好"就业端"的各项服务保障工作

从职业培训的角度看，涉网犯罪电子取证专项人才的成长过程，既具有网络安全应用技能人才培训的共性，又具有鲜明的个性和自身独特的规律。首先，电子取证人才是稀缺人才。无论是公安机关、司法鉴定机构，还是相关需求单位，都面临对口人才少、可用人才少、补充人才少的困境。另外能够开展相关职业培训的机构也少，这进一步加大了人才的缺口。其次，电子取证人才是交叉复合型人才。电子取证既包含了技术和法律的交叉，又包含了攻防技术、安全渗透、网站架构、代码能力、数据恢复以及硬件技术等一系列计算机科学技术领域相关能力。电子取证人才培养的起点高、标准高、难度高。最后，电子取证人才是长期成长型人才。需要从业者注重长期的经验、技术积累和客户资源、口碑积累，需要长期保持对取证专业知识持续地学习和迭代，在长期的取证实战工作中不断补充更新职业经验。因此，在人才培养中，要充分发挥企业的独特优势，在培训补贴、人才培养、推荐就业等方面予以倾斜，在申请新职业目录、举办职工职业技能类比赛等工作中予以支持，切实畅通就业门路和成才路径。

三、牢牢抓住"三个结合"，确保涉网犯罪取证实战人才培养质量

（一）要与国家的新职业和就业拉动方向紧密结合

当前与网络安全、电子取证的新职业方向已经纳入新职业目录，职工职业技能比赛也初步涉及了电子取证领域的内容，电子取证及其细分职业已经呈现出了方兴未艾的势头，以电子数据取证为代表的职业群已经初露端倪。同时，我们也要看到与取证相关的新职业名称还相对较少，职业领域内还能够分解更细的职业颗粒度，各类相关的在职培训、认证考试和竞赛，还需要在种类、频次、规模上不断地加强。特别是在专业人才的就业导向上，我们还需要充分发挥中国职工电化教育中心在推动职业培训，帮助职工和职工家属就业的主导职责和关键作用，促进电子取证职业长久发展。

（二）要与网络安全行业和电子取证技术的发展趋势紧密结合

当前，随着技术的发展，新型网络犯罪手段众多。违法犯罪分子、网络黑灰产

利用时下前沿的网络和信息技术，实施各类虚拟币诈骗、区块链数字藏品诈骗、换脸敲诈、勒索病毒攻击等一系列不法行为，严重侵害了人民群众、企事业单位的合法权益，对网络清朗环境和社会治安造成了不良影响。在网络犯罪取证与网络环境治理方面，也不断有新的网络安全技术和产品出现，电子取证的产品与服务也在不断迭代。提高取证人才培养质量，站在技术前沿，掌握发展趋势，应该成为应有之义。取证人才要成为行业高手，也必须在关注广义网络安全发展的基础上，结合电子取证行业的生态创新、标准创新、技术创新，强化前瞻思维、前沿视角，提高日常工作效能，在个人"专精特新"方面持续发力，久久为功。

（三）要与头部企业的技术能力和最终用户实际需求紧密结合

奇安信提供了大量网络安全岗位，共同开发网络安全课程，在攻防渗透、应急响应、实训靶场、岗位职责、岗位技能等方面，将企业工作场景化植入教学过程中，让学员真正做到"入学即入职"。在人才培养方面，奇安信坚持"问题导向"与"结果导向"并重，以解决问题的效果检验人才培养的质量。

电子取证人才梯队的建设，需要站在网络安全大视野、大格局的维度，加强头部企业的深度合作，通过建立人才培养基地、联合实验室等形式，做实产教融合、产城融合，将企业的电子取证技术能力融入工会职业教育体系和职工助学就业项目中，培养专门的电子取证人才。

四、紧密结合"四个实"，明确涉网犯罪取证实战人才培养的关键点位

（一）紧密结合就业趋势实情，找到机会点和突破口

"稳就业，促创业"不仅要懂得在"存量"中迎难而上，更要学会找准"增量"中乘势而上。从在职培训的角度来看，我们认为电子取证是一个具有明显潜力和动能的前沿新兴职业，希望我们的人才培养联合方和学员能够敏锐地抓住职业大发展的难得机遇，借网络安全发展的大势，乘电子取证行业的东风，扬帆远航、乘风破浪，共同开创个人职业发展与专业人才培养的新局面。

（二）紧密结合真实落地的业务场景，拓宽择业范围与就业领域

随着《中华人民共和国网络安全法》《中华人民共和国个人信息保护法》《关键

信息基础设施保护条例》等法律法规的出台，企事业单位对网络安全的重视程度明显提高，数据合规治理从无到有，App隐私数据合规保护成为刚性需求，与电子取证相关的黑灰产治理、反舞弊、内审、风控等周边业务需求持续增加。基于上述变化，电子取证人才在未来可预见的择业范围、就业领域会越来越宽，就业岗位数量会越来越多。同时，我们也会结合用人方应用场景的需要，通过定向培养、委托培养、订单制培养的形式，进一步提高网络安全专门人才和特定业务场景的匹配度，满足用人单位的专项人才缺口。

（三）紧密结合实训教学环节，真正实现学用结合，打通从课堂到岗位的"最后一公里"

具体来说，就是要从取证工作的实际场景、需求和常见问题出发，提高实验课程、实训教学在培训中所占的比例。充分利用好实践性教学资源，如奇安盘古的鉴定所、实验室、服务团队等，让学员在真实的工作环境和业务场景中将所学知识应用于实践，最终融会贯通。同时，依托于全国性的取证职业技能比赛，组织学员组队参加，通过强化封闭训练，在短时间内提高网络安全技能水平，增强择业的竞争力。

（四）紧密围绕取证一线实践，不断强化"训为战，战中练"的战训结合意识

实践出真知，实战长本事。取证业务本身带有明显的实践色彩，实践中所取得的经验是任何图书都无法替代的。实践也是人才培养最好的导向，缺什么补什么，干什么练什么。实践中的需求就是补齐和对标个人能力的方向。从人才培养的角度，我们还需要加大取证实践教学的占比，通过与政府有关部门、企事业单位、产业园区合作，创造更多的实习岗位、实践机会，鼓励每名学员在实践中主动成才。

实战型网络安全人才培养探讨

李向辉　奇安信高校合作中心解决方案总监

一、网络安全学科和产业背景

21 世纪，人类社会逐渐步入数字智能时代，这个时代的重要特征是人工智能的大量应用和发展，以及支持人工智能的大数据与云计算技术、网络安全技术的应用和发展。然而，伴随着新一代信息技术的快速普及和应用，相应的网络安全人才一直供给不足，尤其是网络安全实战人才相对匮乏，因此培养实战型网络安全人才就成为亟待研究的重要课题。

网络安全学科是一门实战性、交叉性学科，网络安全伴随着云计算、大数据、物联网、移动技术、人工智能、工业互联网、5G等技术的发展不断迭代、更新和完善，因此还涉及网络安全在新一代信息技术产业场景中的大量应用与创新，因此网络安全人才培养既涉及学科本身的基础理论研究、核心技术应用，还涉及产业场景探索实践，这不仅包括产业工程实践，还包括产业科研创新实践。

二、网络安全人才培养现状与分析

现阶段，网络安全人才培养的主战场是高校。高校的网络安全本科相关专业课程的课程设置主要包含六大知识域：信息科学技术基础知识领域、信息安全基础知识领域、密码学知识领域、网络安全知识领域、计算机信息系统安全知识领域和信息内容安全知识领域。这些知识领域比较全面地覆盖了网络安全学科领域所涉及的知识和技术，但还比较欠缺新一代信息技术产业涉及的最新产业知识、技能、场景和复杂工程实践。学生不仅需要掌握学科的理论和技术，更需要对产业本身的知识和技能有完整的认知，包括产业应用的主要产品、主流技术、最新的工程实践场景、工程实践模型和攻防工具等。

当下，网络安全产业对网络安全人才的能力需求逐渐细化，专业能力更聚焦，例如出现了漏洞评估分析师、安全事件分析师等岗位。产业对于网络安全人才的需求呈现从技术型、工程型人才向复合型人才发展的趋势，需要的网络安全人才既要懂安全技术，又要懂实际业务。因此从某种意义上说，网络安全产业缺少的是能解决实际问题的人，这些复合型人才既要懂渗透技术、网络安全技术，又要懂业务需求，还能将以上要素结合起来进行安全运营。

通过业界比较知名的SUNS模型，我们可以对网络安全人才进行研判和分析。安全运维类人才的需求量最大，培养成本最低，但对组织来说，安全运维类人才更偏向技术培养，主要关注架构安全和被动防御。基础运维和防守类人才更关注通过建设静态防御矩阵，消耗攻击资源，减少供给面。网络安全需要从被动防御向基于态势感知的动态监测、以动态检测为特征的积极防御转变，需要网络安全人员深度理解和分析数据，包括信息化数据、安全数据和业务数据，需要进行及时、有效的安全分析与研判，为业务作决策，方便组织对安全运营人才的培养进行定位。这是因为积极防御阶段对网络安全人员的能力要求高，不仅需要熟悉及部署被动防御体系，还要了解业务逻辑、业务支撑平台的软硬件以及业务数据，更重要的是需要深入业务本身的需求来保障网络安全。渗透测试类人员是指大型网络安全企业需要的渗透测试人才。高校和组织培养出的渗透测试人员，既要学习渗透测试的课程，又要掌握渗透测试思维，这样才能更好地为组织防守、应急响应和进攻反制提供支持。

三、网络安全人才培养理念和思路

实战型网络安全人才的培养只谈理论是不够的，需要产业实际场景作支撑。产教融合解决的就是产业实践和实际人才培养脱节的问题。网络安全领域人才培养是要把人放到产业工程实践场景里面去实践，才能做到耳濡目染、融会贯通。学生需要参与到真实的攻防实战中，才能培养攻防一体的专业能力，因此培养实战型网络安全人才需要构建网络安全实践能力体系。

网络安全实践能力体系的建设可以分为三个层次，这里给出一个建设思路。

第一个层次是学科基础知识和技能层次，参照教育部高等学校信息安全专业教学指导委员会对网络安全专业建设的相关标准，可以加强对产业认知、产业主流岗位、相关技能、工程场景等知识的学习。

第二个层次是工程教育知识合成层次，只有将知识和技能放到场景中去实践和验证，才能把学科内的知识点和单项技能关联起来，通过场景化、项目化的关联实践，对实践形成完整认知，对于学科内涉及的产业典型应用场景，做到"运用之妙，存乎一心"。可以通过工程实践方式，在网络安全常见的场景（如信息化系统建设与服务、安全集成、安全运维、安全防护、安全运营、渗透测试、等级保护、应急响应等）中进行实训或实践，也可以继续扩展到学科细分场景（如数据安全、工业互联网安全、密码安全实践、云计算与云安全等）的学习。网络安全人才需要参与到网络安全专项工程实训和实践中来，将学习到的理论和技术在工程实训中进行重复专项训练，采用项目实践的方式，让网络安全人才获得对某一个场景或者某个知识单元的实践能力。

第三个层次是产业安全实践层次，只有学科内的知识和技能关联还不够，就像网络安全从业人员只参加CTF是不能开阔眼界的，需要到行业或国家级网络攻防演习、重保项目中去扩宽视野。对专业知识的探索也一样，通过对不同学科的实训和实践，网络安全人员需要参与到产业最复杂的新一代混合信息技术场景（如5G、元宇宙等集合多项信息技术的工程实践项目）中，才可以磨炼技能和思维模式，打造解决实际问题的能力，做到跨学科知识和技能的融会贯通，成为网络安全领域的人才。

网络安全实战型人才的培养既不能离开工程实践，也不能离开攻防实战，因为网络安全人才的培养不能脱离攻防两端。防守型人才的特征是知识和技能全面、属于"学者型人才"，这类人才的培养除了体系化的知识和技能学习，还要通过课内工程实训和课外的产业实践来验证和打磨专业实践能力。而渗透测试人才是要有点天分的，需要选拔出同时具备兴趣和能力的学员，需要打比赛、参加网络攻防演习。组织本身也要组建自己的攻击队，要传承网络安全能力，这样就能建立起网络安全团队。最后通过案例复制，可以培养更多的学员参与到更多的比赛和实践中去，逐步形成团队攻防能力，承接更重要的安全攻防实践任务。

↘ 四、网络安全人才能力形成与培养过程

上面主要谈的是实战型网络安全人才的培养思路和理念，下面重点介绍实战型网络安全人才能力的形成过程。网络安全人才能力的形成过程可以分为4个阶段，接下来将进行详细介绍。

第一个阶段是单点知识学习阶段，主要覆盖学科和产业双视角，打开网络安全

学员的整体视野，建立全面的专业基础能力。目前，网络安全从业人员对职业发展、工作场景、工作任务、工作能力的认知匮乏，主要以单点知识学习、实验室单项技能为主，没有或者较少模拟行业场景进行组合能力学习，更没有到实际工作场景中进行验证。因此在最初设计课程体系时，就要充分考虑打破原有的、按学科体系设计教学内容的框架，根据专业人才培养目标，深入剖析其能力构成，制定教学内容改革方案。

第二个阶段是场景型、任务型、问题型、工程型学习阶段，这个阶段要应用到知识合成的理念，通过专项训练模式，打造模块化课程，由第一个阶段的掌握知识点过渡到掌握知识单元，培养学员解决实际问题的专业能力。在网络安全实践领域，专业能力是解决某一个方向实际问题的能力，不是解决一个知识点的问题。按照岗位能力需求，构建教学内容"乐高化"模块，满足不同层次学员的不同学习需求，为学员在不同学科领域的不同工作任务提供支持。

第三个阶段是建立知识逻辑阶段，这个阶段学员需要建立自己的知识逻辑，把学到的知识点和掌握的知识单元进行体系化梳理和系统化建设。以网络安全认证学习为例，网络安全认证是从不同的角度梳理网络安全知识的逻辑，同时推出的认证体系又代表了产业的评级评价标准，可以和高校人才培养评级评价标准做深度结合，通过认证体系的实施，对学员的知识和技能进行产业侧的验证和评价。将行业最新的认证标准、全国职业院校技能大赛、省级技能大赛、CTF网络安全大赛、红帽杯网络攻防大赛等赛项所涉及的技能点、新技术融入课程培养方案中，不断推动网络安全人才培养和产业的深度融合，推动和促进产业的健康发展。

第四个阶段是产业实践阶段，这个阶段学员要参与到真实的实践环节中，在"具体的事情"上打磨能力。在实践学习过程中，学员通过导入产业安全项目，一方面可以全面提高学员解决实际问题的能力，另一方面可以积累实践经验。例如在网络攻防演习中，攻守双方是采用"背靠背"的方式进行的，可以检验相关企业关键信息基础设施的防护能力，也可以检验防守方对网络攻击的实时监测、应急处置、通报预警、安全防护和备份恢复能力，从而提高企业对关键信息基础设施的综合防御能力。学员只有参与演习的全过程，才能学习攻方如何在攻击测试阶段对目标系统开展渗透性攻击，找到攻击路径、安全漏洞和隐患，掌握被攻击目标在日常情况下的安全防护能力。学员通过攻防演习的实践过程，可以系统化地联系自身积累的知识和技能，联系实际环境，解决实际问题，整理自身知识逻辑体系，提升自身专业实力。

↘ 五、结语

　　总之，网络安全学科的实战性非常强，网络安全人才的培养更需要与时俱进，网络安全实战型人才的培养也是一个需要持续探讨的课题，但实战和实践是网络安全实战型人才培养不可脱离的宗旨。学员和组织只有不断地在知识、技能上积累和学习，在真实场景中不断验证、在工程项目中不断应用、在学习过程中不离开业务场景并且不断推演，才可以解决实际问题，积累真才实学。

07 第 7 章

安全前瞻

构建安全可信的软件供应链体系

杨临庆　北京酷德啄木鸟信息技术有限公司总经理

软件供应链是用于构建软件应用程序的组件、库等一系列工具的过程。软件供应商通过组装开源和商业组件来创建产品。软件供应链可以看作是一个生态系统，就像其他供应链一样，通过一系列步骤进行功能转化，最后作为产品或服务提供给用户。

对软件供应链安全而言，其安全性仅与软件供应链中最薄弱的环节安全性保持一致。供应链的步骤越多，意味着软件存在的安全风险也就越大。软件中存在的开源软件安全风险也会随着时间的推移而增加，导致越来越多的软件安全漏洞被发现，例如 2021 年的"核弹级"漏洞Log4Shell（CVE-2021-44228）就证明了项目中的一个漏洞就可能对整个软件行业产生巨大影响，全球超过 40%的企业可能会因为此漏洞受到影响。

同时也正是由于供应链越来越多地依赖于外部组件，软件变得更容易受到攻击。软件供应链风险往往会继承依赖的风险关系。因此需要将安全检查嵌入安全开发和软件流水线的每个阶段，保障供应链体系的安全。

尽管对供应链攻击的认识和研究有所提高，但是预防或缓解这些风险的措施往往集中在供应链的单一步骤或单一节点上。软件供应链安全是一个多任务多步骤联合的持续性过程，本文介绍了有助于减轻和减少供应链攻击影响的安全实践和参考，帮助软件供应链将安全构建到软件生产的每个阶段，完善并夯实供应链的安全根基。

（一）评估流水线构建风险

在持续发布软件的流程中，每个部署的软件都有一个或者多个获取软件物料的渠道，如源代码仓库、第三方组件包、二进制制品存储库等。

针对这些渠道的软件供应链攻击，会导致软件供应链安全渠道遭到损坏。为了保障流水线的安全，建议绘制整个流水线的运行过程，以此确定所有入口点以及入口点之间的所有连接，评估软件供应链可能会被攻击的风险点。

（二）审查不合规的流程绕过

在开发过程中，可能会存在项目组绕过为保持软件供应链安全而实施的安全控制流程，例如开发人员绕过安全测试来加速上线过程等。软件供应链的安全管控是为了保障开发工作流程更加安全、合规，因此需要项目组严格地执行。即使上线时间窗口紧张，也需要根据系统的安全性，执行必要的节点安全检查，并说明缺失检查的详细原因，并提供后续补救措施。同时为了阻止安全事件的发生，要提供安全缓解策略，做到有备无患。

（三）使用自动化安全工具

使用自动化工具来增强软件构建的安全性，这对保持供应链的安全状态至关重要。为了更好地执行软件供应链安全管理策略，以下介绍 4 个推荐使用的软件安全工具。

（1）SAST是一个静态应用程序安全测试工具，通过分析程序源代码来识别代码中的安全漏洞，这些漏洞包括SQL注入、缓冲区溢出、XML外部实体攻击等。

（2）SCA是一个软件组合分析工具，用于分析和管理应用程序的开源成分组成。通过使用SCA工具，可以验证组件的许可，评估与其应用程序所用开源组件相关的漏洞。SCA工具可以从源代码或二进制文件中分析应用程序的组成，并将识别出来的成分与已知信息（如许可证、CVE漏洞等）的数据库相匹配。

（3）IAST是一个交互式安全测试工具，采用污点跟踪和对底层函数进行hook的技术，通过字节码注入的方式对应用程序进行安全测试。IAST可以对应用程序输入的参数进行污点跟踪和数据标记，当受污染的数据进入hook点时，IAST就能对系统进行安全检测，同时上报安全漏洞。在开发和测试软件项目的流程中，开发人员和测试人员在执行功能测试的同时，还可以完成安全测试。

（4）DAST是一个动态应用程序安全测试工具，也是评估软件应用程序的测试方法或工具。DAST测试模拟恶意行为者尝试远程侵入应用程序的行为。DAST工具可以实时扫描应用程序，发现未公开或公开的漏洞。DAST工具还可以与应用的接口API安全性相关联，DAST工具与应用程序交互的标准方式是测试其API，进而验证系统内部的安全性。

（四）建立安全的容器环境

在软件供应链中，往往存在多个组件相互引用的情况。越来越多的部署都采用容器形式交付，容器的作用也变得越来越大，这使得跨环境构建、测试和运行应用程序更快、更高效。容器安全是指使用严格的管理和分离技术来达到组件间的安全管理，保护容器的完整性、可信性和安全性。容器安全涉及镜像上层应用到所依赖的基础架构，检查范围包括验证容器镜像是否有签名、签名来源是否可信、镜像和操作系统层是否处于最新安全状态、镜像容器对安全补丁的更新速度和频率、已知安全问题的处理等。容器安全是一个完整且持续管理的过程，通过保护容器构建和应用，可以达到容器部署环境和基础架构安全且可靠的目的。

（五）权限和安全访问管理

一旦攻击者获得了对供应链的初始访问权限，那么攻击就更容易在不同权限账户之间切换进行。因此对所有联网账户需要采用最小权限原则，持续关注特权账户活动，尽可能使用自动化手段来监控用户的活动。管理人员和开发人员必须具有与其在组织中的角色相匹配的访问角色和权限，并具备对这些角色进行身份验证的安全手段。

（六）建立可信供应商渠道

与不熟悉用户业务的外部攻击者相比，供应商拥有更多的知识背景和能力来破坏供应链安全，因为对一个供应商来说，攻击软件供应链是一件容易的事，他们能够从内部破坏供应链体系，并且在用户修复漏洞之前深入了解系统的安全漏洞。在与新供应商一起进入项目之前，可以考虑评估供应商的资质，包括企业的信誉、服务历史、过去的项目、市场声誉、认证等。

（七）密切关注数据泄露信息

软件供应链中的大部分代码并不是项目成员编写的代码，而是来自第三方的代码。使用第三方代码可以节省大量时间，如果使用得当，可以减少应用错误和安全风险。但是当使用不良的第三方代码时，有可能会造成很难被检测到的数据泄露。如果这些代码是软件供应链中不可或缺的一部分，那么这些代码也会对系统供应链构成极大的威胁，可以采取一些有效的手段监控数据泄露信息，如检查供应商的安全文件、查找数据泄露历史、监控在暗网上暴露的敏感信息、在各个主流的开源代码社区中监控敏感信息流出等措施。

（八）制定事件响应计划

安全防护的主要目的是有效地预防和缓解风险。虽然预防是最理想的防护手段，但从现实来看，随着网络安全攻击的多样化，预防并不能够抵御所有的安全威胁，现实中最佳的解决方案是通过防护来减少安全威胁可能带来的损害。为此，需要确保存在快速响应方案，管理人员也能够作出动态决策，从而减少攻击可能带来的损害。通过建立应急响应计划，可以应对各种突发事件。建立可靠的事件响应计划有如下 5 个关键步骤：

（1）确定攻击可能表现出来的方式和后果；

（2）定义如何处置风险以及由谁来处置；

（3）定义关键利益相关者之间的沟通计划；

（4）识别沟通渠道可信度；

（5）建立处理升级计划，快速处理风险源头。

（九）安全管理上要高于最低安全要求

一般来说，安全管理的基本要求包含如下 6 点。

（1）威胁建模，威胁建模是一种基于工程和风险的方法，用于识别、评估和管理安全威胁，旨在开发和部署符合企业组织安全和风险目标的软件和IT系统。

（2）自动化测试，自动化测试可以保持系统一致性测试，准确地检查结果，并最大限度地减少对人力和专业知识的需求。自动化测试可以集成到现有的工作流程或问题跟踪系统中。

（3）基于代码的分析，静态分析工具可以检查代码是否存在多种安全风险、代码是否符合安全组织的编码规范。

（4）动态分析，包括使用内置检查和保护运行、创建黑盒测试用例、创建基于代码的结构化测试用例、使用创建的测试用例来捕获以前的错误等，如果软件已连接到互联网，那么运行Web漏扫扫描应用程序。

（5）检查软件的成分，确保软件包含的代码与本地开发的代码保持一致。针对软件组件，必须持续监控已知漏洞的数据库，随时报告现有代码中的新漏洞。

（6）修复错误，尽快更正关键错误，改进必要的流程，防止将来出现此类错误。

忽略上述任何一个检查项都可能存在触发安全漏洞的风险，因为这些检查项可以较好地评估风险、发现系统漏洞。但是只具备这些检查能力还不够，还需要警惕外部风险侵入，通过绘制流水线运行图，了解供应链基础设施配置并尝试分层保持隔离性，建立完善的预警响应机制，避免因为潜在安全隐患而影响整个软件供应链。

　　总而言之，软件供应链是一个多组件、多阶段形成的流程，其中组件协同工作以构建要部署的最终应用程序为目的。因此，需要时刻了解软件供应链各节点的状态，以及各节点的协同工作方式，评估风险威胁的影响。通过上述的策略步骤，可以预防和缓解攻击所带来的危害，构建可信的软件供应链体系，做到对供应链安全的可预警、可管理、可防御和可缓解，从而减少供应链安全风险对企业造成的影响。

国内开源操作系统社区的漏洞治理探索

麒麟软件PSIRT

近年来，全球开源项目数量爆发式增长，在企业的信息系统中，开源软件的应用比例也在逐年提升。国内系统厂商也纷纷参与并构建了一些开源操作系统社区。根据中国信通院 2022 年的调查报告显示，2021 年我国已经有 88.2%的企业在使用开源技术，可以说开源软件已经成为企业信息技术的重要底座。然而，全球的开源安全事件频发，信息安全问题、用户隐私信息泄露问题日益严重，开源安全风险已经成为全球化挑战。

↘ 一、目前漏洞的现状

随着开源软件逐渐被应用在各行业的信息系统中，国内厂商也在纷纷参与并构建国内的开源操作系统社区。在国际开源软件版本迭代快、本地化构建的开源平台安全机制不完善、国内开源社区的漏洞维护能力参差不齐的情况下，各行业开源软件的漏洞发现和维护风险倍增，威胁到国产系统的信息化安全。

中国信息安全测评中心发布的《2022 年上半年网络安全漏洞态势观察》中指出，安全漏洞的整体情况主要呈现出如下 4 个趋势。

（一）超高危漏洞数量和占比居高不下

2022 年上半年出现了 1 927 个超危漏洞，占比 16%；出现了 4 639 个高危漏洞，占比 37%。这两类漏洞占比 53%，已经超过了已报告安全漏洞总数的一半。

（二）开源软件在供应链安全中首当其冲

根据新思科技对 17 个行业的 2 409 个代码库的代码审计，97%的代码中存在开源组件漏洞，81%的代码库中包含至少一个已公开的开源组件漏洞，49%的代码库中包含至少一个高风险漏洞。开源软件的安全漏洞直接影响到软件供应链的安全，必须引起大家更多的关注。

（三）漏洞POC增加，被利用于实战趋势明显

经奇安信威胁监测发现，2022年上半年互联网公开披露漏洞POC/Exploit的数量为1876个。在这些新增的漏洞POC/Exploit中，2022年新增漏洞（CVE-2022-XXXX）的数量为875个，占2022年公开漏洞细节的漏洞总量的47%。漏洞的细节一旦被公布，具备一定安全技术的攻击者就能分析和利用该漏洞，漏洞利用的实战化趋势日渐明显。

（四）在野漏洞利用不断增多，APT组织囤积漏洞工具

经奇安信威胁监测发现，2022年上半年新增475个在野利用漏洞，其中公开披露POC\EXP\漏洞细节的漏洞共有348个，超过70%的漏洞POC\EXP\漏洞细节已经在互联网上流传，并被某些APT组织或者恶意软件团伙频繁使用，这些漏洞存在较大的现实威胁。

鉴于开源软件漏洞的态势，国内的开源社区对社区发行版本的安全维护存在时效性不足、应急响应团队对版本中漏洞的管理、修复、监控和披露等工作力不从心等问题，还需要开源社区增强对漏洞安全治理的规划。

↘ 二、漏洞治理的思路

从《2022年上半年网络安全漏洞态势观察》中提到的4个趋势来看，国际开源社区项目面临严峻的安全形势。而目前国内信息化厂商为了解决自身的产品发展问题和生态建设问题，也建立了相应的开源社区。虽然这些开源社区对国内的自主发展有很大作用，但是在产品的漏洞维护、管理和治理上，相比较国际开源社区，并没有太多改善。多社区发展的生态碎片化问题导致漏洞治理的平台管理、技术和人力资源更加分散。目前，国内开源社区的漏洞态势呈现如下4个特征。

（一）开源社区的漏洞管理缺乏专业统一的监管组织

虽然各个开源社区拥有自己的漏洞维护团队，但是漏洞管理是各自定义的，无法进行统一监管，漏洞情报也无法共享，这使得国内的第三方安全厂商无法较好地利用社区的漏洞管理资源，也无法进行开源软件的漏洞扫描和准确检测。

（二）开源社区缺失安全开发要求和安全检查手段

目前开源社区中大多是注重SIG组的功能性研制，代码的安全性参差不齐，主

要是因为参与社区开发的工程师都是编程爱好者，并没有经过系统的安全培训，同时社区中对于代码的安全性和安全编程约束不足。

（三）漏洞管理平台和工具不足，导致管理成本很高

软件的安全性，除了要考虑设计的安全性，还要依赖于代码开发的安全性保障。而代码的安全性不能只依靠人的编程素养，还需要通过相应的代码安全扫描工具，实现高效的自动化检查。然而，这类代码安全扫描工具往往非常昂贵，即使各开源社区自行研制，也需要投入大量的资源和时间，因此，构建完善的漏洞管理体系的成本较高。

（四）开源软件在漏洞的全生命周期维护上存在不足

开源社区研制的操作系统版本与商业版本的最大区别是，在发布某一个开源社区研制的操作系统版本后，维护时间相对短、版本迭代较快、安全性维护周期短。因此，基于开源社区版本定制的商业版本需要在产品的生命周期维护上投入相当大的人力。

为了构建更广泛的生态、借助开源的力量持续发展，国产主流操作系统厂商纷纷建立或者加入相应的开源社区中。为了更好地治理社区的漏洞，可以从如下 4 个方面入手：

（1）成立专门的社区安全组织，持续解决开源版本的安全问题；

（2）引入 SDL 安全开发流程，增强开发人员的安全意识和能力；

（3）通过社区孵化安全治理工具和平台，提升安全治理效率；

（4）构建安全体系长效机制，鼓励开发人员为安全治理作贡献。

三、国内社区的探索

为了提升开源社区的漏洞治理能力，保障国产信息系统中开源软件的安全性，我们提出了保障国内操作系统根社区安全性的 4 点思路。接下来就以 openKylin 社区为例，逐一介绍这 4 点。

（一）成立专门的社区安全组织，持续解决开源软件漏洞问题

组建社区安全组织 Security Governance SIG，从而实现 openKylin 社区的系统化安全建设，包括组织架构、工作职责、漏洞管理流程等。openKylin 社区的安全运营组织架构如图 1 所示。

图 1 openKylin社区的安全运营组织架构

社区安全组织的 4 项工作职责包括：

（1）负责安全体系的规划和机制建立；

（2）负责SDL的推进和开发人员安全赋能；

（3）负责漏洞管理和激励机制的制定；

（4）负责漏洞应急响应、漏洞挖掘与跟踪。

漏洞处理流程如图 2 所示。

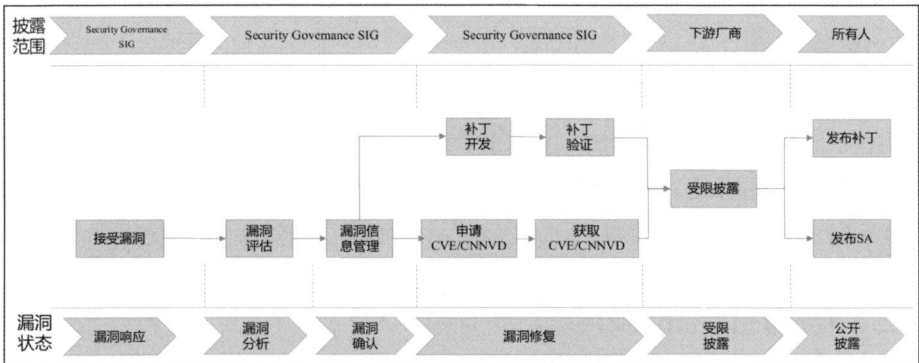

图 2 漏洞处理流程

漏洞应急响应规划如表 1 所示。

表 1 漏洞应急响应规划

危害（CVSS3.1）	响应时间	提供规避方案的时间（可选）	提供补丁/版本时间
9～10	≤24 小时	≤1 工作日	15 天
7～8.9	≤24 小时	≤7 工作日	21 天
4～6.9	≤48 小时	≤14 工作日	60 天
0.1～3.9	≤48 小时	≤30 工作日	120 天

（二）引入SDL安全开发流程，增强开发人员的安全意识和能力

引入SDL安全开发流程后，整个社区化开发的安全体系可以分为安全设计、安全开发、版本安全交付、版本安全维护 4 个阶段。openKylin社区安全开发活动如图 3 所示。

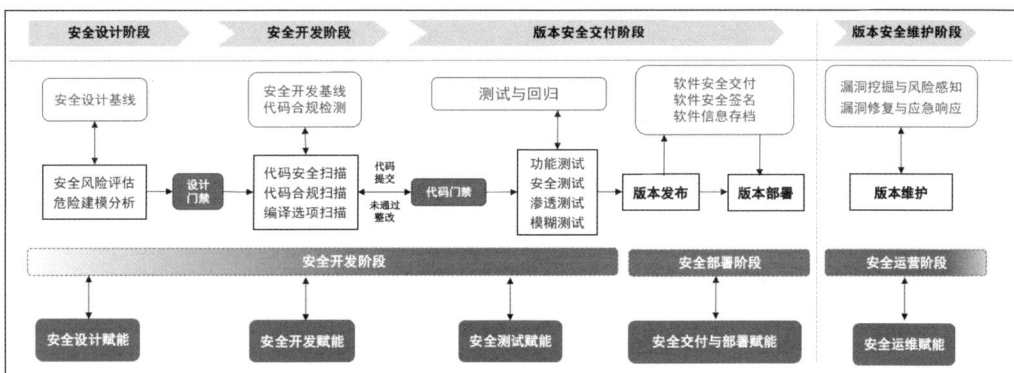

图3　openKylin社区安全开发活动

第一阶段是安全设计阶段，包括制定安全设计基线、引入安全设计工具，针对软件设计的安全性、韧性、可靠性、可用性等属性进行风险分析。在社区项目中设置安全设计门禁，只有通过安全设计审核的开源项目才能被社区接受。

第二阶段是安全开发阶段，包括制定安全开发基线、引入代码安全性扫描工具、代码合规性扫描工具、安全编译选项扫描工具，供社区开发人员对自己开发的代码进行安全扫描。在社区项目中设置安全代码门禁，只有通过门禁扫描的代码才能被社区接受。

第三阶段是版本安全交付阶段。该阶段软件版本需要经过功能测试、安全测试、渗透测试、模糊测试等测试后，才能进入版本发布流程。在版本发布流程中，设计了开源社区安全仓库管理流程，从而确保软件的安全交付。

第四阶段是版本安全维护阶段。该阶段制定社区安全漏洞管理流程和激励机制，内容涵盖漏洞挖掘、漏洞响应、漏洞修复和漏洞跟踪等各环节。

其中，针对openKylin社区的仓库安全性管理，制定了openKylin社区的仓库管理流程，如图 4 所示。

所有应用到openKylin社区的开源项目，从项目引入到最终的版本发布，一共经过如下 4 次检测。

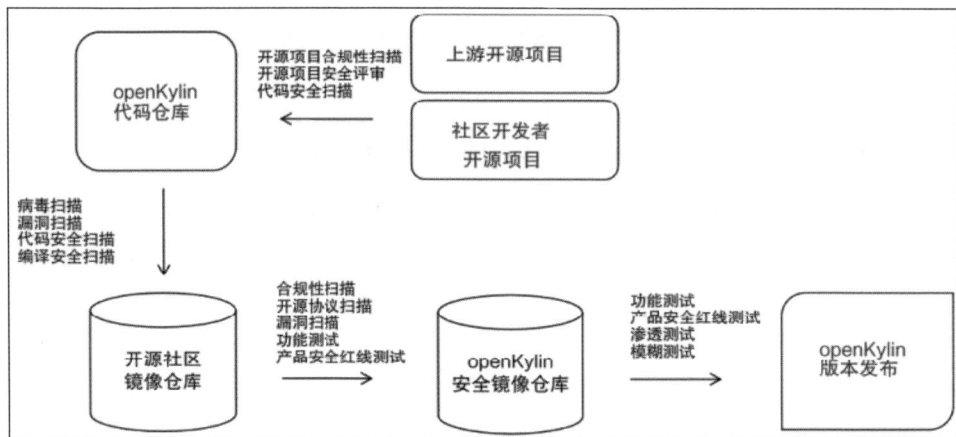

图 4 openKylin社区的仓库管理流程

（1）在引入开源项目时，需要对开源项目进行合规性扫描、代码安全性扫描和项目安全评审，通过后才能被openKylin社区代码仓库接受，成为openKylin社区的开源项目，代码会被纳入openKylin代码仓库。

（2）在构建开源项目时，需要对开源项目的代码进行病毒扫描、漏洞扫描、代码安全扫描、编译安全扫描，通过扫描后，才能进入openKylin开源社区的镜像仓库源。

（3）在创建安全镜像仓库时，由社区测试人员对开源项目软件包进行合规性扫描、开源协议扫描、漏洞扫描、功能测试、产品安全红线测试等。通过扫描后，软件包才能进入openKylin社区安全镜像仓库源。

（4）在发布社区版本时，由社区测试人员对基于openKylin安全镜像仓库源制作的openKylin版本进行功能性测试、产品安全红线测试、渗透测试和模糊测试，通过测试后，最终发布openKylin的版本。

（三）通过社区孵化安全治理工具和平台，提升安全治理效率

（1）漏洞感知大脑项目：该项目基于麒麟现有漏洞自动化管理系统，使用人工智能技术、知识图谱技术，收集、分析漏洞数据，处理过程自动化、智能化。该项目可以实现社区安全漏洞态势的实时感知，智能化分析并将漏洞情报及时通知给openKylin，确保安全漏洞的快速响应与修复。漏洞感知大脑项目功能模块如图 5 所示。

（2）情报数据共享项目：将格式化的漏洞信息和与安全性相关的关键信息快速同步给有需要的组织，提高和加强国内信息安全行业漏洞信息资源的共享与服务能力。其中，针对情报数据的共享采用国际标准化格式实施，即CVRF（The Common

Vulnerability Reporting Format）标准和OVAL（Open Vulnerability and Assessment Language）数据格式。漏洞情报共享项目组成如图6所示。

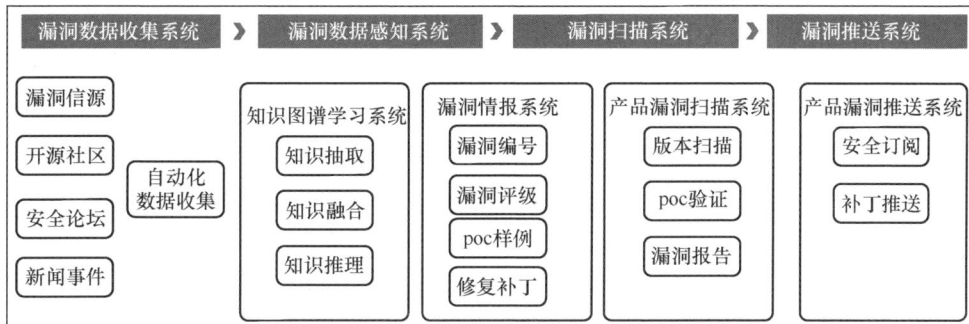

图5　漏洞感知大脑项目功能模块

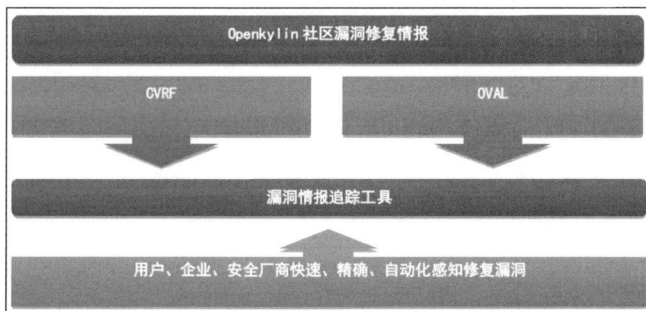

图6　漏洞情报共享项目组成

（3）漏洞动态检测项目：该项目由漏洞检测工具chthonian和开源POC/EXP库组成，旨在一站式评估openKylin发行版的安全性，提高发现与解决安全问题的效率，达到安全左移的目的。其中，chthonian整合了目前较为热门的Fuzz测试技术、漏洞动态检测技术（依托于POC/EXP库），具有安全基线检测功能，chthonian可对检测出来的漏洞和风险项快速、自动生成可视化报告，并兼容SCAP协议。漏洞动态检测框架如图7所示。

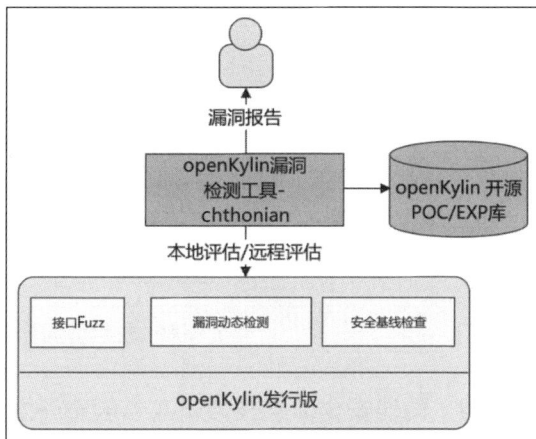

图7　漏洞动态检测框架

（4）开源POC/EXP库项目：收集漏洞的测试用例的工作量是巨大的，因此建设了openKylin社区POC/EXP仓库。当前该仓库共收集超过200多个有效POC/EXP，包含100多个openKylin组件漏洞POC/EXP。

（5）主机漏洞扫描工具genmai：genmai是可以支持网络漏洞扫描以及基线扫描功能的安全扫描框架，该框架的原理是先创建沙箱，在沙箱上把要检测的漏洞POC/EXP通过YAML解析器和JSON解析器进行解析，然后存入缓存中，然后通过远程评估和本地评估的形式进行检测，生成分析报告。主机漏洞扫描工具框架如图 8所示。

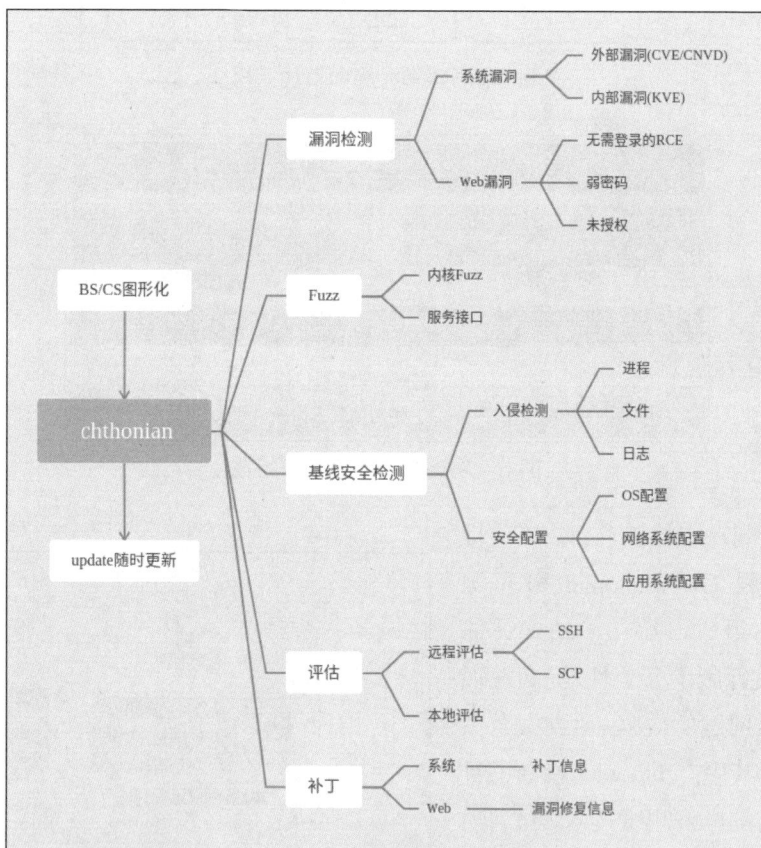

图8　主机漏洞扫描工具框架

（四）构建安全体系长效机制，鼓励开发人员为安全治理作贡献

openKylin社区将打造安全漏洞共享奖励计划，目前已部署了麒麟软件安全应急响应中心（Kylinsoft Security Response Center, KSRC）。麒麟软件安全应急响应中心

由openKylin Security Governance SIG建设维护，由白帽团队、安全厂商、安全组织共同参与，对社区版本中的漏洞进行响应和处理，也是安全研究者向openKylin社区共享安全问题和威胁情报的官方途径。

该平台欢迎广大安全厂商、安全组织、白帽团队、社区开发人员积极共享安全漏洞情报，并为提供安全漏洞情报的人员提供奖金。该平台采用通用漏洞评分系统CVSS 3.1对漏洞进行评级，对致命、高危、中危、低危的漏洞设置不同等级的漏洞积分，积分可兑换成奖金。另外，贡献者提供的漏洞应该为原创漏洞，不能是CNVD、CVE等已收录漏洞。该平台会对提供虚假漏洞、非原创漏洞的人员实施相应的惩罚措施。

四、结语

2022年6月2日，美国商务部工业与安全局（BIS）正式发布了针对网络安全领域的最新出口管制规定。针对当前新的局势，国内开源社区作为打造国产化信息系统底座的重要来源，面对无法规避的开源软件漏洞，在无法获取外部信息情报时，如何实现快速发现漏洞、有效缓解漏洞、高效修复漏洞和科学治理漏洞等一系列软件安全运维管理，还需要大家众志成城、慢慢摸索，最终联合共建安全的开源社区。

基于ITDR安全技术架构建立一体化的新一代IAM 产品体系

陈祥　北京无胁科技有限公司创始人

一、身份管理"安全孤岛"效应与身份安全威胁

身份识别与访问管理主要解决各应用系统的账户管理混乱和口令安全等问题。一般IAM可分为面向企业内部员工身份的EIAM系统和面向外部用户身份的CIAM系统。

IDaaS（Identity as a Service）结合云技术将IAM技术变成云身份服务，更方便地给业务系统提供身份认证与管理能力。

零信任安全模型（也称零信任架构、零信任网络架构、零信任网络访问无边界安全），描述了一种IT系统的设计和实施方法。零信任架构有三大技术，分别是SDP（软件定义网络）、IAM（身份识别与访问管理）和MSG（微隔离），可以实现"从不信任，始终验证"的技术理念。

（一）身份管理的"安全孤岛"

1. 身份认证管理技术的趋势

- IDaaS和零信任IAM技术全面普及。
- 对内、外业务系统的身份认证全面实施IAM技术。
- IAM成为重要的基础设施入口。
- 存在大量配置（如双因素和集成协议）与多攻击威胁识别上的缺陷。
- 无安全攻击预警和防御响应手段。

2. 流量与数据的加密

- Web与IAM流量采用HTTPS加密传输保护应用流量。
- Web采用对称或非对称加密算法来保护应用流量。

- 检测类设备不识别加密流量与数据，出现威胁检测盲区。
- 防御类设备不识别加密流量与数据，产生威胁攻击绕过问题。
- 防御盲区与威胁攻击绕过造成大量威胁不可见、不可控。

3. 传统网络安全设备

- 传统网络安全设备（如FW、IPS、WAF、态势感知等设备）属于网络威胁与应用威胁检测防御设备。
- 主要以流量检测特征为主，通过IP维度的告警还原攻击行为。
- 告警上下文参考信息少、误报多，且其响应主要为拦截数据包或封堵IP。
- 流量缺陷无法识别身份数据，不能对身份信息进行响应控制。
- 看不懂业务与身份流量，告警细节无法还原完整攻击手法和攻击者身份画像。

（二）安全威胁现状

随着互联网技术的快速发展，攻击者的技术也在演进，近些年大量的黑客攻击事件与攻击技术一直在威胁着业务系统的身份数据。如果身份入口被攻破，将给企业的业务系统造成严重的损失，甚至产生法律诉讼的风险。

目前IAM系统还面临着众多安全威胁，下面列举一些常见的身份威胁攻击。

- **Web安全方面**：组件漏洞、SQL注入、XSS漏洞、会话安全漏洞、API安全问题、逻辑漏洞。
- **账户安全方面**：弱口令、撞库攻击、暴力破解、盗号风险、SSO漏洞、短信攻击。
- **反欺诈**：匿名IP访问、验证码绕过、虚拟小号、非可信设备、反洗钱、缺乏双因素、核验绕过。
- **业务风控**：羊毛党、刷单刷量、爬虫、机器人、信息泄露。
- **隐私合规**：隐私法规、数据加密、隐私数据、隐私法规。
- **支付安全**："一分钱"漏洞、反洗钱。
- **活动营销**：垃圾数据、灰产账号。

这些年，国内外发生了大量的身份信息泄露事件，例如 2020 年某电商平台泄露了 11.81 亿条用户数据，身份ID、昵称、手机号码等客户信息被泄露。2022 年某学习软件泄露了 1.7 亿条数据，这份数据库包含 1 亿 7 273 万条数据，其中还包含 1 076 万条密码，涉及学校名称、学生姓名、注册手机号码、学号、工号、性别和邮箱等信息。

2020年发生了SolarWinds网络攻击事件，某国家级APT团伙发起了这起网络攻击事件。据不完全统计，使全球 18 000 多个用户组织遭受影响。该次攻击盗取了大量的密码信息、访问权限、API访问令牌等企业账号身份信息，造成数据信息的泄露。

针对身份威胁的攻击和安全事件一直影响着企业的业务系统，这些数据的泄露会给企业带来不可估量的损失，同时这些泄露的用户账号、密码凭证也有可能为业务带来持续性的伤害。这为网络威胁检测、应用威胁检测提出了新的调整要求，有必要从身份威胁检测与响应的新视角来解决身份安全问题。

二、身份威胁检测与响应技术

（一）身份威胁检测与响应

复杂的威胁参与者正在积极瞄准身份识别与访问管理基础设施，而凭据滥用成为现在主要的攻击方式。Gartner提出了身份威胁检测和响应（Identity Threat Detection and Response，ITDR）的术语，以此来描述保护身份系统的工具和最佳实践的集合。企业已经花费了相当大的精力来提高IAM的性能，但其中大部分精力都集中在改善用户身份验证技术上，实际上增加了网络安全基础设施部分的攻击面，ITDR工具可以帮助企业保护身份系统，检测身份系统何时受到损害，并进行有效的补救。另外，ITDR涉及多因素验证工具、账号接管、欺诈检测工具、用户和实体行为分析、监控身份攻击技术等技术。

（二）多因素认证

多因素认证（Multifactor Authentication，MFA）是在用户名/密码（或其他认证源）之外增加的一层安全认证，用于确保校验用户身份的安全性。业界通常也将多因素认证称为两步验证、双因素验证。根据灵活的风险感知技术模型，可以启用多因素认证来验证用户当前的身份权限。常见的多因素认证有短信认证、邮件认证、动态口令认证、指纹验证、人脸验证、USB硬件Key和声纹认证等。

（三）用户实体行为分析

用户实体行为分析（User and Entity Behavior Analytics，UEBA）主要是以用户

和实体为对象，结合规则以及机器学习模型，对用户行为进行分析和异常检测，尽可能快速地感知内部用户的可疑非法行为。根据Gartner对UEBA的定义，UEBA提供画像和基于各种分析方法的异常检测，通常包含基本分析方法（利用签名的规则、模式匹配、简单统计、阈值等）和高级分析方法（有监督和无监督的机器学习等），UEBA可以用打包分析来评估用户和其他实体（主机、应用程序、网络、数据库等），发现与用户或实体标准画像或行为偏离的异常活动及其相关事件。这些异常活动包括受信内部或第三方人员对系统的异常访问，或外部攻击者绕过安全控制措施的入侵行为。

（四）反欺诈

反欺诈的一般定义是"为防范恶意用户为谋求额外利益、采取欺诈行为而建立的方针和目标，以及为实现这些目标所采取的方法体系"，因此可以得出有关互联网反欺诈体系的如下结论：

- 互联网反欺诈体系的目标对象是恶意用户的欺诈行为；
- 互联网反欺诈体系的目标是防止恶意用户采取欺诈行为而获取额外利益；
- 互联网反欺诈体系涵盖方针、目标和方法。

反欺诈技术能识别和防御的黑灰产攻击技术有代理IP、恶意设备、虚拟小号、爬虫技术、撞库攻击、盗号攻击、图形验证码绕过等。通过设备指纹、TLS指纹、业务情报代理IP、反爬虫、智能化验证码等技术，以及风控策略、机器学习模型、图计算等手段，可以检测、识别欺诈攻击，防范欺诈行为的发生。

（五）访问控制与响应

基于访问授权等引擎控制策略，可以针对IP、地理位置、身份角色、应用等特征，建立身份认证相关的访问控制策略。

在访问响应方面，可以建立多维度规则威胁检测的拦截或审计放行策略。基于人机对抗的智能化验证码，访问响应策略可以临时锁定账号、设备、网络身份等信息，暂停如账号、设备、网络、客户端软件身份的访问。

（六）关联ATT&CK框架与常见攻击场景

身份威胁的检测能力可以参考ATT&CK 框架的 14 个阶段，涉及 206 个安全技术点，上千种攻击和检测点维度。常见的攻击场景主要有针对Web安全类、账号安全类、反欺诈类、业务风控类、隐私类、支付安全类、活动营销类的身份威胁。通过机器学习、威胁情报、安全规则、黑灰产攻击特征等技术，可以实现不同级别的威胁告警。

（七）拥有丰富上下文信息的威胁分析

在基于身份威胁告警、日志分析、溯源关联等技术进行威胁分析时，应该有用来关联分析的丰富上下文信息，排查是否存在误报和真实团伙的特征挖掘，快速完成威胁分析、消除威胁源。

丰富的上下文信息包括但不限于攻击者画像、设备身份、客户端指纹、网络身份、账号身份、攻击日志、业务系统等维度的上下文信息。在威胁分析页面，可以进行详细的可视化展示，便于分析者清晰地看到身份威胁攻击故事线。

（八）安全认证协议

在身份管理的应用集成与API对接方面，因为SAML与OAuth存在一些安全漏洞，容易被钓鱼攻击等手段获取到身份访问令牌，以欺骗的手段获取到相应的访问权限。经常出现的漏洞利用还有恶意链接重定向、伪造请求脚本跨站、服务器端请求伪造、元字符注入等。

应在IAM系统与应用之间遵循HTTPS的TSL加密协议，保证数据传输不被窃密、信息不泄露。在认证协议方面，选择安全性、保密性较高的集成协议，如SAML2、OAuth2、OIDC、FIDO2 等。可以结合应用集成的认证情况、设备指纹、IP地址，判断是否存在身份攻击的威胁，并及时注销相应的身份令牌与身份认证响应。

三、新一代的ITDR安全架构的IAM产品系统

（一）身份威胁检测与响应独立架构

面向EIAM场景的ITDR的独立架构，主要解决的是检查IAM或IDaaS厂商系统的双因素、集成协议等配置问题，可以通过IAM日志、AD日志来分析是否存在身份攻击行为，针对已发现的、具有身份攻击威胁的告警行为进行响应，如锁定账号、阻断IP访问、威胁脚本剧本执行、邮件通知等。ITDR的独立架构如图 1 所示。

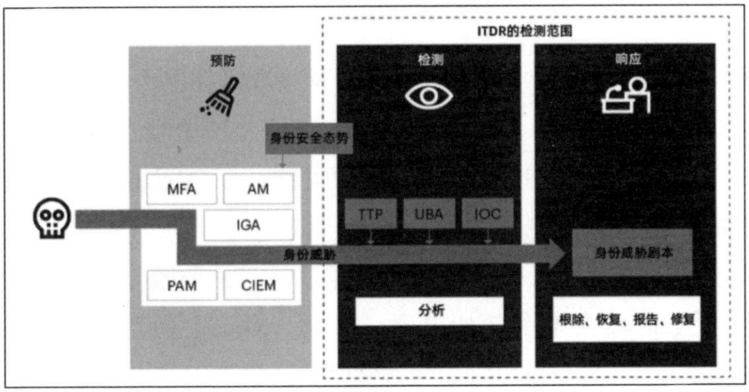

图 1　ITDR的独立架构

因为原本的访问管理系统、身份治理、PAM、CIEM、双因素、Windows AD 不具备身份威胁的检测与响应能力，所以需要收集、分析配置与日志，进行身份威胁的检测与响应处置，对有针对性的身份攻击进行检测预警和封禁账号等操作，可以帮助系统应对身份威胁。

这种独立架构的不足之处是针对面向身份威胁的攻击，不能通过 IAM 来实时采集更多的维度和攻击特征，也无法创建身份威胁检测模型，响应手段较单一，而禁用账号或封堵 IP 地址容易产生误报性。

（二）身份威胁检测与响应融合 IAM 架构

将身份威胁检测与响应技术与身份认证和访问管理系统进行融合，会增加威胁检测的维度与深度，同时会加强响应控制技术手段的及时性。多维度和深度的威胁检测与响应，可以提供丰富的上下文威胁信息，以便分析与挖掘威胁源。IAM 与 ITDR 的融合架构如图 2 所示。

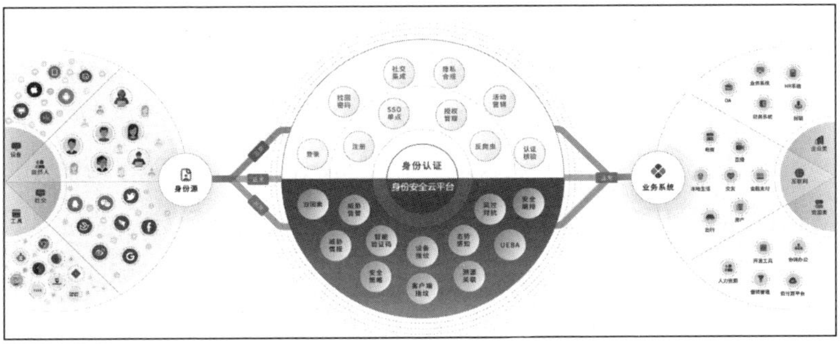

图 2　IAM 与 ITDR 的融合架构

IAM 与 ITDR 的融合技术架构可以分为身份源、身份安全云平台和业务系统三部分。

- 身份源：区分设备、自然人、社交、工具软件和网络身份信息。
- 身份安全云平台：包含双因素、威胁告警、威胁情报、智能验证码、安全策略、设备指纹、客户端指纹、溯源关联、态势感知、风控对抗、UEBA和安全编排等技术。
- 业务系统：包含业务系统（如企业内网的OA系统、邮件系统、差旅报销等）、泛互联网类平台（如电商、直播、社交、游戏、房产等互联网会员服务SaaS、Web、App等）、资源类系统（如HR系统、CRM系统、研发类系统、云设施系统等）。

AI驱动的身份威胁检测与响应业务场景如图3所示。

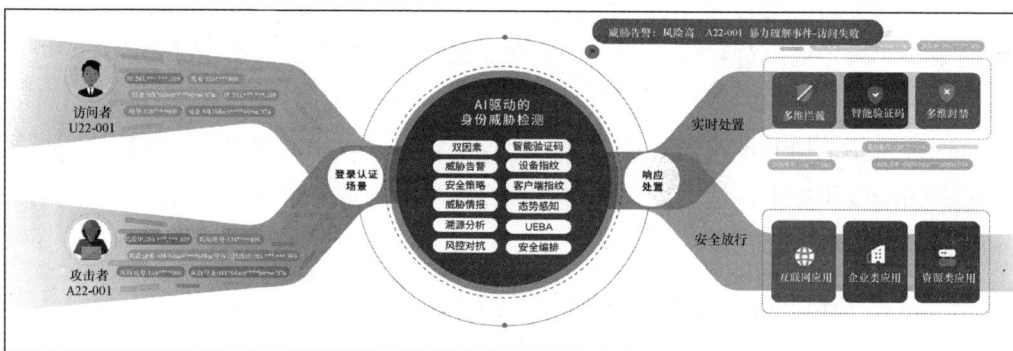

图3　AI驱动的身份威胁检测与响应业务场景

从图中可以看出，身份认证数据流量中使用了AI驱动的身份威胁检测与响应技术，在业务上真正实现"身份认证即身份安全"。针对Web攻击、身份类攻击、黑灰产行为类攻击，可以进行检测与响应。针对异常登录、黑客入侵、未知设备访问、暴力破解、实时代理、黑产手机号和撞库攻击等威胁，可以实现精准的威胁发现告警和实时处置，保证身份交互的业务系统安全。

这种融合的技术架构实现了丰富的身份威胁检测和实时且有效的威胁响应。融合式的IAM和ITDR产品在访问终端、平台引擎侧、响应侧和后续的溯源关联上的分析效果，要优于独立的身份威胁检测与响应架构。如果将这种技术创新能力在CIAM和EIAM领域实现，那么各类身份威胁或黑客攻击行为都可以被有效地解决，这种解决方案可以解决不同企业环境业务系统下全场景的身份认证与身份威胁，真正实现"身份认证即身份安全"。

↘ 四、结语

纵观计算机的网络攻击威胁发展历史，从最早的网络威胁检测到如今的应用威胁检测，攻击暴露面与攻击技术在不断变化，身份威胁检测应需而生，身份威胁检测可以从多身份视野更好地发现和处置威胁攻击。

随着互联网时代的发展要求，企业类、互联网类、资源类业务系统将可以使用身份认证与威胁检测能力平台来实现身份认证与安全检测。畅想一下任何企业的业务系统（甚至包含运维设备、安全设备的登录身份入口）都可以便捷地集成到新一代的 IAM 系统中，这个新一代的 IAM 系统不仅可以完成基本的身份认证管理，还可以检测与响应针对企业类、资源类业务的多种黑客攻击威胁（这些威胁攻击不会被企业现有安全工具检测和防御，设备类系统本身也需要进行威胁检测）。

基于云原生和机器学习，ITDR 技术构建的一体化新一代 IAM 产品，具有便捷、高效、安全的特性，通过在全场景各类业务系统的认证数据流中进行身份认证、威胁检测和防御，通过全网身份认证的流量分析与威胁分析、溯源分析、身份画像分析，完整地建立一个身份数据的业务与安全中台。IAM 和 ITDR 的融合将可能是未来 10 年一种新的威胁检测方式，在应用系统的身份认证过程中，即可完成身份的采集分析和对威胁的检测防御，实现"身份认证即身份安全"。

人脸身份认证的安全风险及应对

北京百度网讯科技有限公司百度安全平台

↘ 一、人脸身份认证的背景和行业需求

　　在互联网数字化程度越来越高的今天，每个用户在其使用的各类互联网服务中，都具有一个独一无二的数字身份，而互联网服务商提供的服务也主要围绕这个数字身份展开。然而，数字身份并不能代表用户的真实身份，数字身份背后的身份冒用问题，对用户隐私、信息安全、业务自身的运营安全都带来了巨大的挑战。近年来，"社交软件骗局""提现顶替冒用案件"等安全事件持续引发社会关注，国家有关部门针对游戏、金融多个行业也都相继出台了实名身份认证的相关规定。2019 年国家新闻出版署印发《关于防止未成年人沉迷网络游戏的通知》，2020 年银保监会出台《个人保险实名制管理办法（征求意见稿）》，2020 年国家广电总局印发《关于加强网络秀场直播和电商直播管理的通知》，这些规定都对互联网服务提供商的身份认证能力提出了很高的要求。

↘ 二、人脸认证技术原理及其面临的攻击威胁

　　人脸认证作为一种高易用性的身份认证方式，在金融、保险、医疗、政务等场景中都得到了广泛应用，也是人工智能这一新兴技术的规模化应用场景之一。人脸认证的核心逻辑是通过摄像头采集和检测人脸图像，结合其他身份信息（如身份证号与姓名等），同采集到的人脸图像进行图像比对，返回身份认证结果。由于后续人脸比对的输入是从摄像头采集到的一张或多张人脸图像，图像采集的真实性将会是人脸认证的关键。

　　从攻击者的角度来看，最简单直接的攻击方式是将提前制作好的、仿冒的人脸，以打印照片、翻拍照片或者视频、面具等形式呈现给摄像头，这类攻击被称为活体

攻击（通常也被称为呈现攻击）。常见的呈现攻击手段如图 1 所示。

图 1 常见的呈现攻击手段

为了防御这类攻击方式，通常都会加入"人脸活体检测"环节。人脸认证核心逻辑如图 2 所示。

图 2 人脸认证核心逻辑

根据不同用户的展现形态（这些不同形态都是在安全性和用户体验上进行权衡的结果），人脸活体检测中有一类是最简单的静默活体检测，即不需要用户做任何的动作，直接通过屏幕拍摄便可完成活体检测，这类检测能让用户有最好的用户体验，但安全性也相对较低。更为常见的静默活体检测方法是基于光线的静默活体检测，同样不需要用户做任何配合动作，但在认证的过程中，会在屏幕上显示各种不同的颜色，然后捕捉面部或瞳孔等反光特征，辅助进行活体检测。这种方式目前被广泛应用在各种政务系统中，其安全性相对较高，体验也较好。此外，还有两类常见的交互式活体检测方式：语音活体检测和动作活体检测。语音活体检测要求用户按照指令说出一句话或一段数字，动作活体检测要求用户按照指令做出一系列的动作，例如点头、张嘴、眨眼等，这两类方式常见于各种金融应用的活体检测中。从防御的角度来讲，活体检测方式让攻击者无法通过预先准备好的照片或者视频进行攻击，增加了攻击者的攻击成本。然而，这种活体检测方式存在一定缺陷，一方面，用户配合度相对较高，且语音活体无法覆盖讲方言的用户群体；另一方面，活体检测采集到的图片经常是做动作或张嘴读数字的图片，质量较差、模糊度比较高，用于后续人脸认证比对时会影响效果。

针对AI算法进行攻击的对抗样本技术同样也被应用于攻击人脸认证的场景中。国内外多个研究机构发现，将一些通过对抗样本技术精心生成的攻击图案，制作成特制眼镜等附加在真实人脸之上，可以欺骗某些人脸认证系统，使其误认为是另一个人。在这种新型攻击形式下，大部分人脸仍然是以活体形式呈现，这为传统的人脸活体检测方法带来了全新的挑战。

除了这些针对算法本身的攻击，近年来，出现了一类针对人脸认证的新攻击方式，并且逐渐成为主流，这类攻击通常被称为设备劫持攻击（或者ROM攻击）。设备劫持攻击的原理和流程如图 3 所示。

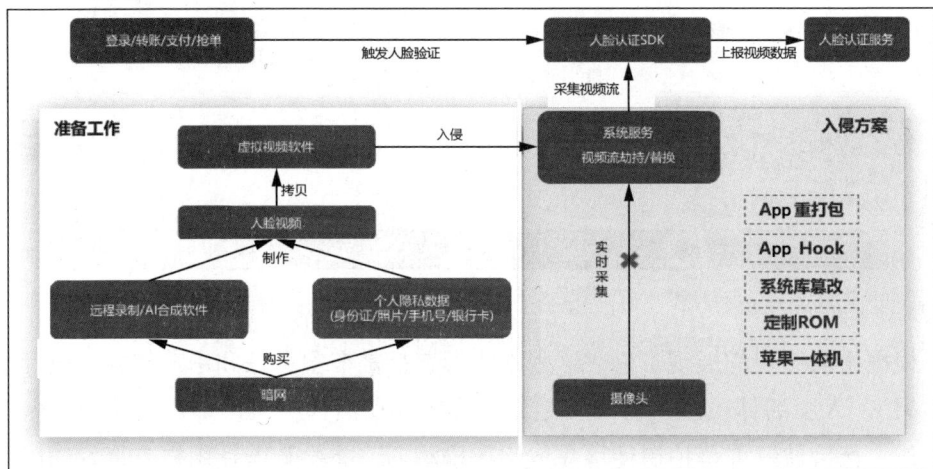

图 3　设备劫持攻击的原理和流程

设备劫持攻击通常可以分为准备阶段和入侵阶段。在准备阶段，攻击者会从暗网或者其他非法渠道购买、获取或自行制作远程录制软件、深度伪造人脸，非法获取其攻击目标的个人隐私数据，如身份证照片、手机号、银行卡等。在拥有这些素材之后，攻击者就可以制作虚假的人脸视频，同时把人脸视频复制到虚拟视频软件中。入侵阶段则发生在人脸认证SDK工作时。攻击者会将人脸认证SDK安装在其拥有的模拟器、云手机、root设备、一体机等定制化设备中，通过一系列设备注入或设备入侵方案，劫持原有系统服务中正常摄像头的视频流采集过程，将从摄像头中实时采集的数据篡改为从虚拟视频软件中读取的数据。当实际登录、转账、支付等行为发生并触发人脸认证行为时，人脸认证SDK会通过API接口从系统服务中采集视频流，由于系统服务已被劫持替换，此时采集到的实际上是虚拟视频软件中存放的、事先准备好的虚假人脸视频，之后的人脸活体检测和比对流程都是基于这个仿冒视频来完成。相较于呈现攻击，这种攻击绕过了摄像头采集环节带来的图像失真和不稳定性，直接控制了最终用于活体检测的输入，给活体检测算法带来了极大的挑战。

三、人脸认证安全防护整体方案及关键技术

通过这类攻击，我们可以发现人脸认证不是一个单纯的算法问题，而是从终端数据采集、数据传输到后端认证的一整套流程。因此整体的风险应对和防护思路也需要从端到端、全链路的角度来考虑，综合利用算法手段和网络安全手段，才能达到最好的安全防护效果。

为此，我们提出一套包括终端、链路、服务端三个层面的人脸认证安全风险防护方案：在终端层面，从摄像头采集数据开始，进行全链路数据接管，同时需要针对终端风险、异常行为进行风险信息的采集；在链路层面，通过终端图像加密、服务端图像解密的方式，防止明文传输和图像篡改，同时对API进行保护，防止针对通信协议的攻击；在服务端层面，需要通过人脸活体检测算法，针对终端和业务行为利用策略或模型进行精确判断。人脸认证安全风险防护方案如图4所示。

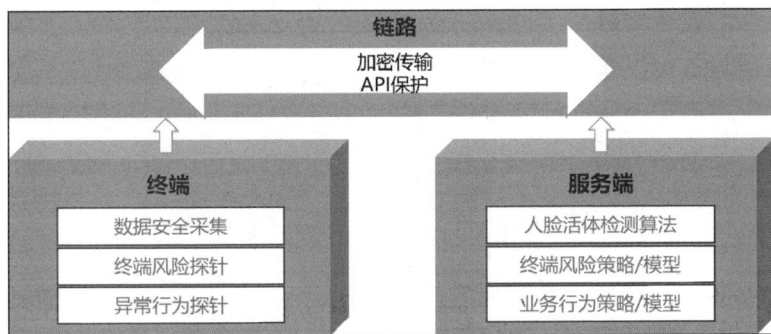

图 4　人脸认证安全风险防护方案

人脸活体检测算法作为人脸认证安全防护中的关键技术，挑战在于人脸活体检测通常被视为单一类别正例（真实人脸）和多子类负例（不同攻击方式）的二分类问题，由于各子类间特征差异大、数据样本少，这种检测方式对于未知攻击类型的泛化性弱，这也是人工智能算法在安全领域应用中的普遍性挑战。因此我们提出了一种使用动态负样本特征队列进行度量学习的算法。这种算法通过增加长队列，储存距正样本中心较远的负样本feature，并增加训练样本与其最相近负样本的度量学

习，提升模型的泛化性。基于动态队列的人脸活体检测算法如图 5 所示。

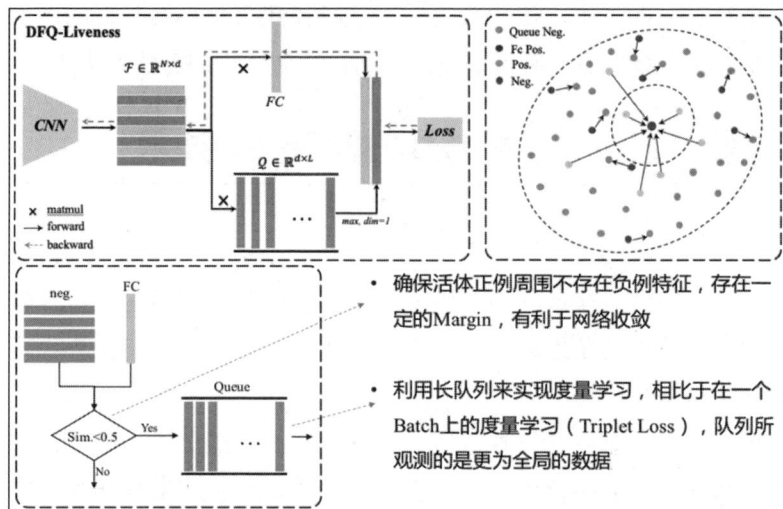

图 5 基于动态队列的人脸活体检测算法

同时，我们针对照片抠脸、手持照片模拟真人轮廓、照片抠出上半身曲度等模拟真人的常见复杂场景，分别使用了进行专项训练优化的模型，配合通用的活体检测模型，进一步提升整体算法的能力。多因子活体检测模型如图 6 所示。

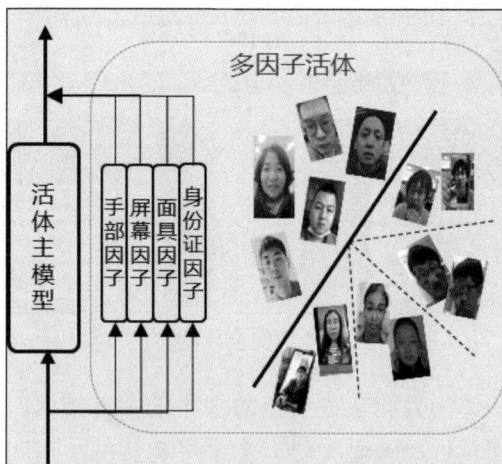

图 6 多因子活体检测模型

针对终端的风险识别是人脸认证防护的另一关键技术。其核心是通过终端多维的非敏感数据探针，结合已知设备信息知识库，针对已知风险设备类型（如双开、重打包、云手机、定制ROM等）以及未知异常设备进行有效识别。除了设备信息这一要素，账号、IP是黑灰产发起业务欺诈攻击的另外两个重要资源要素，且这三个要素之间往往存在复杂的关联性。为此我们提出了以终端可信设备指纹为核心，基于"账号-网络-设备"的多维度关联，建立针对人脸认证的综合风险画像方案，进一步提升终端的风险识别能力。基于多维数据关联的综合风险画像如图7所示。

图 7　基于多维数据关联的综合风险画像

当前业界的人脸认证方案均采用"人脸SDK + 人脸云服务"形式，增加其安全性的同时，降低了改造的成本，我们提出了一套解耦的人脸认证安全实施方案，如图 8所示。

图 8　解耦的人脸认证安全实施方案

该方案首先针对人脸SDK进行一层包装，增加人脸安全采集、终端的风险探测以及生物探针等能力，在服务端加入了一个针对环境、操作、服务接口的风险检测能力。同时，在人脸云服务中增加对终端风险查询及业务行为风险查询的接口，这些接口对接的是人脸安全风控云服务，包括终端可信设备指纹服务、人脸业务安全模型/策略、人机关联模型/策略、设备/账号/IP库等。通过这些接口的查询结果，以及人脸云服务自身的算法能力，人脸云服务会给出人脸认证的综合结果。此外，整体方案还包括针对各类攻击方式的红蓝对抗工具，可帮助业务方快速验证和改进自身人脸认证系统的安全能力。

四、结语

人脸认证作为人工智能技术的一项重要产业应用，在大大提升社会效率的同时，也不可避免地存在安全风险。以人脸认证为代表的人工智能时代，既面临着系统、应用层面的传统网络安全风险，也面临着人工智能算法欺骗与对抗这样的全新安全风险。一方面，人工智能算法的安全对抗将持续加剧，随着对抗样本、深度伪造等理论和技术的快速更新迭代，需要相应提升算法层面的安全对抗能力；另一方面，安全是一项系统性和综合性的技术，需要有机融合人工智能算法安全、系统安全、应用安全等多层面技术手段，形成整体解决方案，才能更为有效地应对风险。

威胁情报：重要的与不重要的

汪列军　奇安信科技集团股份有限公司威胁情报中心负责人

运营研究威胁情报已经有多年的发展，接下来结合我的经验，说一下有关威胁情报的一些观点，供业界参考。

一、情报的概念重要吗

为了体现对于情报的理解深度，大多数介绍威胁情报的材料里会试图去区分一些概念，如数据、信息、知识、情报和智慧。

数据可以被比较明确地区分出来，大致可以理解为不带判断的独立事实记录，如机器A开了 8443 端口、机器B连接过机器C、进程D启动过进程E等。再往后的信息既可以是事实，也可以是基于事实的观点，事实不可能错，观点则不一定，因此区分事实与观点是有意义的。威胁情报虽然是以数据、观点、报告的形式出现，但本质上是打包了基础数据、工具平台和人力团队的运营成果，为接下来的行动决策提供信息支持。观点是否正确，与数据是否足够、工具是否强大、人员是否经验丰富密切相关，对于观点我们需要保持必要的戒心，评估来源的可信度。

情报的本质是可以消除不确定性的信息，可能就是直接的事实，也可能是基于事实和假设的观点，假如三体文明告诉你如下这些信息：黎曼猜想是可以被证明的、可控核聚变是做不到商业化应用的、无工质推进引擎可以实用到宇宙航行的程度，那么这些结论可以立即消除不确定性，告诉我们往哪个方向投入是值得的。

这些信息应该算是信息、知识还是情报？在我看来，从指导决策的角度，严格区分它们没有什么意义。与其在这些概念上较劲，不如多收集其他维度的数据、多分析几个样本、多提几个规则、多调试沙箱。

那么，对于威胁情报来说，时效性和上下文（或者说多维度的细节）才是重要的。时效性不用多说，在有用程度上，事前通知和事后汇报无疑天差地别，我们做的是减少损失的防护。上下文也很重要，这是因为它们会影响应对措施的类型和力度，也会影响我们对威胁消除的程度。

为了方便理解，举两个例子来分别说明漏洞情报细节、文件情报细节对处置力度和应对措施的影响，如表 1 和表 2 所示。

表 1 漏洞情报细节对处置力度的影响

漏洞情报细节	处置力度
某个软件存在一个漏洞	持续关注
漏洞是远程命令执行类型	高度关注
漏洞无须用户验证	想方设法主动收集信息，有补丁或缓解方案的话立即采取措施
漏洞出现了相应的POC或EXP	找到并验证，收集或开发相关的检测及阻断方案
漏洞发现了野外利用	通过检测机制持续监测漏洞利用，定位攻击行为和对手

表 2 文件情报细节对应对措施的影响

文件情报细节	应对措施
文件包含可疑的功能，如记录击键、截屏、收集应用密码	进一步确认是否在已知合法软件中出现，以此来判定是否恶意
确认文件是恶意的	查杀，提取匹配规则尝试发现更多同源样本
文件被用于定向攻击	检查相关系统的落地情况以评估损失，排查进入方式，可能的话进行溯源
文件来源于国家级黑客组织	需要的话通知上级主管部门或监管

⬐ 二、ATT&CK框架的展示重要吗

当用于了解对手、指导检测、对比产品时，ATT&CK框架是个非常有用的工具。但现在很多的威胁检测类产品，甚至是沙箱，都加入了ATT&CK框架的展示，这有用吗？我认为其实没什么用。不要说数据维度在大多数时候并不全，就算全，对处置威胁也没什么帮助。

但是从处置的实操层面来说，企图与失陷两类区分是非常有意义的。

我们每天能看到海量的扫描、爆破、漏洞利用攻击，特别是自动化的蠕虫和Botnet来源，我们知道大部分的攻击企图是不成功的，我们没必要对这些失败的攻击活动投入太多关注，只作记录并过滤，在需要的时候用于关联和分析就可以了。得逞的攻击就不一样了，实实在在的现实威胁，需要第一优先级的应急响应。所以，

为了给防护方提供有效的事件处理优先级排序，最基本的企图和失陷的标签应该具备，使用情报检测的设备在告警展示上也应该有明显的区分。

↘ 三、什么层级的情报最重要

大多数的威胁情报介绍材料中会对情报的高低层次有个大致的分类，分别是 Tactical情报、Operational情报和Strategic情报，但放在网络威胁的语境下，直接翻译不太合适，以下是我对这三类情报的翻译和分析。

Tactical情报，一般被翻译为战术情报，但从其实际包含的信息来看，翻译为痕迹情报更为合适。痕迹情报的范围是比较明确的，基本可以对应到各类IOC的数据，可以被检测类的设备所集成，用于发现已知的攻击活动。尽管痕迹情报层次最低，但是因为基于此类情报输出失陷类现实威胁可以被大多数自动化平台所使用，所以这类情报数据是最重要的情报类型。如果你的预算只够采购一类情报数据，那么就选痕迹情报，从目前来看，基于威胁情报IOC类型的告警已经成为大部分安全事件应急响应的起点。

Operational情报在中间层级，一般被翻译为战役情报、操作情报、行动情报，其实都不太正确，我认为翻译为战技情报相对合适，但还不是最贴切的。基于我的理解，可以对这类情报进行一个简化的描述：什么人或组织？对应的行为体类型（APT、黑产等）是什么？用了什么样的工具、技术、流程？对什么类型的组织进行过什么类型的攻击？战技情报相比痕迹情报数据要更稳定，信息类型也更丰富，生产这类情报所需的基础数据和分析投入当然也更多。一般来说，战技情报本身不能直接被集成到设备中用于检测，但在被转化为原子化的技术点以后，不仅可以用于发现失陷设备，还可以用于检测攻击者的攻击企图，构成指导威胁抵抗的主要输入。虽然战技情报也比较重要，但是需要相当高的应用门槛。

Strategic情报，一般被翻译为战略情报，我认为翻译为态势情报更合适。态势情报主要为组织所在的行业分析当前面临的主要威胁类型以及中短期内的威胁趋势，此类情报的产出非常耗费资源但却非常容易获得。态势情报面向C级别的管理人员，这类管理人员有权分配预算，操作层面的安全人员需要从合规和实事的角度把预算争取下来，所谓的态势情报在敲定预算的那个时间点是重要的，然后就可以用痕迹情报和战技情报来做威胁检测和响应。

四、追溯攻击组织和人员重要吗

追溯攻击组织和人员的重要性看场景，在有强力机构参与和攻击演习的场景下有意义，因为可处置攻击组织和人员、追溯攻击组织和人员可得分，而在其他大多数场景下意义不大。这里的关键在于组织和人员信息在那个场景下是否可行动，绝大部分机构对涉案的组织和人员并不具备直接采取行动的能力。

从威胁分析和处置的角度来看，攻击者的类型是重要的。

攻击活动基本可以分流行性攻击和定向性攻击两大类。

流行性攻击使用自动化的批量工具控制大量的计算设备，获取控制的方式以漏洞利用和批量的鱼叉钓鱼邮件为主，构建完僵尸网络后，进行DDoS攻击、垃圾邮件、无差别的勒索、推送黑灰产软件等，基于控制量的获利模式一般没有人工的直接参与，不涉及进一步的内网渗透和失陷。针对这类攻击的处置相对简单，搞清楚恶意代码的类型和进入渠道，在来源侧采取检测和阻断措施，然后恢复受影响系统即可。

定向性攻击威胁最大的主要是两种：国家级APT攻击和专业黑产的定向勒索，手段上无所不用其极，零日漏洞、社会工程学、供应链渗透等，可能直接导致敏感数据被泄露、海量运营数据被破坏，进一步导致秘密暴露和业务中断，损失程度远非一般的流行性攻击可比。基于我们对于大量相关事件的应急响应经验，当发现失密和勒索时，绝大部分情况下都伴随着内网的完全失陷，所以一旦发现定向攻击的迹象，就必须启动包含威胁检测、损失评估、隔离恢复、入侵溯源等环节在内的完整流程，处置力度与流行性攻击不可同日而语。所以，判定攻击者的类型非常重要，这决定了攻击处置的投入力度，需要有专门的维度给威胁行为类型给出判定。

五、结语

威胁情报不只是用来看的，需要投入时间和金钱，消除相应的威胁，所以对于威胁情报重要程度的评价，应该从处置角度来评价，关注影响处置的关键信息。

一种互联网DNS的新安全风险

徐元振　高级安全专家

↘ 一、前言

域名系统是连接到互联网（或专用网络）的计算机、服务或其他资源的分层和分散式命名系统。随着互联网技术的快速发展，域名系统已经成为互联网的入口。平时我们对DNS系统没有太多的感知，但是一旦DNS系统出现了问题，就会对我们的日常生产造成巨大的影响，从中可以看出作为互联网基础设施的DNS系统的地位和重要性。

建立一个可靠、稳定、安全的平台性DNS存在着巨大的挑战。DNS之父Paul Mockapetris认为："我们如今面临着互联网的中心化和平台化趋势，出现了更少、但是更大的故障。"而APNIC首席科学家Geoff Huston也表示："DNS就像国际象棋，这是一款规则简单的游戏，但其玩法却非常复杂。"由此可见，DNS系统有很强的不确定性，DNS系统依赖于网络路由，不同的服务器和缓存面临着CNAME记录、NS记录冲突等不确定的问题。

↘ 二、概念

DNS系统面临的安全风险是非常复杂和多样的，那么在更深入地了解这些安全问题之前，我们需要先了解相关概念。

（一）根服务器

全球有 13 个根服务器，每一个IP地址中都对应着多台服务器，主要通过Anycast协议进行工作。Anycast DNS意味着DNS服务器中的任何一台机器都可以响应DNS的查询请求。通过选择最近的路由，可以减少DNS应答时间，避免响应延迟。根DNS

服务器列表如图 1 所示。

HOSTNAME	IP ADDRESSES	OPERATOR
a.root-servers.net	198.41.0.4, 2001:503:ba3e::2:30	Verisign, Inc.
b.root-servers.net	199.9.14.201, 2001:500:200::b	University of Southern California, Information Sciences Institute
c.root-servers.net	192.33.4.12, 2001:500:2::c	Cogent Communications
d.root-servers.net	199.7.91.13, 2001:500:2d::d	University of Maryland
e.root-servers.net	192.203.230.10, 2001:500:a8::e	NASA (Ames Research Center)
f.root-servers.net	192.5.5.241, 2001:500:2f::f	Internet Systems Consortium, Inc.
g.root-servers.net	192.112.36.4, 2001:500:12::d0d	US Department of Defense (NIC)
h.root-servers.net	198.97.190.53, 2001:500:1::53	US Army (Research Lab)
i.root-servers.net	192.36.148.17, 2001:7fe::53	Netnod
j.root-servers.net	192.58.128.30, 2001:503:c27::2:30	Verisign, Inc.
k.root-servers.net	193.0.14.129, 2001:7fd::1	RIPE NCC
l.root-servers.net	199.7.83.42, 2001:500:9f::42	ICANN
m.root-servers.net	202.12.27.33, 2001:dc3::35	WIDE Project

图 1　根DNS服务器列表

（二）顶级域

在DNS层次结构中，顶级域（TLD）代表根区域之后的第一层级。简单来说，TLD是域名最后一个点之后的所有内容。例如在域名"google.com"中，".com"是TLD。其他常见的TLD包括".org"".uk"和".edu"等，TLD主要可以分为如下 5 类。

（1）通用TLD：通用TLD（gTLD）包含一些在网络上常见的域名，如".com"".net"和".org"。互联网名称和数字地址分配机构曾严格限制新gTLD的创建，但在2010 年后这些限制有所放松。有数百个不太知名的 gTLD，如".top"".xyz"和".loan"。

（2）国家/地区代码TLD：国家/地区代码 TLD（ccTLD）供国家和地区使用，如".uk"".au"和".jp"。由ICANN运营的互联网号码分配局负责在每个地点挑选合适的组织来管理ccTLD。

（3）赞助TLD：赞助TLD（sTLD）通常代表专业或地理社区。每个赞助TLD都有一个代表该社区的授权赞助商，例如".App"是针对开发者社区的TLD，由谷歌赞助。

（4）基础设施性TLD：基础设施性TLD仅包含一个TLD，即".arpa"。".arpa"是有史以来创建的第一个TLD，现在保留用于基础设施职责，例如促进反向DNS查找。

（5）保留的TLD：一些TLD位于保留列表中，这意味着它们永远无法被使用。例如".localhost"被保留用于本地计算机环境，".example"被保留用于示例演示。

（三）权威域

权威域（Authoritative Domain），可信的域名注册商在购买域名后，用户随即会得到自己的权威域，也要负责维护和管理自己的权威域。常见可信的域名注册商有GoDaddy、SiteGround和namecheap等。

1. DNS树

DNS树的架构如图2所示。

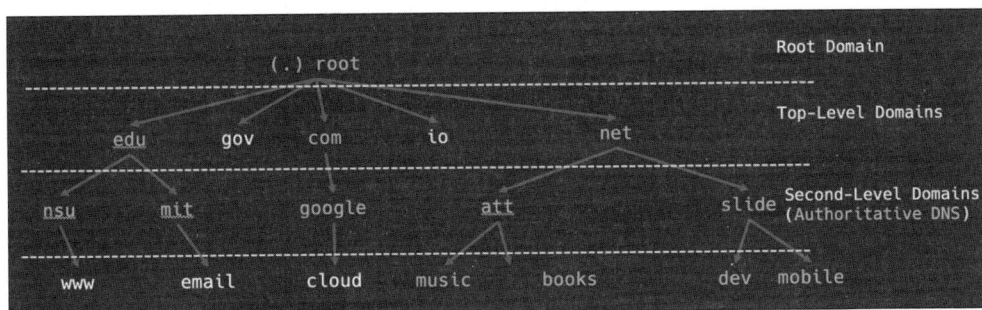

图2　DNS树的架构

2. 云DNS的基础架构

云DNS的基础架构如图3所示。

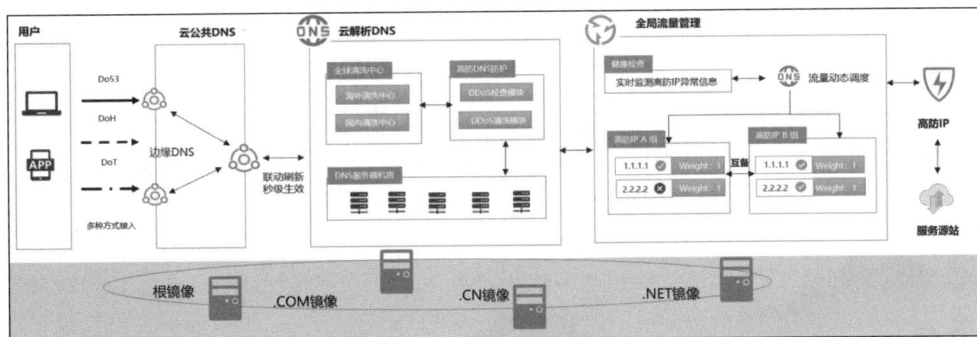

图3　云DNS的基础架构

三、传统安全风险

（一）外部解析依赖

2014年1月21日下午3点10分左右，国内通用顶级域的根服务器忽然出现异常,大量网站域名被劫持到65.49.2.178这个IP地址,导致全国约三分之二的网站DNS服务器解析失败,大量互联网用户无法正常访问网站。后来经过DNS跟踪测试和分析,全球 13 台根域名服务器中,至少有两台根服务器（C和E）遭到污染,由此导致国内大量网站无法被正常访问。

（二）软件供应链依赖

基础软件和平台自研水平较低,开源软件BIND权威占比 64.6%,递归占比 58.3%,自 2020 年起,BIND公开发布的CVE漏洞就达到 20 个。

开源软件BIND历年的漏洞发布数量如图 4 所示,根据统计,总共出现了 144 个漏洞。开源软件BIND的漏洞类型分布如图 5 所示,其中 69%的漏洞为拒绝服务漏洞。

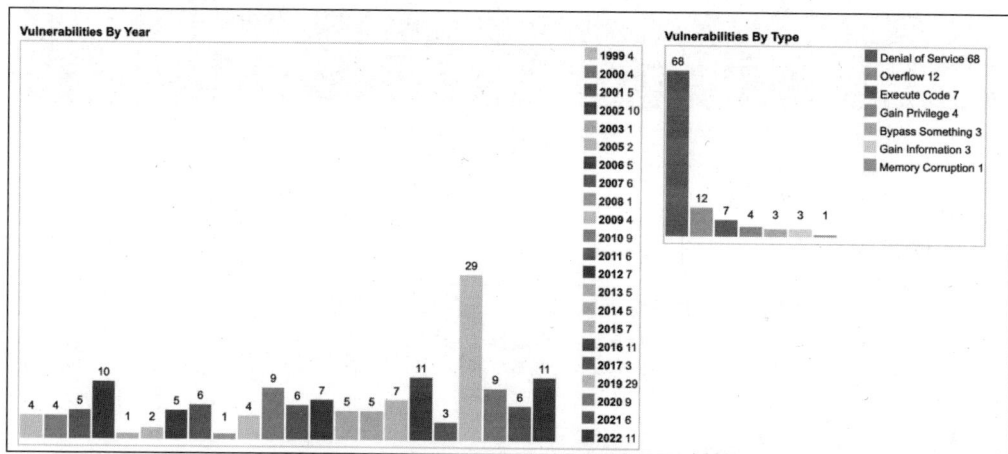

图 4　开源软件BIND历年的漏洞发布数量

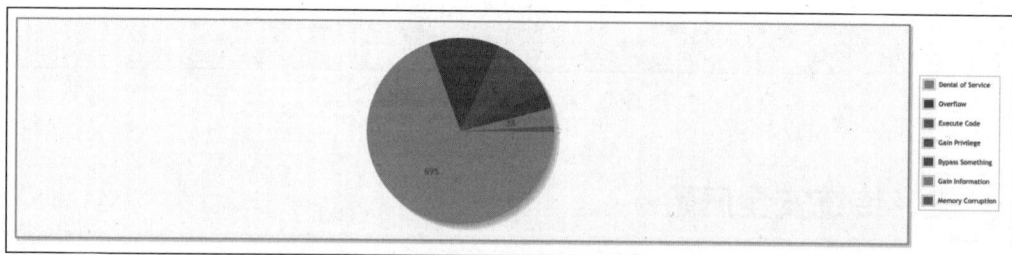

图 5　开源软件BIND的漏洞类型分布

（三）安全体系缺乏

- DNS解析链路长，存在被劫持、被篡改、信息泄露、被攻击利用等安全风险。
- 普遍依赖社区DNS软件，而少数自研DNS软件在事前缺乏SDL安全体系的风险评估。
- 在事中又缺乏针对突发安全事件的应急响应能力，无法做到快速而及时的应对。

四、云时代的DNS新风险

（一）未校验的注册域名

Amazon Route 53 为用户提供了一种可用性高、可扩展性强的域名系统DNS服务，其工作原理如图 6 所示。

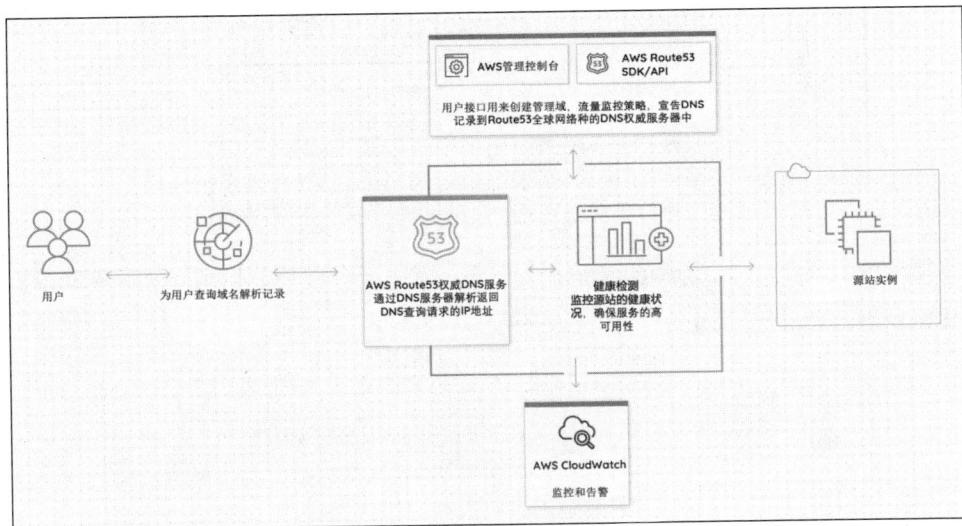

图 6　Amazon Route 53 的工作原理

首先先了解下Amazon Route 53 的使用流程，通过Route 53 的域名注册服务，注册一个域名（foo.io），接着我们就会得到Route 53 自动分配的 4 个NS服务器域名，如图 7 所示。

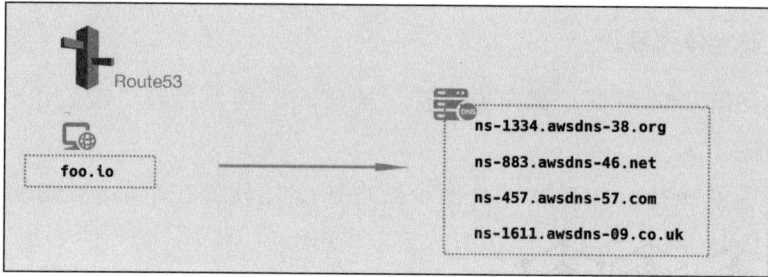

图 7   Route53 自动分配的 4 个NS服务器域名

选取其中一个NS服务器域名，尝试强行注册与官方分配的NS服务器一样的域名，在不断尝试多次注册以后，最后成功地添加域名，如图 8 所示。

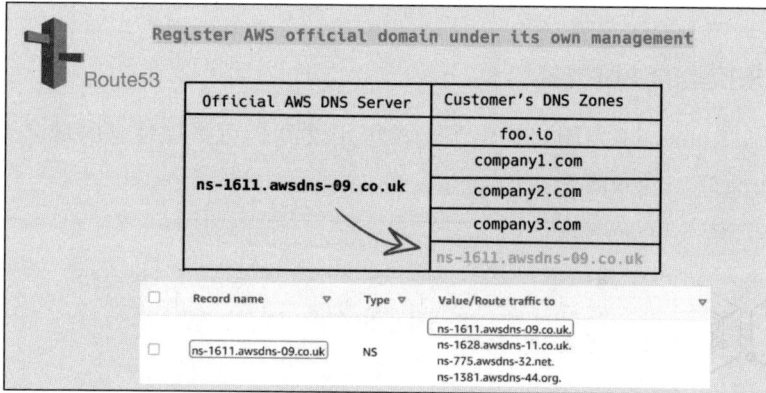

图 8   强行注册与官方分配的NS服务器一样的域名

接下来，为这个域名添加了一个A记录，解析到自己搭建的DNS服务器IP上，成功截获客户端的查询记录，如图 9 所示。

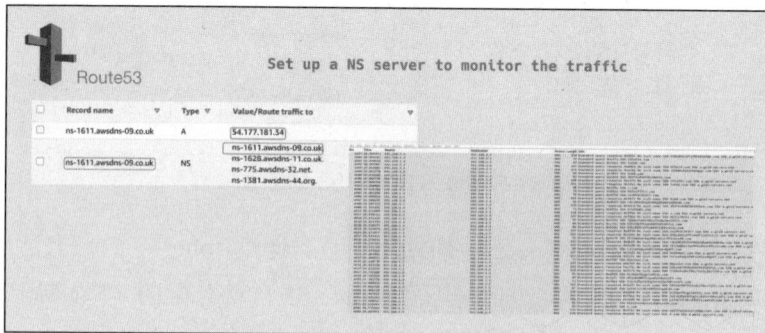

图 9   成功截获客户端的查询记录

随后有趣的事情就发生了，他们在自己的服务器上收到了很多DNS请求流量，经过对这些流量的审计，发现了很多敏感的信息，其中包含一些来自内网的IP地址。

在这个案例中，由于DNS服务提供商没有在域名注册阶段对用户注册的域名合法性进行判断（判断是否与平台自身提供服务的NS服务器域名冲突），从而产生了流量被劫持后的敏感信息泄露问题。

（二）域名接管

回顾一下域名注册的流程。

（1）当域名注册人发起域名注册时，会带有域名信息、注册人信息、授权服务器等信息，向注册商（如GoDaddy）发起申请，如图10所示。

（2）域名注册商会把域名信息发给域名注册局（registry），注册局将域名注册业务委托给分布于全球的域名注册商（registrar），而顶级域由互联网名称与数字地址分配机构（ICANN）授权，并由域名注册局进行管理和解析。

（3）在完成授权后，由注册商向普通用户出售顶级域下的二级域名（如foo.io），注册商和注册局各自维护所管辖域名的WHOIS数据，记录域名的注册人和负责其解析的权威服务器等信息，如图11所示。

（4）最终由注册商的NS服务器负责权威的查询，提供域名的DNS查询服务，如图12所示。

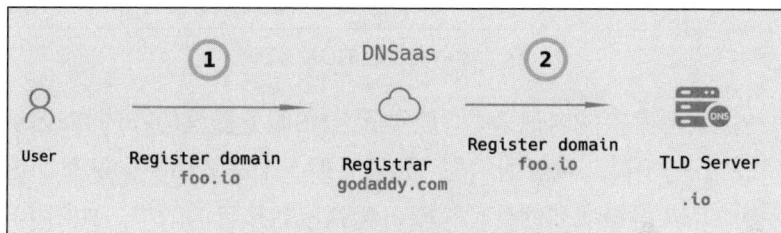

图 10　通过域名注册商注册域名

图 11　域名注册商向域名注册局申请域名注册

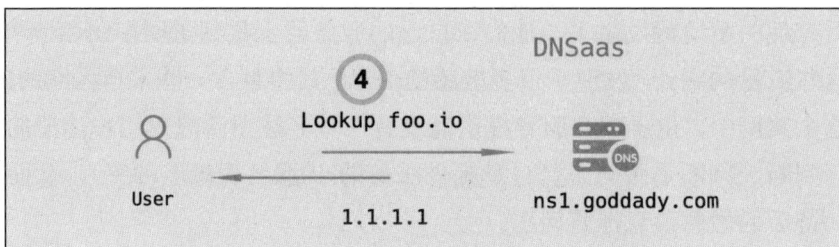

图 12　域名注册商为用户域名提供DNS查询服务

在了解这些背景知识以后，我们还需要了解另一个概念，孤儿域名（Orphan Domain）。可以通过一个例子来了解下这个概念。

在通过域名注册商控制台注册一个域名后，会被分配一组权威的NS服务器，NS服务器负责对我们注册的域名进行应答。客户端发起的DNS查询如图 13 所示。

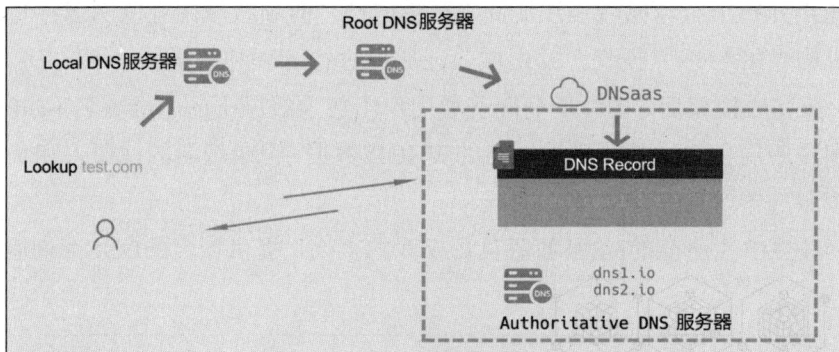

图 13　客户端发起的DNS查询

当用户在控制台删除域名记录时，但实际上NS服务器里的Zone file记录并未被删除，此时该域名就处于孤儿域名的状态。如果另外一个恶意用户尝试添加这条域名解析记录，就会成功获得该域名的管理权限，达到域名接管的效果，如图 14 所示。

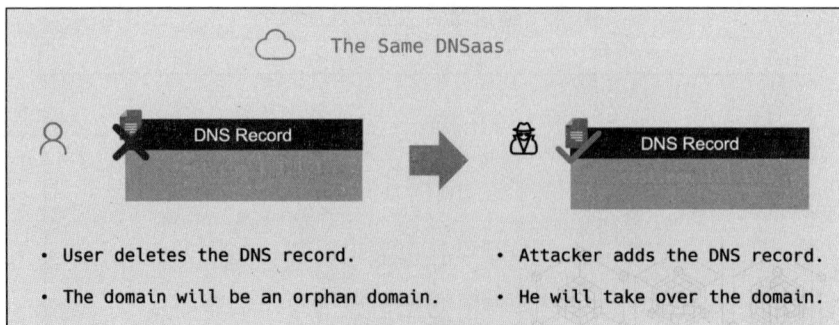

图 14　接管孤儿域名

我们知道一般域名注册商的NS服务器至少有两组，为了让域名劫持立刻生效，接管了该域名的用户会尝试切换到另一组NS服务器，如图 15 所示。

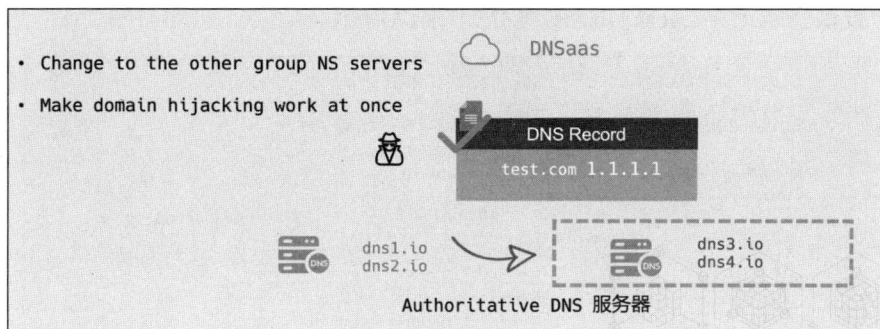

图 15　切换权威DNS

通过以上方式，恶意的用户会尝试批量接管域名注册商的孤儿域名，完成大规模的域名劫持。

（三）Local DNS的威胁

首先我们要了解下Local DNS服务器（也被称为递归DNS、缓存DNS），一般运营商的Local DNS都是既做缓存也做递归查询服务的。Local DNS的工作原理如图 16 所示。

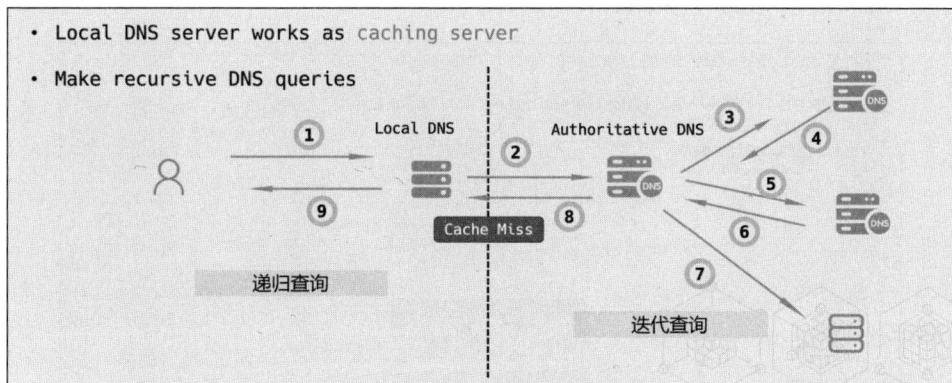

图 16　Local DNS的工作原理

当客户端发起DNS查询时，首先会向Local DNS发起查询请求，由于Local DNS有查询记录的缓存，如果直接命中缓存的记录时，就会直接返回查询的结果，这一过程是通过DNS递归查询完成的。否则就会向根域名DNS发起请求，而根域名DNS找到该域名的TLD的权威DNS，再依次找到二级域名的权威DNS，最后确定该域名的解析，接着再一级一级的返回给根域名服务器，由它告诉客户端目标域名的位置，客户端再向该域名的权威DNS发起查询请求，并给出对应的解析记录，完成最终的查询。查询请求命中Local DNS的缓存如图 17 所示。

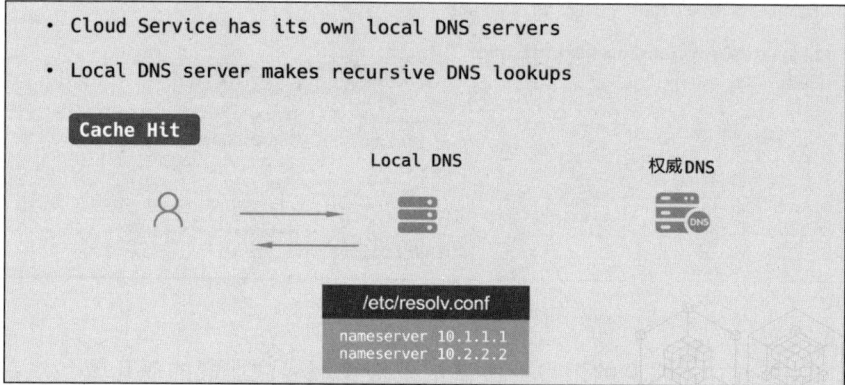

图 17   查询请求命中Local DNS的缓存

我们知道很多云服务商都有自己的Local DNS服务器，负责云内服务器的DNS查询响应，从而提升查询效率。

在之前的介绍中，我们知道了Local DNS可以起到缓存和转发的作用，命中了就会直接返回查询结果，如果无法命中，才会尝试去找该域名的权威DNS。查询请求未命中Local DNS的缓存如图 18 所示。

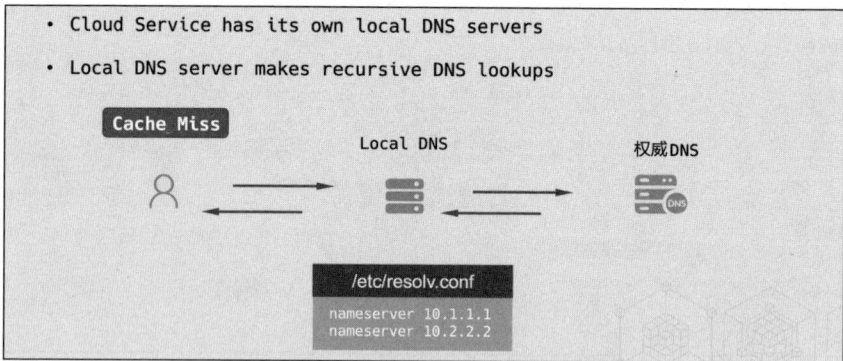

图 18   查询请求未命中Local DNS的缓存

如果产生大量的Cache Miss的查询，那么这些查询会以迭代查询的方式去寻找权威DNS，但大量的DNS查询都没有命中Local DNS的缓存记录，那么这些请求就会以队列的形式进入内存。伪造大量未命中Local DNS缓存的查询请求如图 19 所示。

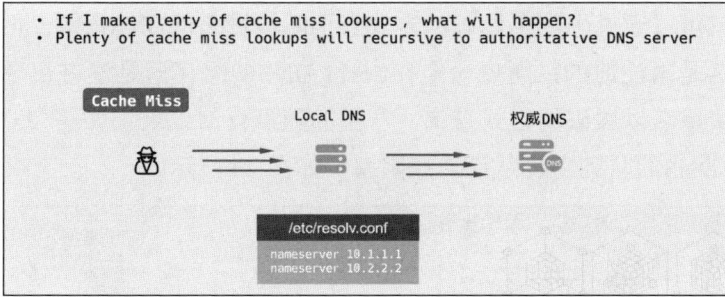

图 19　伪造大量未命中 Local DNS 缓存的查询请求

但是要让大量 DNS 查询在队列里等待，就还需要有一个恶意权威 DNS 服务器，它对 DNS 查询响应是随机应答的，这里的随机体现在响应时间的随机和解析结果的随机，随机响应时间和随机解析记录的查询记录如图 20 所示。

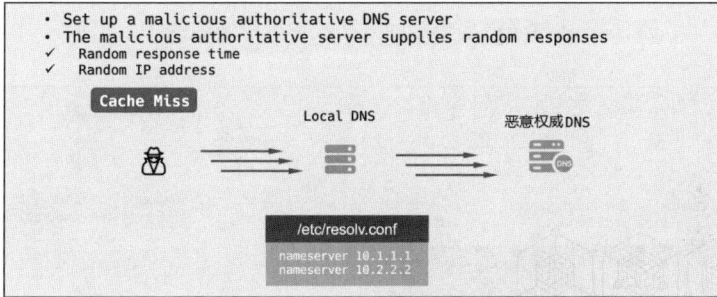

图 20　随机响应时间和随机解析记录的查询记录

接着在域名注册商的控制台配置好域名的 NS 记录，由自己的服务器负责该权威域下的三级域名的 DNS 请求应答，如 test.cn 下的 pdns.test.cn 域。

需要注意的是很多云厂商会以 AZ（availability zone）为单位来分配 Local DNS，也就是说同一个 AZ 里的 Local DNS 是相同的，所以只要在同一个 AZ 里使用多个云主机即可。Local DNS 收到大量未命中缓存的 DNS 查询请求如图 21 所示。

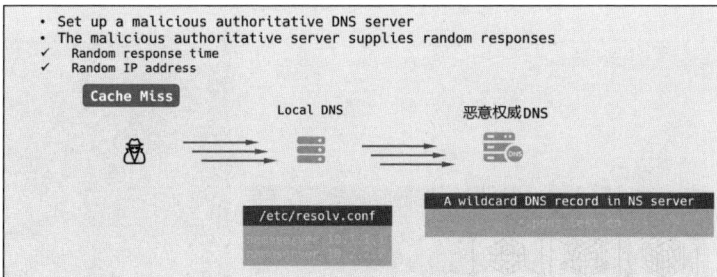

图 21　Local DNS 收到大量未命中缓存的 DNS 查询请求

接下来就可以通过子域名爆破的方式查询随机域名的DNS记录，如图22所示。因为这个域名是新注册的，所以一定在Local DNS的缓存里是没有记录的，接着对这个域的三级域名以爆破的方式查询，产生的随机查询记录（如图 23 所示）就会存在于Local DNS的队列中，从而造成阻塞，如图 24 所示。

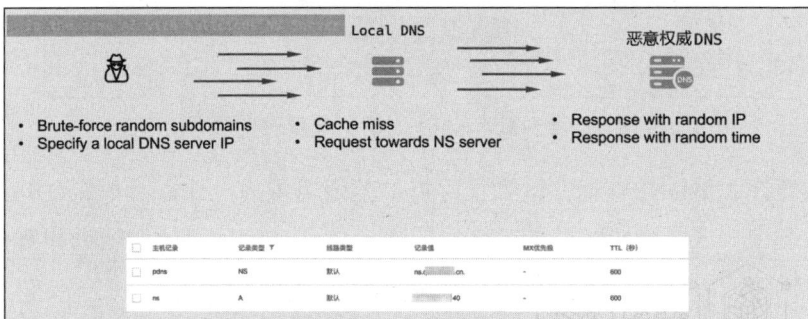

图 22   通过子域名爆破的方式查询随机域名的DNS记录

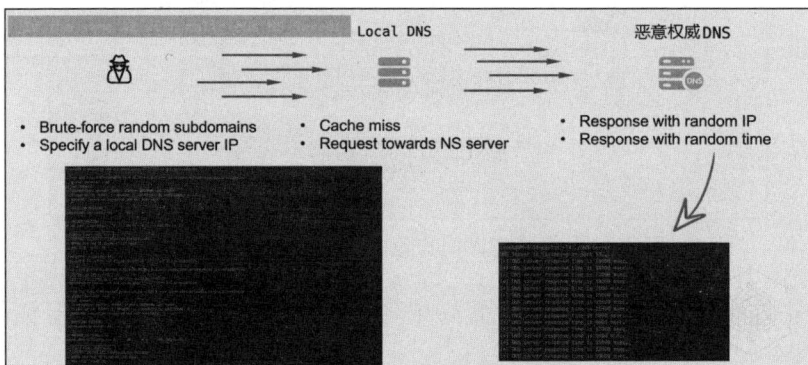

图 23   产生的随机查询记录

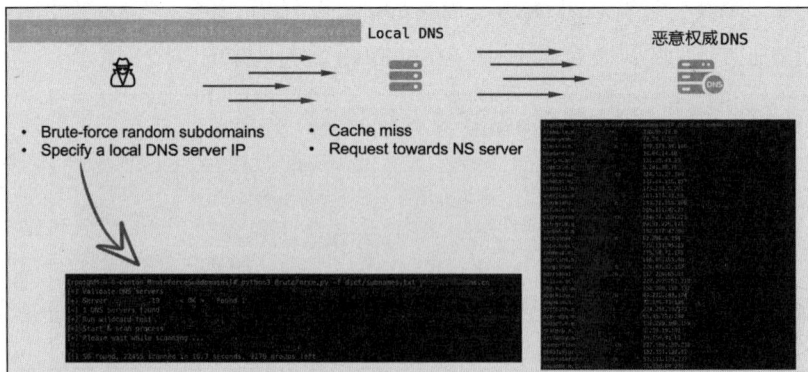

图 24   产生的随机查询记录存在于Local DNS的队列中

当队里到达一定极限形成阻塞后，最终拒绝了服务，如图 25 所示。这时同一个AZ内的其他云主机在尝试发起正常的DNS查询时，由于Local DNS的查询队列已满，因此就无法对新的查询请求进行响应和处理，如图 26 所示。

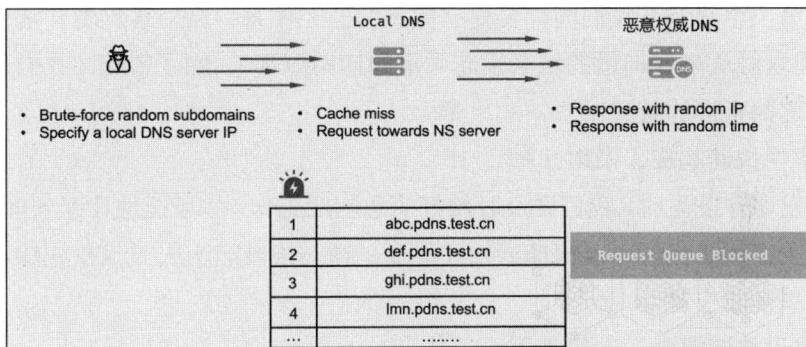

图 25　形成阻塞，最终拒绝了服务

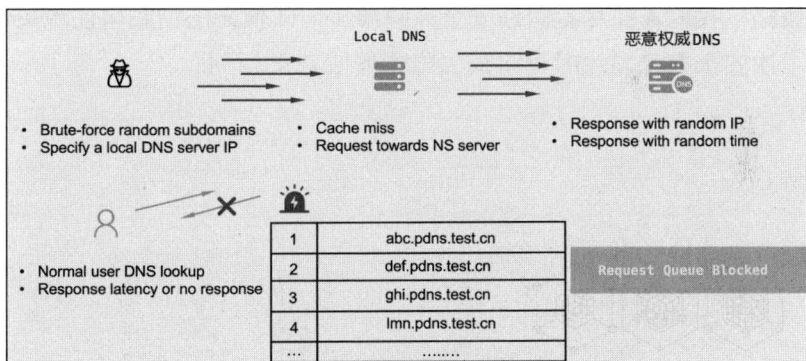

图 26　无法对新的查询请求进行响应和处理

（四）如何缓解云DNS的风险

无论是DNS的传统安全风险，还是云时代下DNS服务所面临的新风险，DNS服务一直存在很多安全问题。DNS服务位于互联网基础设施的特殊地位，因此DNS服务存在的安全问题显得格外重要，我们可以从事先、事中和事后三个阶段来加强安全性。

1. 事前未雨绸缪、防患未然

针对第一个案例，作为云DNS服务商，我们应该建立完善的服务监控体系，从稳定性、可用性和安全性多角度出发，监控资源的添加和释放，例如在上述域名劫持案例中，就必须加强对删除域名资源和变更资源管理者的监控，这样可以有效地发现孤儿域名，同时做好域名资源所属关系变更的鉴权，也可以很好地避免域名劫持事件发生。另外还要周期性检查zone file配置文件的情况，及时删除不必要的配置信息。

针对第二个案例，我们同样要建立完善的监控体系，监控客户端异常递归查询（如短时间内对从未查询过的域名发起大量的递归查询）。除了监控，我们也需要限制客户端递归查询的数量。

2. 事中快速响应、及时止损

当突发事件发生时，我们要及时做好应急响应工作，尽可能地让损失降到最低。针对第一个案例，我们可以快速通知注册局，通知根域名不去寻找权威DNS，不由权威DNS作权威应答。

3. 事后快速复盘、升级加固

在经历了前面两个阶段后，我们需要不断复盘、完善我们的安全体系，迭代我们的安全策略。我们需要尽量阻断安全风险源头，即使无法彻底堵住源头，也可以确保在下一次安全事件发生时，将损失降到最低。